À Monsieur le Général, Sénateur, en son
Château de ..., De L'Institut, De la
part de son très humble serviteur

M. de Mirbel

S.

EXPOSITION

ET

DÉFENSE

DE MA THÉORIE DE L'ORGANISATION VÉGÉTALE.

Par Mr. BRISSEAU-MIRBEL,

Chevalier de l'Ordre Royal de Hollande, Secrétaire de Sa Majesté, Correspondant de l'Institut, de la Société Philomatique de Paris, de la Société d'Agriculture du Département de Seine et Oise et de celle de Turin.

PUBLIÉ PAR LE Dr. BILDERDYK.

OUVRAGE ORNÉ DE TROIS GRAVURES.

À LA HAYE,
CHEZ LES FRERES VAN CLEEF,
LIBRAIRES DU ROI ET DE LA BIBLIOTHÈQUE ROYALE.

1808.

ERLÄUTERUNG

UND

VERTHEIDIGUNG

MEINER THEORIE DES GEWÄCHSBAUES.

VON HERRN BRISSEAU-MIRBEL,

Ritter des königlich-holländischen Ordens; seiner Majestät
des Königs von Holland Secretär; des Französischen Instituts Correspondent; und der Philomatique Gesellschaft in
Paris, so wie der Landwirthschaftlichen Societäten vom
Seine- und Ourk-Departement, und von Turin, Mitglied.

Herausgegeben vom Doctor BILDERDYK.

MIT DREI KUPFERTAFELN.

IM HAAG,

BEY DEN GEBRÜDERN VAN CLEEF,

KÖNIGLICHE BUCHHANDLER.

1808.

AU ROI.

SIRE,

Une Nation célèbre par ses vertus, son courage et son patriotisme, naguère, accablée sous le poids de toutes les calamités civiles, commence à respirer à l'ombre de vos lois bienfaisantes. A votre voix, le Génie des sciences et des arts se ranime; d'antiques Universités, trop longtems désertes,

vont briller d'un nouvel éclat; Leyde renaît,
pour ainsi dire, de ses cendres. Dix-huit mois
sont à peine écoulés et déjà VOTRE MA-
JESTÉ recueille le précieux tribut d'amour,
dont, après de longues années, si peu de Mo-
narques goûtent les douceurs.

Qu'il est glorieux pour moi, SIRE, de pouvoir me compter au nombre de vos serviteurs;
de pouvoir contempler de près, tant de qualités
vraiment Royales; de pouvoir offrir à mes
contemporains un ouvrage sur lequel VOTRE
MAJESTÉ n'a pas dédaigné d'abaisser ses
regards!

Je suis, avec le plus profond respect,

S I R E ,

DE VOTRE MAJESTÉ,

Le très-humble, le très-
obéissant, le très-fidèle ser-
viteur et sujet,

MIRBEL.

CONSIDÉRATIONS

SUR LA

THÉORIE DE L'AUTEUR,

PAR

LE DOCTEUR BILDERDYK.

Au moment où cet ouvrage allait être livré à l'impression, l'auteur me le communiqua pour que je vérifiasse la fidélité de la traduction allemande; (*)

(*) L'auteur s'en étant absolument rapporté à moi pour la publication de cet ouvrage, j'ai cru qu'il suffisait de publier les notes justificatives en français, vu que la plupart des savans possèdent cette langue, et que, par conséquent, ce serait grossir ce livre mal-à-propos, d'y faire entrer une traduction des notes. Cette raison m'a également déterminé à ne pas faire paraître ce discours préliminaire en allemand. Pour que désormais on ne se trompe plus sur la théorie de Mr. Mirbel, c'est assez, ce me semble, de la traduction des trois principales pièces de ce livre; savoir: *la Lettre au Docteur Trévizanus, les Aphorismes, et les Observations sur l'origine et le développement des vaisseaux*

* 4

je me chargeai de ce soin avec plaisir. J'ai peu cultivé la physiologie végétale; mais cette science m'a toujours intéressé, comme tenant de près à la physique générale, dont jamais je n'ai détourné mes regards. Je me rappelai les premières idées que j'avais puisées dans Malpighi, et celles que j'y avais ajoutées dans la suite, par des lectures peu méthodiques, il est vrai, mais qui, néanmoins, m'instruisaient des progrès de la science, et je trouvai de nouvelles lumières dans l'examen du travail, qui venait de m'être confié.

---

progrès et du liber. Je donne aussi la traduction de la lettre que j'ai adressée à l'auteur sur l'ouvrage de Mr. Rudolphi, parceque, dans l'allemand, les citations seront extraites du texte même, et qu'on ne saurait être trop scrupuleux en matière de critique.

Je prie le lecteur de faire attention que je ne suis ni français ni allemand, et que mon style dans l'idiôme de ces deux peuples, ne peut offrir ce choix d'expressions, cette élégance, et même cette pureté que l'on exige aujourd'hui, non seulement des écrivains dont les ouvrages roulent sur des sujets de littérature ou de sciences morales, mais encore des hommes laborieux, entièrement livrés à l'étude des sciences physiques ou mathématiques. J'espère, toutefois, que ma qualité d'étranger disposera mes juges à l'indulgence; qu'ils voudront bien considérer qu'il n'est question ici que de faits et non de finesses de langage, et qu'ils m'excuseront si, né à Amsterdam, je n'écris point le français comme un parisien, et l'allemand comme un saxon.

BILDERDYK.

Le programme de la Société Royale de Gottingue, publié en 1804, y avait donné lieu. Trois naturalistes célèbres avaient concouru pour le prix et avaient obtenu les suffrages de la Société. Il s'agissait de décider entre les anciens et les modernes; et parmi ceux-ci, entre Mr. Mirbel et Mr. Médicus. Chacun des concurrens traita la question sous un point de vue différent et suivant la pente naturelle de son génie. Il n'y a dans ceci, rien qui doive surprendre; mais ce qui, je l'avouerai, me frappa au de là de toute expression, ce fut la discordance des faits, le défaut de plan et de système, la marche équivoque et embarrassée que je remarquai dans un examen tellement important par son objet, et qui semblait devoir décider irrévocablement de la vraie nature de l'organisation végétale.

Dans les discussions qui s'élevèrent, les opinions de Mr. Mirbel furent fréquemment exposées à la critique. Cet auteur qui ne connut d'abord les objections de ses adversaires que par des extraits incomplets et défectueux, se plaint cependant avec raison, dans sa lettre au Docteur Tréviranus, que ses idées n'ont pas été saisies, par ceux qui les ont censurées. En effet, c'est peu qu'on lui attribue sur la foi d'autrui, des opinions dont il est fort éloigné; aucun des savans qui le citent, ne paraît avoir pénétré le véritable esprit de sa théorie, soit qu'ils ne connaissent ses ouvrages que par des traductions fautives, soit qu'ils s'en soient reposés sur des extraits insuffisans ou, peut-être, mal digérés,

Ces considérations ont déterminé Mr. Mirbel à faire traduire en langue allemande, cet ouvrage de peu d'étendue. Il y expose sa théorie, il rectifie les erreurs qu'on lui impute, et fournit les moyens d'éviter désormais, les méprises graves dans lesquelles sont tombés ses critiques. Il serait difficile de désirer quelque chose de plus clair que cet exposé; mais tout en applaudissant à la manière nette et précise avec laquelle l'auteur s'explique, j'ai cru qu'il convenait de présenter quelques réflexions préliminaires qui servissent d'introduction à sa lettre.

Une théorie, quelque solidement établie qu'elle soit, n'est claire, n'est évidente, que pour celui qui sait en embrasser l'ensemble. Tant qu'on n'en a pas saisi l'esprit, on imagine quantité de difficultés qui paraissent tantôt la renverser de vive force, tantôt l'ébranler en sapant ses bases; et lors même que ces difficultés n'ont pas tout à fait l'apparence de contradictions, soit directes soit médiates, ce sont au moins des obstacles qui arrêtent, font hésiter, et suspendent l'assentiment. L'histoire des sciences nous en offre de nombreux exemples. Mais souvent aussi, dans ces difficultés mêmes, le système puise sa confirmation; et il suffit d'un coup d'œil assuré pour saisir la vérité, et d'un trait de lumière pour dissiper les nuages qui l'environnent.

Si je considère l'ensemble de la doctrine de Mr. Mirbel, je ne trouve pas qu'on l'ait attaquée, si ce n'est dans quelques particularités; car pour ce

qui est du système de Mr. Médicus, système qui
d'ailleurs a dévancé de plusieurs années celui de
notre auteur, il n'en peut être question dans ceci.
Mr. Médicus, de même que Mr. Mirbel, croit à
l'homogénéité des parties de l'organisation, et considère les tubes plutôt comme des lacunes ou des interstices, que comme des vaisseaux analogues à ceux
des animaux; mais il compose le végétal de fibres
qu'il substitue au tissu cellulaire, aux utricules, et
aux vaisseaux, qu'on avait reconnus communément
jusqu'à lui. Sa théorie est un long commentaire d'une
erreur que Grew a renfermée dans quelques lignes;
et l'on aurait tort d'objecter à Mr. Médicus, autre
chose que l'observation, jointe à l'insuffisance des
explications physiologiques qui résulte d'un tel assemblage de fibrilles, auxquelles il est obligé d'attribuer une espèce de contraction musculaire, pour
rendre raison de la marche et des mouvemens de
la sève.

Quant aux phytotomes allemands qui se dispu-
tent aujourd'hui l'exactitude de l'observation, ils
ne s'attachent qu'à quelques points de la théorie;
et malgré l'opposition manifeste de leurs idées,
et lors même qu'ils se partagent les découvertes
de Mr. Mirbel, ils s'unissent pour le confondre par
des difficultés, qui n'ont lieu que dans l'idée incomplète et confuse qu'ils se sont formée de sa
doctrine.

„ On se demande (répétons ici ce passage de la
lettre à Mr. Tréviranus) „ comment il serait pos-

„ sible d'expliquer la liaison des diverses parties
„ internes du végétal, si l'on n'admettait des vais-
„ seaux ou des fibres, qui passant des unes aux
„ autres, les enchaînassent toutes par un lien
„ commun". En effet, lorsqu'on suppose des
utricules ou des globules isolés, qui se touchent
par suite de leur expansion, et des vaisseaux également isolés qui les entrecoupent, ou des fibres
existant aussi chacune séparément, il est difficile de
se former une idée de l'union, ou de la cohésion
de ces parties, sans avoir recours à des fibrilles; à
moins qu'on ne se contente d'une adhérence sans
cause, de pièces simplement appliquées les unes
contre les autres. Mais c'est autre chose lorsqu'on
est bien pénétré de la parfaite simplicité d'un systême organique, où tout est un et de même nature; où le tissu n'est pas seulement d'une même
substance, mais encore n'est qu'une seule et même
masse celluleuse, et dont les vaisseaux ne sont
que des modifications. Croire à la nécessité de tubes
et de fibres ligatoires pour expliquer la liaison des
parties, c'est croire que des fibres sont nécessaires
pour attacher les petites bulles, qui composent
l'écume d'un liquide en effervescence. Il est clair
que l'union de ces bulles est une conséquence
naturelle de leur formation; et si quelques unes
d'elles venaient à prendre un peu plus de grandeur,
ou une forme plus alongée, ou qu'en général, elles
subissaient quelques modifications, cela ne chan-
gerait rien à leur manière d'exister ou à leur es-

sence, bien qu'il plût aux physiciens de leur donner des noms différens.

Dès qu'on parle d'un tissu, il se produit en nous l'idée d'un entrelacement de fibres; et cette idée nous est d'autant plus familière, qu'il y a long-tems qu'on l'a introduite dans la physiologie animale, où l'on est habitué à se représenter, sous cet aspect, les membranes, les cellules, les vaisseaux, dans l'intention de faciliter l'étude en réduisant tout, à un simple élément organique. C'est ainsi, que dans la médecine du célèbre De Gorter, on trouve de belles gravures, qui, dans un arrangement systématique, nous montrent d'abord les fibres isolées, puis mises à côté les unes des autres, puis entrelacées, puis formant comme des toiles ou des gabions qui tiennent lieu de membranes et de vaisseaux. Cependant, ceci n'est que réduire les corps organisés à des êtres purement imaginaires, ou si l'on veut, c'est s'arrêter là où l'on devrait commencer; car comment s'est opérée la *concrétion* de ces fibres solides, considérées isolément et comme primitives? Je pense ici à la cristallisation végétale, dans le sens de Mr. Médicus, expression qui pourrait bien renfermer quelque chose de plus que ce qu'on y trouve. Quoi qu'il en soit, il ne faut pas nous égarer dans de vaines et fausses spéculations. Le tissu organique n'est point un composé soit de fibres préexistantes, soit de parties membraneuses formées par l'union de ces fibres; c'est un tissu primitif et dont tout ce qui en constitue les parties, quelques disparates qu'elles semblent au premier coup d'œil, n'est que des modifications.

C'est un malheur pour le progrès des lumières, que par la nature même des choses, l'étude de l'organisation végétale n'ait pu marcher de front avec celle de l'organisation animale. La suite en a été qu'entraîné par l'idée de l'analogie, et en l'appliquant faussement, on a pris le corps animal pour type, et que de cette manière, on a conclu du plus compliqué au plus simple. De là, les vaisseaux pneumatiques, les poumons, les artères, les veines, supposés dans les plantes; de là encore, tout le système fibreux qui, après avoir été abandonné, reparaît de nouveau. La faute cependant, n'en est pas à l'analogie; elle en est à nous seuls, qui nous obstinons à vouloir soumettre la Nature aux lois que nous lui traçons, d'après nos observations imparfaites et nos conclusions hasardées, sans considérer combien elle est simple en but et en moyens, et féconde dans les modifications de ses moyens, et qu'elle forme chaque espèce pour le but auquel elle la destine. Sans doute, (car pourquoi ne pas le dire ouvertement,) il n'existe qu'un seul type de l'être organisé, dans un développement plus ou moins parfait; mais nous ne sommes pas toujours à portée de reconnaître ce type, et notre ignorance nous jette dans des méprises, et des erreurs de tout genre. Celui qui aurait voulu, par exemple, contester à Malpighi l'existence des poumons des végétaux, aurait en tort; car l'oxigène de l'air ne leur est pas moins nécessaire qu'aux animaux; mais on chercha les poumons dans l'intérieur du végétal, tandis qu' ils sont placés extérieurement, et qu'ils se dilatent, pour ainsi dire, dans les jeunes écorces et dans les feuilles. Et comment aurait-on pu se former une idée de tout ce qu'il y avait à considérer dans ce fait? On ne soupçonnait rien encore de la décomposition de l'air et de la combinaison de son oxigène avec le sang. Ou comment pouvait-on imaginer un retournement complet des organes? Il n'y a que les expériences sur le polype qui pussent faire concevoir la possibilité d'un tel phénomène; il n'y a que certains mollusques, dont les plumets, les aigrettes, les franges, en pussent montrer l'existence réelle; et ce ne fut que la réunion de ces observations, faites antérieurement, avec la connaissance des parties constituantes de l'air et des véritables fonctions des poumons, qui put faire appercevoir dans les feuilles des végétaux, cet organe dont on sentait la nécessité sans trop encore savoir pourquoi. Aussi n'est-ce qu'après bien des incertitudes, qu'on a reconnu une variété qui montre la simplicité de la Nature, dans une modification toute particulière.

C'est donc un procédé peu sur, de conclure à l'existence, sur l'idée de ce qui devrait être, tant qu'on n'a pas assez observé. D'ailleurs, il ne suffit pas d'observer au hasard; l'esprit doit diriger l'observation; il doit même diriger l'œil; mais il ne faut pas qu'il le devance par des conjectures hasardées, ou qu'il abuse des observations pour flatter l'imagination ou les préjugés. Tandisqu'on est préoccupé de ces idées de complication qui caractérisent l'enfance des sciences physiques, on n'apprécie point cette simplicité admirable, qu'un jour on sera étonné d'avoir pû méconnaître. Ce qu'un poëte philosophe a dit, dans un sens moral, s'applique aussi au physique: ,, Nous mon-,, tons de l'individuel à l'universel; la Nature au ,, contraire, descend du tout aux parties". (*) Nous ajustons des pièces, et nos plus savantes théories ne sont, à vrai dire, que des ouvrages de marqueterie. Je n'ignore pas que dans l'étude de l'histoire naturelle il faut souvent isoler par l'analyse, des objets que la Nature n'offre que réunis: nous sommes obligés de le faire afin d'examiner séparément, les diverses parties d'un tout, et pour arriver à des résultats plus surs, en concentrant notre attention sur une moindre quantité d'objets ou de rapports. (†) Mais gardons-nous de mal recomposer, et de prendre le travail de notre imagination pour la réalité; évitons d'envisager les objets comme plus ou moins simples suivant la décomposition ou la composition de nos idées, et de confondre les opérations de notre esprit, avec la propre essen-

---

(*) Pope, *Essai sur l'homme.*

(†) Mirbel, *Traité d'Anatomie et de Physiologie végétales; discours préliminaire.*

ce des choses. Une fibre n'est pas plus simple qu'une cellule, aux yeux de la Nature : et quoi-qu'il y ait une différence très-essentielle entre le tissu cellulaire animal et celui des végétaux; et que, comme l'observe l'illustre Blumenbach, le premier ne porte ce nom qu'improprement, il se pourrait qu'un jour on découvrît que toute espèce de fibre se réduit, en dernière analyse, à une con-formation analogue à ce tissu qu'on reconnaît dans les plantes. En bonne logique il est assurément bien difficile de s'imaginer la fibre, comme un être primitif dans l'organisation.

Revenons à Mr. Mirbel. Il ne me paraît pas qu'on ait bien saisi l'ensemble de son système, et personne, je crois, n'en a attaqué les bases. Jus-qu'ici on s'est contenté d'isoler quelques observa-tions, auxquelles on a opposé de prétendues ob-servations contraires. Cependant, un système dont la simplicité est si lumineuse, et qui rassem-ble dans cette simplicité toutes les diversités que les végétaux nous offrent; qui répand même un certain jour sur le règne organique en général; un tel système dépend-t-il de chaque légère modifica-tion que l'on croit avoir découvert dans un tube ou dans une utricule? dépend-t-il, par exemple, de la division des vaisseaux, en trachées, fausses-tra-chées, tubes poreux, vaisseaux en chapelets, vais-seaux propres; et sera-t-il renversé, s'il se trouvait qu'on eut droit d'ajouter à cette nomenclature, les vaisseaux annullaires de Mr. Bernhardi; ou qu'il fallut reconnaître avec Mr. Link, que la lame des trachées est roulée indifféremment de gauche à droite ou de droite à gauche? Non, sans doute, puisque toutes les différences dans ce système, se réduisent à des modifications d'un même organe, lesquelles pourraient être plus ou moins variées sans que cela affectât la théorie.

Mais il n'en serait pas de même si nous voulions introduire dans cette théorie certaines données, telles que l'union des tubes et des cellules par le moyen de fibres, l'existence de vaisseaux pneumatiques internes, et un appareil vasculaire propre à la circulation de la sève, comme sont, dans les animaux, les veines et les artères pour la circulation du sang : car, en supposant que cette réunion d'organes existât réellement, il est clair qu'elle serait tout à fait en opposition avec la simplicité de la doctrine dont il s'agit.

C'est peu d'expliquer des phénomènes; de tout tems on l'a fait, et toujours dans le goût du siècle, et selon les idées en vogue; mais ramener tous les faits à un seul et incontestable principe, c'est marquer une théorie du sceau de la vérité même: ,, Etonné des grands phénomènes de la vé-,, gétation, on a supposé qu'ils ne s'exécutent qu'à ,, l'aide d'un mécanisme très-compliqué". (*) Voi-

---

(*) Mirbel, *Mémoire sur les fluides contenus dans les végétaux* : *Annales du Muséum d'histoire naturelle*, T. VII.

à ce qui caractérise l'impuissance humaine : de grands résultats font imaginer une réunion de grands moyens, parceque le vrai, le simple, l'unique échappent.

Il ne suffit pas cependant, qu'un système soit simple, il faut encore qu'il porte sur des faits. C'est même dans la liaison de ces faits, résultats des observations, que consistent sa clarté et sa simplicité. Dans celui dont nous parlons, toutes les observations sont étroitement liées et dans la plus parfaite harmonie. On ne fait pas intervenir les pores des cellules parcequ'on en a besoin, mais parcequ'on les a découverts ; et par eux, on explique une communication qui est incontestable, et qui embarasse beaucoup ceux qui veulent les nier. On n'imagine pas des tubes poreux, mais on les voit ; et nous y retrouvons cette uniformité, qui, dans toute l'organisation des plantes, ne montre qu'un seul tissu. Certes, il paraît bien étrange d'adopter une communication visible ou invisible des cellules, de considérer même les tubes comme des modifications du tissu général, et de vouloir néanmoins, que ces tubes ne soient pas poreux, et que les points qui les couvrent ne soient que de simples élévations. Et peut-on trouver moins inconséquent d'avouer les fentes des fausses-trachées, et de se refuser à admettre les pores, qui sont de même nature que les fentes, qui servent au même usage, et qui se trouvent tant de fois réunis avec elles dans un même tube ? Supposons un moment que l'œil ne puisse

distinguer, si la partie qu'on observe, a des pores
ou seulement des élévations; et c'est tout ce
qu'on peut concéder à ceux qui nient les pores;
(je ne parle pas de ceux qui nient les fentes des
fausses-trachées, et veulent, à l'exemple de Mr. Bernhardi, qu'elles soient aussi des élévations, car la
conséquence qu'ils portent dans leur logique fait
ressortir trop évidemment le vice de leurs observations;) supposons, dis-je, que la vue ne fournisse
pas de notions suffisantes pour résoudre la difficulté: Si l'admission des élévations dans les tubes
poreux, n'exclut point l'existence des pores au milieu d'elles; si le passage des fluides d'une cellule
dans l'autre a lieu comme Mr. Rudolphi le confesse; si, comme Malpighi s'en était apperçu avant que
Mr. Mirbel ne l'établit d'une manière incontestable, les cellules ont une analogie marquée avec les
tubes, et si les parties environnantes se colorent
du fluide qui monte dans ces mêmes tubes, ainsi
qu'on l'a souvent remarqué, comment rejeter l'existence des pores, et que mettre à la place? mais surtout, qu'opposer à l'observateur qui dit, avec l'autorité que donnent de longues recherches: ,, j'ai vu
,, ces pores dont vous avouez la nécessité, avec
,, lesquels vous expliquez tout, sans lesquels vous
,, n'expliquez rien''? que répondre enfin, quand
l'évidence du fait se tire des règles mêmes de la
plus sévère logique?

Il paraît donc que soit qu'on veuille combattre
le système de Mr. Mirbel, soit qu'on veuille l'adop-

ter en partie, ou n'en a pas pénétré le vrai principe.
C'est une chose assez commune parmi les allemands,
de prendre en éclectique, à chaque théorie d'une
science, ce qu'on y trouve de bon, mais un tel choix
dumoins, devrait supposer une certaine conformité
d'opinion. On sait que les vrais éclectiques chez
les anciens, furent ces philosophes qui, du tems de
Cicéron, portèrent le nom de nouveaux Académi-
ciens. Ils se bornèrent à combattre et à douter,
sans même avoir pour but de leurs recherches, des
connaissances systématiques. La philosophie, pour
eux, n'était qu'un jeu d'esprit, et ne tendait qu'à
exercer l'entendement. Il en devait être ainsi, tant
que le moyen de s'instruire par l'expérience et l'observation, resta inconnu; mais c'est rétrograder de
ne considérer aujourd'hui dans la Nature, que des
phénomènes isolés; il s'agit de saisir le principe qui
les réunit, et qui seul, explique la raison suffisante de ces phénomènes, essentiellement les mêmes dans toutes leurs modifications.

Ce que je viens de dire ne peut s'appliquer à
l'illustre Société Royale de Gottingue, dont le dessein a été visiblement d'éclairer la science en invi-
tant à de nouvelles observations. Par celles-ci elle
a voulu que la véritable théorie fut prouvée, et c'est
pour cette raison, qu'elle a tenu la balance égale
entre les différens systêmes déjà connus. Elle a
donc pu allier en quelque sorte, Malpighi à Mirbel
et celui-ci à Sprengel et à Médicus. La diversité
des opinions sur la structure des vaisseaux lui pa-

rut nécessiter de nouvelles recherches pour décider entre un système d'organisation peu différent de celui du règne animal et un système plus simple et plus conforme aux idées reçues de nos jours. Tel est, si je ne me trompe, l'objet de la question principale. Et parmi les opinions modernes, la discussion s'étant introduite entre le système fibreux et le cellulaire, il était naturel que les questions subordonnées s'y raportassent. Ainsi, ce n'est pas la faute de la Société Royale si son programme rassemble des questions disparates, dont l'une se rapporte par exemple, au système de Mr. Médicus, l'autre à celui de Mr. Mirbel, et une troisième à un de ces éclectiques qui ont paru vouloir diviser le principe ou bien en établir un nouveau. Mais comme tout, ici bas, même la prudence la plus éclairée, porte le cachet de l'humaine faiblesse, j'entre en doute si la Société Royale, en gardant une neutralité si sévère, n'a pas fourni matière à d'étranges incertitudes, et même n'a pas donné une sorte de confirmation à des opinions contradictoires.

Je ne prétends pas examiner le travail de ceux, qui ont obtenu le suffrage de la Société; je ne connais celui du Docteur Rudolphi, et celui du Professeur Link, que par les extraits qui en ont été publiés dans certains journaux; et pour ce qui concerne Mr. Tréviranus, la lettre de Mr. Mirbel s'adresse principalement à lui; mais en ne considérant que les seules observations, ne faut-il pas s'étonner que les deux célèbres naturalistes dont

les ouvrages ont prévalu, s'accordent si peu? (*)
„ Les lames ſpirales qui forment les trachées n'ont
„ point de cavité, ne portent point de fluides, et les
„ fluides colorés n'y entrent pas". Voilà l'assertion la
plus positive. C'est Mr. Rudolphi qui parle d'accord
avec Mr. Mirbel; et l'on ne mettra pas en doute
qu'il n'ait bien observé.   Maintenant, entendons
Mr. Link, reconnû aussi pour observateur exact:
„ Les lames ſpirales (comme Hedwig l'a déjà sup-
„ posé) sont creuses et forment des vaisseaux qui
„ se remplissent de toute espèce de fluide coloré".
Mr. Rudolphi paraît attribuer aux vaisseaux propres
des parois membraneuses, tandis que Mr. Link n'y
voit que des cavités ou des lacunes tubulaires, formées dans le tissu cellulaire et dépourvues de
parois membraneuses. Tous les deux, ils rejettent
les pores des cellules, mais l'un veut que ce soit
de petites vessies s'attachant aux parois, et l'autre
des globules de nature amilacée, nageant dans les fluides. Ce nonobstant, l'un et l'autre ont un penchant
marqué pour le système qui ne considère les vaisseaux, que comme des modification d'un mêmes
tissu; Mr. Rudolphi s'exprime d'une manière tout-
à-fait conforme à cette idée. Tous les deux rejet-

(*) J'ignorois lorsque j'écrivis ce passage, que ces deux
ſavans avoient eux-mêmes fait la critique de leur propre
travail en abandonnant plusieurs des opinions qu'ils avoient
soutenues. B.

** 4

tent le système fibreux, et n'admettent de fibre que
celle de la lame spirale; tous les deux semblent ne
reconnaître qu'une seule espèce de vaisseaux, la
trachée; quoiqu'avec quelques modifications. Bien
qu'ils nient l'existence des pores, ils avouent tous
les deux, une transsudation des fluides colorés d'une
cellule dans l'autre et des tubes dans les cellules,
ce qui les ramène aux pores que, d'ailleurs, ils ne
permettent pas que l'on puisse voir. Que conclure
de tout ceci? Chacun s'appuie de ses propres observations; l'incertitude naît, et l'autorité se balance.
La Société elle-même, dans ce conflit, n'a pas voulu
se compromettre en faisant un choix entre deux concurrens d'un mérite si distingué, mais d'opinions si
différentes; elle a mieux aimé couper le nœud en leur
partageant le prix. Or si l'on rejette toutes les hypothèses contradictoires dont ces savans ont surchargé
leur travail; si l'on s'en tient rigoureusement aux
faits qu'ils produisent, et sur lesquels ils s'accordent,
et que l'on tâche d'arranger ces faits en système,
ou je me trompe, ou bien il en résultera insensiblement une série de propositions, qui se confon-
dra à la fin avec le résultat des observations de
Mr. Mirbel, et reproduira sa théorie. (*)

(*) Ceci paraîtra démontré pour quiconque aura lu les
ouvrages de ces Messieurs, et j'en donne des preuves sans
réplique, dans la lettre que j'ai adressée à Mr. Mirbel pour
lui faire connaître les opinions du Professeur Rudolphi. B.

Voilà sans doute une grande présomption en faveur de cette doctrine. Maintenant, essayons d'en faire l'application aux questions proposées par la Société Royale. Pour y répondre je n'employerai rien qui ne soit dans les écrits de Mr. Mirbel, rien que ce naturaliste puisse désavouer; rien aussi qu'on ait droit de lui disputer.

On demande d'abord, combien d'espèces de vaisseaux l'on doit supposer dès la première époque des développemens. Cette expression de *première époque des développemens* est susceptible de plusieurs interprétations; mais pour ne tomber dans aucune méprise à cet égard, je vais avec l'auteur, examiner l'origine et la croissance de l'embryon.

Si l'on prend la jeune plante au moment où elle commence à se former sous les enveloppes de la graine, on reconnaît, non comme une hypothèse, mais comme un fait, que toutes les parties sont composées d'un simple tissu cellulaire parfaitement uniforme; d'où l'on doit inférer que ce n'est que successivement que les différentes espèces de vaisseaux se développent. En effet, à peine la germination commence-t-elle, on voit paraître dans le tissu cellulaire, à quelque distance du centre, des traces de mucilage qui marquent la place que les vaisseaux doivent occuper. Bientôt le mucilage offre des veinules sur lesquelles se dessinent insensiblement de légères stries transversales. Les veinules se dilatent, s'alongent, se transforment en vaisseaux; et les stries se prononçant toujours d'avantage, deviennent enfin, des rangées de pores et de fentes dont les bords sont garnis d'un petit bourrelet.

La jeune plante continue de se développer; elle montre ses premières feuilles. Alors, il n'existe encore que quelques faisceaux de tubes autour de la moëlle: ce sont souvent des trachées; mais il n'est pas rare qu'à côté de ces tubes, se trouvent des fausses-trachées et des vaisseaux poreux. A la superficie de cette première couche de vaisseaux, reparoît le mucilage; peu à peu il prend des formes organiques plus déterminées et produit cette fois, ces cellules alongées ressemblant à de petits tubes, et qui constituent la partie la plus solide du bois.

Voici donc trois époques marquées par des productions nouvelles. D'abord, ce tissu cellulaire régulier, également dilaté dans tous les sens, qui fait comme la base de l'organisation. Ensuite, de gros vaisseaux qui venant à se développer, établissent une ligne de démarcation entre l'écorce et la moëlle jusqu'alors confondues ensemble. Enfin, ce tissu de cellules alongées qui environne les gros vaisseaux et les unit par un lien commun. Mais comment déterminer d'une manière précise, dans cette enfance du végétal, la nature particulière de vaisseaux qui, si j'ose ainsi dire, ne sont pas achevés? et même, comment donner une réponse tout-à-fait satisfaisante après avoir examiné les vaisseaux dans un âge plus avancé, à moins de soumettre successivement toutes les espèces de plantes, à l'observation microscopique; car elles n'ont pas toutes, comme on peut le croire, la même organisation dès le premier moment de leur existence, et je n'imagine pas que la Société Royale s'y soit trompée? Mais sans nous arrêter à ces difficultés, venons au fait.

Qu'importe que ce soit des trachées, ou des fausses-trachées, ou des vaisseaux poreux, qui forment le premier feuillet développé, ou que ce soit toutes ces espèces de vaisseaux à la fois, si, comme il résulte des observations, ils remplissent les mêmes fonctions, et ne sont réellement, que des modifications les uns des autres; et si ces modifications ne sont point dues à des fins différentes que la Nature s'est proposées, mais aux différens moyens qu'elle trouve sous sa main, pour arriver à un même but?

La seconde question ne touche que les trachées: elle provoque l'examen de l'opinion d'Hedwig sur laquelle les deux concurrens se trouvent en opposition. Hedwig voulait qu'il existât un canal dans l'épaisseur même de la fibre spirale, mais ne l'avait point vu, et cette supposition, toute gratuite, repose chez lui, sur un fait imaginaire. Je parle du prétendu tube membraneux qu'enveloppent les circonvolutions de la spirale. Ce tube supposé, voici, je pense, comme Hedwig raisonnait : Si les liqueurs montaient dans le tube, pourraient-elles colorer la fibre qui tourne au dehors? Non certainement. Elles la colorent toutefois; il faut donc que ces liqueurs ne s'élévent pas dans le tube, mais dans la fibre elle-même qui parconséquent, est creuse. Cette logique qui perce dans l'ouvrage d'Hedwig, n'a pas été saisie par Mr. Link. Ce savant rejette le tube membraneux, et cependant, il adopte le canal de la fibre spirale. C'est de quoi sans doute, on peut s'étonner.

Mais si l'on pénètre plus avant, il ne semble pas fort difficile de reconnaître la source de l'erreur d'Hedwig. Ce naturaliste attaché à la doctrine ancienne, voyait dans les trachées, les poumons des végétaux, et pour que la coloration du fil spiral ne contrariât point cette idée favorite, il imagina et le tube membraneux, et le canal dont nous venons de parler.

Généralement la supposition d'Hedwig a été abandonnée, et Mr. Mirbel l'avait déjà combattue dans le journal de physique, d'une manière qui ne laisse rien à désirer, à moins qu'indépendamment de tout principe d'unité, l'on ne veuille concilier des opinions diamétralement opposées, en donnant raison à tout le monde; et il sera curieux de voir les nouvelles observations sur lesquelles Mr. Link vient de relever ce paradoxe. (*)

La troisième question a rapport au mouvement des fluides, soit aqueux, soit aériens, dans le tube que forment les circonvolutions de la trachée.

(*) Mr. Link a reconnu le peu de solidité de ce système et l'a abandonné avec cette bonne-foi qui accompagne presque toujours le vrai mérite. B.

La question ne paraît s'arrêter ni au mouvement général ni aux forces qui les occasionnent : points sur lesquels il a été répondu avec le plus grand détail, dans le mémoire de Mr. Mirbel, sur les fluides des végétaux. Il résulte des expériences de ce naturaliste, que la sève monte par les gros vaisseaux, c'est à dire, par les trachées qui sont entre le bois et la moëlle, les fausses trachées et les vaisseaux poreux qui sont dans le bois ; que dans son ascension, elle tend à se rapprocher de l'axe centrale de l'arbre ; mais que néanmoins, elle s'élève dans les couches ligneuses plus extérieures, lorsque les vaisseaux qui entourent la moëlle sont obstrués ; qu'au reste, les pores et les fentes des membranes, la forme conique du bois, et les rayons médullaires rencontrés de distances en distances, par les gros vaisseaux qui y versent une partie de la sève qu'ils contiennent, facilitent les mouvemens des fluides vers la circonférence ; et quant aux efficiens de ces mouvemens soit horizontaux soit ascendans, il prouve que la succion et la transpiration, ne sont point de simples effets mécaniques ; qu'elles dépendent de la puissance vitale ; que la succion s'exécute par les vaisseaux du liber et la transpiration par les pores de l'épiderme ; que l'ascension est due au vide que la transpiration produit continuellement dans le tissu, et à la dilatation de l'air qui pousse la sève dans les parties supérieures ; enfin, et pour réunir tout dans une seule proposition, que la sève est introduite dans les arbres par l'action d'une force vitale qui réside dans certaines parties extérieures, savoir: les feuilles, les jeunes rameaux, les jeunes écorces et le chevelu des racines; et qu'elle s'élève dans les tubes du centre, par l'effet de causes purement physiques.

Mais il faut croire que la Société Royale n'ait eu en vue, que le mouvement dans les trachées, comme appréhendant quelque difficulté dans la marche d'un fluide, par des vaisseaux dont les parois ne sont pas fermées. Cette considération semble avoir porté Mr. Bernhardi à nier les fentes des fausses-trachées, de même que les pores des vaisseaux poreux, et à environner les trachées d'une membrane. Par ce moyen, il empêche une déperdition de sève qui, dans ses idées, nuirait à l'ascension. Mais l'écoulement des sucs séveux par les pores et les fentes, s'accorde merveilleusement avec les phénomènes de la végétation, lesquels prouvent à l'évidence, une transfusion universelle des fluides; et quant à l'ascension, elle peut très-bien s'opérer malgré les ouvertures latérales qui sont très-petites en comparaison du diamètre des tubes. La vraie réponse à la question serait donc de dire que les sucs se meuvent dans les trachées, comme dans les autres gros vaisseaux du végétal, la lame spirale servant de paroi aux tubes formés par ses circonvolutions. Mr. Link n'accorde aux trachées la propriété de conduire des fluides, que dans certaines circonstances, quoiqu'il dise que toutes les spires

soient unies par des membranes, lesquelles me semblent revenir aux tubes internes ou externes d'Hedwig
ou de Bernhardi, tubes que cependant, Mr. Link,
ainsi qu'on l'a vu plus haut, regarde comme imaginaires.

Passons à la quatrième question. Les trachées
se transforment-elles en fausses-trachées, comme
Sprengel l'a cru; ou serait-ce les fausses-trachées
qui deviendraient des trachées, suivant l'opinion de
Mirbel?

On ne voit rien dans le système dont il s'agit
qui puisse résoudre cette alternative, qui suppose
(ce qui est bien loin encore d'être prouvé,) que
les modifications caractéristiques des gros vaisseaux
subissent des changemens par le laps du tems.
Quoiqu'il en soit, nous allons répondre en déterminant
les endroits où les diverses modifications se montrent dans les tiges et les branches des dicotylédons.

Malpighi et Grew, tout en avouant qu'on ne voit
point de trachées dans le liber, les y ont soupçon-
nées, et partaient d'un même fait; c'est que le liber
se change en bois, et que selon eux, le bois en
contient. Cependant, quelques recherches qui aient
été faites, personne n'a vu de trachées dans le liber,
et Mr. Mirbel prouve qu'il n'en existe jamais dans
les couches ligneuses. Ses observations les placent
autour de la moëlle, et si on les trouve quelque
fois dans les parties dures, ce n'est qu'aux endroits
où la substance médullaire a existé. Au reste, depuis la découverte des fausses-trachées, rien de plus
avoué que les méprises de ceux, qui ont confon-

du ces tubes avec les vraies trachées, et c'était
le cas de Malpighi, de Grew, d'Hedwig, et en
général, de tous les observateurs, jusqu'à ces derniers tems.

Mr. Sprengel marchant sur les traces d'Hedwig,
ne reconnaît point dans les fausses-trachées, une espèce primitive, mais seulement d'anciennes trachées
dont les spires se sont attachées les uns aux autres
par intervalles. En admettant cette hypothèse il faut
qu'on suppose des trachées dans le liber, ce qui est
contraire à l'observation; ou bien il faut abandon-
ner l'idée que c'est le liber qui se change en bois,
vérité à laquelle on ne saurait refuser de se rendre.
Et si cependant, contre toute évidence, on nie ce fait,
d'où tirera-t-on ces prétendues trachées qui, dans aucun cas, ne se montrent dans les couches ligneuses,
que sous la forme de fausses trachées? .... De l'étui
médullaire sans doute, puisque là seulement se rencontrent les vaisseaux spiraux? .... Ceci est absurde;
on ne peut former les fausses-trachées du bois avec
les trachées qui environnent la moëlle. Disons donc
que les fausses-trachées ne proviennent point de la
transformation des vraies trachées, puisque ces dernières n'ont jamais existé où les premières se trouvent.

Confirmons le raisonnement par le fait. Dès qu'
une plante ligneuse commence à se développer on
reconnaît l'existence des trachées autour de la moëlle, mais les couches qui s'organisent ensuite, ne
contiennent que des vaisseaux poreux et des fausses-
trachées, et l'on peut s'assurer par les observa-

tions, que ces dernières espèces de tubes sont primitives.

Maintenant, prenons l'opinion contraire; voyons
si la transformation des fausses-trachées en trachées
a lieu. Ce système n'est pas plus admissible que
l'autre. Le bois ne contient jamais de trachées,
mais souvent, grand nombre de fausses-trachées.
Si celles-ci subissaient le changement supposé, on
en trouverait la preuve dans les vieilles tiges qui
seraient remplies de trachées. L'observation le dé-
ment, car *tous les vaisseaux conservent leurs formes
primitives dans l'âge le plus avancé.* Qu'on lise le
second Mémoire de Mr. Mirbel, on se convaincra
combien Mr. Sprengel s'est trompé en imputant
à ce naturaliste, une erreur si opposée à tout
ce qu'il a avancé de plus clair et de plus précis: ,, Les vaisseaux désignés dans mon premier
,, travail, dit-il, sous le nom *d'organes élémentai-*
,, *res*, conservent jusqu'à la fin leur forme primiti-
,, ve". Ce passage décisif n'a été écrit, j'en conviens, que depuis la publication de l'ouvrage de
Mr. Sprengel; mais Mr. Mirbel n'avait jamais ex-
primé une opinion contraire, et la dénomination très-
expressive *d'organes élémentaires*, excluait toute idée
de transformation. Il est fâcheux de passer sur la
foi d'un lecteur peu attentif, (*) pour le promoteur

(*) Je rends hommage au mérite éminent de Mr. Sprengel; mais s'il s'est trompé, il faut bien le dire. Les cr-

* * *

d'opinions erronées que l'on rejette de la manière la moins équivoque. Mais malgré moi, je pourrais avoir fait la même injustice à Mrs. Link et Rudolphi, leurs écrits ne m'étant connus que par des extraits dont je ne suis pas à même de vérifier la fidélité.

L'ordre des questions nous conduit à la cinquième, qui est la dernière. L'aubier et les fibres ligneuses sont-ils produits pas des fausses-trachées, ou par des vaisseaux propres et primitifs, ou bien par le tissu tubulaire? Cette question semble prêter à un double sens. Demande-t-on quelles sont les parties qui constituent l'aubier et le bois? Dans ce cas Mr. Mirbel répondra, que ce sont de gros vaisseaux, (*les fausses trachées*, *les tubes poreux*) et du tissu cellulaire ligneux qui prend l'aspect de petits tubes. Ou demande-t-on plutôt, d'où proviennent l'aubier et le bois? Alors, d'accord avec Grew et Malpighi, Mr. Mirbel a répondu d'avance que c'est du liber, et il l'a prouvé en lui appliquant l'expérience que Duhamel avait imaginée pour l'aubier.

Quant à l'origine du liber, la voici: Dans le tems du repos de la végétation tout le tissu de la tige est parfaitement continu; lorsque la végétation reprend, l'écorce se détache du bois et le cambium

---

reurs des hommes vulgaires n'ont pas besoin d'être relevées; elles sont sans conséquence: il n'en est pas ainsi des erreurs des hommes distingués, elles séduisent la multitude, et il faut les attaquer avec vigueur pour les détruire. *B.*

suinte à la superficie de ce dernier. À cette époque,
un nouveau liber commence à s'organiser : des lignes déliées, des bulles ressemblant à celles qui se
forment sur un fluide en effervescence, remplacent
insensiblement le cambium qui disparaît. Les lignes sont des vaisseaux, les bulles sont des cellules; les uns et les autres rétablissent la continuité
du tissu; ils s'alongent, se dilatent, s'épaississent
et augmentent le volume de la tige. Ainsi se forment successivement toutes les couches du liber. (*)

Je ne sais si ces réponses, mises sous les yeux de
la Société Royale, lui auraient paru satisfaisantes.
Ce qu'il y a de certain, c'est que la plupart des
observations sur lesquelles elles reposent, n'étaient
pas inconnues, à l'époque où le programme fut
publié. Ces réponses découlent de faits incontestables. Il est vrai que les observateurs modernes ne
confirment pas la théorie dans tous ses points; mais
il est remarquable que lorsqu'ils la combattent, ils
se trouvent en opposition entre eux, et que souvent,
croyant l'anéantir par des hypothèses et des raison-
nemens, ils la confirment par les faits mêmes qu'ils

(*) Mr. Mirbel emploie ordinairement l'expression de *glo-
bule* pour indiquer la forme des cellules naissantes; mais je
crois que le mot *bulle* convient mieux, et même rend mieux
l'idée de l'auteur; car la comparaison avec des globules
donne l'idée de petites vésicules qui seraient distinctes et
séparées, tandisque, dès son origine, le tissu cellulaire est
lié dans toutes ses parties. *B.*

produisent. D'accord avec l'illustre Société Royale
de Gottingue, tout homme instruit, qui aura mé-
dité sur les moyens de reculer les limites de nos
connaissances, avouera qu'on ne saurait trop multiplier les observations. Rien de plus ordinaire,
de se tromper sur des choses de fait, aussi bien
que sur les conséquences que l'on en tire; il s'agit
de rectifier les erreurs de l'une et de l'autre espèce, et ce n'est qu'en consultant la Nature avec
assiduité qu'on parviendra à une certitude peremp-
toire, équivalente à la conviction des démonstra-
tions mathématiques. Ce serait être présomptueux,
de supposer une telle certitude à l'égard d'une branche de l'histoire naturelle qu'on peut considérer
comme neuve encore, vu la manière dont on s'y
était pris jusqu'à la dernière époque qui lui a donné une existence nouvelle. Les anciens n'eurent
pas la plus légère notion de cette science. Malpighi et Grew qui l'ont mise en lumière, et que maintenant nous nommons les anciens, parcequ'ils n'eurent pas de précurseurs; Malpighi et Grew, abusés
par les préjugés de leur siècle, croyant devoir re-
trouver dans les plantes une grande conformité d'organisation avec celle qu'on supposait universelle
dans les animaux, n'ont point senti les avantages
de leurs propres découvertes, et ne s'en sont pas
formé des idées assez distinctes pour en profiter
comme ils eussent fait sous d'autres circonstances.
Duhamel fut extrêmement laborieux et ne manqua
point du côté du jugement, mais ses recherches

anatomiques prouvent que sa vue était trop faible pour qu'il pût employer le microscope avec succès. Hill lui est inférieur sous le double rapport de la physiologie et de l'anatomie. Hedwig joignait beaucoup d'esprit à une grande sagacité, mais il s'est à peine arrêté sur le sujet dont nous parlons. Après quelques observations superficielles il a laissé la Nature pour travailler d'imagination. Son système, dans lequel les végétaux sont représentés avec un appareil d'organes très-compliqués, n'est qu'un ingénieux roman. D'autres observateurs moins célèbres, ont publié leurs idées à différentes époques: aucun, que je sache, ne fut doué de cet esprit philosophique qui peut seul rassembler et disposer les faits, pour les offrir sous leur véritable jour. Après tant de vacillations, résultats nécessaires d'observations fausses ou mal combinées, l'unique moyen pour échapper à de nouvelles erreurs, était sans doute, d'examiner comparativement les végétaux, afin de tirer de cet examen, des données générales, qui manquaient jusqu'à ces derniers tems; car on avait travaillé sans suivre de plan fixe, prenant pour sujets d'étude, les plantes qui s'offraient au hasard. Le premier pas et le plus décisif fut la division des Monocotylédons et des Dicotylédons, fondée sur la connaissance de l'organisation interne des tiges. (*) Cette belle division, qui ap-

---

(*) Voyez dans les *Mémoires de l'Institut National*, *T. I. p. 478*, *Paris an 6*, le Mémoire de Mr. Desfontaines.

partient à l'école française, à laquelle il serait bien
difficile de contester aujourd'hui, dans les sciences
physiques, une supériorité, dont elle est redevable
à la sage circonspection qu'elle porte dans ses recherches, et à l'excellence de ses méthodes d'observation; cette belle division, dis-je, jeta une nouvelle lumière sur la structure des végétaux, et mar-
qua la route pour arriver à des découvertes qui
n'offrent point, comme autrefois, des faits épars et
sans liaison, ou rapprochés au gré du caprice de
l'observateur; mais une série non-interrompue de
faits, qui s'unissent sans effort et se prêtent un
mutuel appui. C'est de cette manière d'envisager
la physiologie végétale, plus vaste, plus philosophique, plus conforme à l'état actuel des sciences,
plus digne, en un mot, du siècle où nous vivons,
que doit enfin résulter une théorie claire et simple
dans son exposé, riche et féconde dans son application, qui retrace à nos yeux l'œuvre même de
la Nature.

------

sur l'organisation des Monocotylédons ou plantes à une feuille séminale.

L E T T R E

de Mr. BRISSEAU-MIRBEL

à

Mr. le Docteur TREVIRANUS.

———————

B R I E F

des Herrn *BRISSEAU-MIRBEL*

an

Herrn Doctor *TREVIRANUS.*

MIRBEL,

Correspondant de l'Institut,

à

Mr. le Docteur TREVIRANUS.

MONSIEUR,

LES résultats de mes recherches, que la société Royale de Göttingue a bien voulu juger dignes de l'attention des savans (*a*), ont été examinés et critiqués dans plusieurs ouvrages d'Anatomie et de Physiologie végétales. Parmi les écrits les plus intéressans sur cette matière, on distingue le vôtre (*), Monsieur, celui de Mr. Sprengel (†), et la petite brochure de Mr. Bernhardi (‡). Malheureusement pour

---

(*a*) Voyez la Note ci-après sous cette Lettre.

(*) *Vom inwendigen Bau der Gewächse und von der Saftbewegung in denselben. Göttingen, 1806.*

(†) *Anleitung zur Kenntniß der Gewächse, in Briefen. Halle, 1802.*

(‡) *Beobachtungen über Pflanzengefäße und eine neue Art derselben. Erfurt, 1805.*

Herr *MIRBEL*,

des (Französischen) Instituts Correspondent,

an

Herrn Doctor *TREVIRANUS*.

Mein Herr,

Die Erfolge meiner Nachforschungen, welche die königlich Göttingische Societät der algemeinen Aufmerksamkeit nicht unwürdig zu achten die Güte gehabt (a), sind in verschiedenen der Pflanzen-Anatomie und Physiologie gewidmeten Werken untersucht und beurtheilt worden. Unter diesen bemerkt man besonders das Ihrige, mein Herr (*), das Sprengelsche (†), und die kleine Bernhardische Schrift (‡). Zum Unglück bin ich mit der deutschen Sprache gänzlich unbekannt und hiedurch aufser Stande, Ihre Kenntnisse und Anmerkungen, so wie ich's wünschte,

---

(a) Man sehe die Note hierhinten unter diesem Buchstaben.

A 2

moi, je n'entends point votre langue, et ne
puis profiter, autant que je le désirerais,
de vos lumières et de vos critiques. J'ai
essayé de faire traduire votre ouvrage; mais
je n'ai trouvé personne, qui connut à la fois,
parfaitement bien, l'idiôme allemand, et le sujet
que vous avez traité. Sans cette réunion de
connaissances, il est impossible de donner une
traduction intelligible d'un écrit de cette nature.
Quoiqu'il en soit, je me suis apperçu que nos
opinions différaient dans quelques points essentiels. J'aurais voulu pouvoir vous suivre dans vos
discussions lumineuses, et répondre à chaque
objection; mais forcé d'y renoncer, je vais vous
donner, en peu de pages, une exposition simple
et nette de mes opinions, et je dirai sur quelles
bases j'appuye plusieurs faits dont vous semblez
douter.

Avant d'entrer en matière, permettez moi,
Monsieur, quelques réflexions préliminaires.
Depuis dix ans, je poursuis sans relâche mes
recherches sur la physiologie végétale; et,

(5)

zu benutzen. Ich habe einen Versuch gemacht
mir Ihre Arbeit übersetzen zu lassen, aber nie-
mand finden können, der der Sprache und zugleich des Gegenstandes Ihres Werkes kündig
war; und ohne die Vereinigung dieser beiden
Kenntnisse ist es nicht möglich eine verständliche
Uebersetzung hievon zu geben. Gleichwohl habe
ich bemerken können, daß unsre Meinungen
in etlichen wichtigen Punkten von einander verschieden sind. Ich hätte wohl ge-
wünscht Ihnen in dem Gang Ihrer einleuchten-
den Untersuchungen folgen, und auf jede Ihrer
Einwendungen antworten zu können; allein da
ich genöthigt bin hierauf Verzicht zu leisten,
so will ich Ihnen in wenigen Seiten eine einfache
und deutliche Darstellung meiner Meinungen
aufsetzen, mit Anführung der Gründe auf die
ich verschiedenes, was Sie zu bezweifeln scheinen, feststelle.

Im Voraus, und ehe ich zur Sache schreite,
erlauben Sie mir, mein Herr, einiges zu bemerken.
Seit zehn Jahren beschäftige ich mich ununterbrochen mit Fortsetzung meiner Nachforschun-

je l'avoue, je n'ai pas vû d'abord ce qu'un travail assidu m'a fait découvrir ensuite. L'art d'observer suppose une certaine justesse dans les organes et dans l'esprit. Cet art se perfectionne par l'étude. Les premiers essais sont toujours imparfaits : on donne trop d'importance à des faits isolés, et les généralités ne sont pas apperçues. Mais en multipliant les observations, on rectifie les erreurs ; on fait plus, on apprend à les éviter.

Ces réflexions vraies, relativement à tout travail d'observation, acquièrent plus de force encore, lorsque les recherches auxquelles on se livre, exigent l'emploi du microscope. Alors, la vûe est le seul sens dont on puisse faire usage, et nul sens n'entraîne l'esprit dans plus d'erreurs. Ce n'est pas tout ; aux incertitudes de ce sens se joignent

gen über die Physiologie der Gewächse; und ich
gestehe, der Anfang zeigte mir nicht, was anhaltender Fleiß und Arbeit mich in der Folge gelehrt hat. Die Beobachtungskunst setzt eine gewisse Gewandtheit in den Organen so wie im
Geiste voraus, und nur ihre Uebung mit aus-
dauerndem Nachdenken vereinigt, vervolkomm-
net sie. Die ersten Versuche sind immer täu-
schend. Man legt zu vielen Werth auf einzelne
und abgesonderte Thatsachen, und was allgemein
ist, wird nicht gehörig bemerkt. Allein indem
man die Beobachtungen und Wahrnehmungen
vermannigfaltiget, berichtigt man die Irrthümer, und, was mehr ist, man lernt sogar dieselben vermeiden und ihnen vorzubeugen.

Dieses Angemerkte, obgleich in Hinsicht jeder
Beobachtungsarbeit unläugbar wahr, erhält
noch mehrere Wichtigkeit so bald die anzustel-
lenden Untersuchungen den Gebrauch des Mikroskops erfordern. In diesem Fall ist das Gesicht der einzige Sinn welcher sich anwenden
läfst; und keiner führet den Verstand in so viele
Irrthümer als eben dieser. Hiezu kommt noch

les imperfections de l'instrument avec lequel on opère. Les verres grossissent trop ou trop peu; la lumière est trop vive ou ne l'est pas assez. Il est bien rare de trouver un microscope parfaitement bon; il est plus rare encore de savoir diriger cet instrument, de manière à en tirer tous les avantages possibles. Ajoutez que l'emploi du microscope fatigue l'œil à tel point, qu'on éprouve des éblouissemens et des espèces de vertiges, qui ne permettent pas un travail assidu; ensorte que, souvent, au moment même où l'esprit, après de longues réflexions, a réuni ses forces pour saisir la vérité, le sens qui doit agir, refuse tout service.

La petitesse des objets est encore un puissant obstacle. On les prépare toujours sans en appercevoir les parties; on les coupe; on les dissèque au hazard, et quand on vient à les examiner, on prend pour l'ordre et l'arrangement naturels, ce qui est le résultat de la destruction.

die Unvollkommenheit des Werkzeuges mit dem
man sich behilft. Die Gläser vergrößern entweder zu viel oder zu wenig; das Licht ist entweder zu stark oder nicht stark genug; selten
trift man ein völlig gutes Mikroskop; und noch
seltener ist man im Stande dieses Instrument so
zu führen, daß man alle möglichen Vortheile
daraus erhalten könne. Ueberdies ist das Mikroskop dem Auge dermaßen ermüdend, daß
man bald Blendungen und eine Art Schwindel
fühlt die keine anhaltende Arbeit erlauben; und
so verweigert oft das Gesicht jede Dienstleistung
in dem Augenblicke, wo der Geist nach langen
Betrachtungen seine Kräfte gesammelt hat um
die Wahrheit zu erkennen und zu ergreifen.
Noch ist die Kleinheit der Gegenstände ein besonders erschwerender Umstand. Man preparirt
sie ohne ihre Theile zu erkennen; man zerschnei-
det, man zergliedert sie auf's Gerathewohl; und,
beobachtet man sie nun dem zufolge, so hält
man für natürliche Fügung und Einrichtung
was bloße Folge der Zerstörung ist. Nur nach
einer langen und mühsam fortgesezten Arbeit

Ce n'est qu'après un travail long et soutenu, que l'on surmonte ces difficultés. Je
les ai combattues autant qu'il était en moi,
et peu-à-peu, j'ai dissipé les erreurs, qui
d'abord m'avaient séduit. Aussi, mes premières recherches sont-elles fautives en plusieurs
endroits; et qui voudrait ne juger mon travail que d'après les dissertations, que je publiai, il y a sept à huit ans, dans le journal
de Physique, n'en aurait qu'une idée im-
parfaite. Pour l'apprécier, il faut en connaître
l'ensemble. Je me suis attaché à corriger
successivement, dans mes différens écrits, les
erreurs que j'appercevais dans ceux que j'avais
publiés précédemment. C'est en suivant cette
marche, c'est en profitant des objections des
savans, que je suis parvenu à la découverte de
quelques vérités. Les unes sont déja reçues
pour telles; les autres sont encore mises en question; mais je crois ces dernières aussi solidement
établies que les premières, et je ne trouve
pas la même évidence dans les opinions que
l'on veut y substituer. Toutefois, je ne pré-

besiegt man diese Beschwerlichkeiten. Ich habe sie
bekämpft so weit es in meiner Gewalt war, und
nach und nach habe ich mich der Täuschungen
entheben können welche mich im Anfange irre
geführt hatten. Auch sind meine ersten Versuche in einigen Stelle fehlerhaft; und wer meine
Arbeit bloss nach den Abhandlungen beurthei-
len wollte, welche ich vor sieben oder acht Jahren in der französischen Zeitschrift, le Journal
de Physique, herausgab, würde davon nur einen
unvollkommenen Begriff haben. Um sie richtig
zu schätzen, muß man sie im Ganzen kennen.
Von Zeit zu Zeit habe ich mich befleißigt, in
meinen verschiedenen Schriften die Irrthümer
zu verbessern, welche ich in meinen vorigen Aus-
gaben bemerkte. Auf diese Art, und in dem
ich die Einwürfe gelehrter Männer benutzte,
habe ich die Entdeckung einiger Wahrheiten
erreicht. Einige derselben sind angenommen
worden, einige bestreitet man jezt; allein ich
glaube sie alle gründlich befestigt, und in
den Meinungen welche man mir entgegensetzt,
finde ich keine solche Gewißheit oder Ueberzeu-

tends pas décider dans ma propre cause.
Nous avons pour juges naturels les physiologistes; qu'ils vérifient les faits, qu'ils pèsent
les objections, et qu'ils prononcent entre mes
critiques et moi.

Pour mettre de l'ordre dans le sujet que
je traite, je vous entretiendrai premièrement,
Monsieur, des organes, que je nomme *élé-*
mentaires. Je leur donne ce nom, parceque
c'est leur réunion et leur combinaison différentes, qui constituent les différentes espèces de végétaux. Je vous parlerai ensuite,
de l'origine et du développement de ces
organes; mais je n'entrerai dans des détails relatifs à la physiologie, qu'autant que
je le croirai nécessaire pour éclairer l'anatomie; ne voulant point répéter ici ce que
j'ai développé suffisamment dans plusieurs mémoires imprimés.

*gungskraft. Indessen vermesse ich mich nicht
in meiner eigenen Sache den Ausspruch zu thun.
Die Physiologen alle, sind natürlicherweise
unsre Richter. Ihnen kommt es zu, die Thatsachen zu untersuchen, die Gründe zu wägen
und zwischen mir und meinen Gegnern ein Urtheil zu fällen.*

*Um eine fügliche Ordnung zu beobachten
wird es dienlich seyn, mein Herr, mich erst-
lich, über die Organen welche ich Bestandtheile
(elementarisch) nenne, mit Ihnen zu unterhal-
ten; in Betracht dessen daſs diese es sind, deren
mancherlei Vereinigung und Zusammensetzung
die verschiedenen Gattungen Gewächse ausmachen
und bilden. Nachher will ich vom Ursprung
und von der Entwickelung dieser Organen reden.
Allein, da ich nicht der Meinung bin, hier zu wiederholen was ich in verschiedenen gedrukten Schriften hinlänglich aus ein ander gesezt habe, so werde ich mich auf keine zur Physiologie gehörigen
Besonderheiten einlassen, als nur in so fern zur
Beleuchtung der Anatomie nothwendig seyn wird.*

La première idée, l'idée fondamentale est
que toute l'organisation végétale est formée
par un *seul et même tissu membraneux*,
différemment modifié. Ce fait est la base
de tous les autres. L'idée contraire est
une source d'erreurs. C'est cependant celle
qui se présente le plus naturellement à
l'esprit. On se demande comment il serait possible d'expliquer la liaison des diverses parties internes, si l'on n'admettait pas
des vaisseaux ou des fibres qui, passant des
unes aux autres, les enchaînassent toutes par
un lien commun. Il paraît, d'après plusieurs
figures de Grew, que ce grand observateur
avait envisagé ainsi l'organisation des plantes,
et je penchai quelque tems pour cette opinion ; mais de nouvelles recherches m'inspi-
rèrent des doutes ; je voulus les dissiper,
et je reconnus enfin, que cette union,
qui ne me semblait explicable que par
l'existence de fibres latérales, provient de ce
que la masse entière du végétal n'est qu'un
tissu membraneux, lequel offre des vacuosités

Der erste und Hauptbegriff auf den es ankommt, ist dieser, daß die ganze Organisation der Gewächse in einem einzigen und immer
dem nehmlichen, nur auf verschiedene Art mo-
difizirten häutigen Gewebe (tissu membraneux)
besteht. Diese Thatsache ist die Grundlage aller übrigen; und der entgegengesezte Begriff ist,
nach meiner Einsicht, eine Quelle lauter Irrthümer. Inzwischen ist dieser der gewöhnlichste und
der, welcher sich am natürlichsten darbietet.
Man fragt sich, wie es möglich sey, den Zusammenhang der innern Theile der Gewächse zu
erklären, wenn man keine Gefäße oder Fasern
zuläßt, durch welche sie, wie durch Bänder, mit
einander verknüpft sind? Aus etlichen Abbildungen des berühmten Grew erhellet, daß dieser große Beobachter die Pflanzenorganisation
auf diese Art betrachtet; und eine geraume Zeit
neigte ich mich zu dieser Meinung hin: allein
neue Nachforschungen flößten mir Zweifel ein.
Diese wollte ich wegräumen, und am Ende über-
zeugte ich mich daß die Verbindung welche mir
Anfangs nur durch das Daseyn der vorausge-

variables dans leurs formes et leurs dimensions; de telle sorte, que les unes sont de
petites cellules régulières ou irrégulières, et
les autres, des tubes plus ou moins prolongés.

Je ne vois qu'une exception à cette
loi; elle a lieu pour les *trachées*. (*b*) Ces
lames étroites, roulées en hélice comme
un tire-bourre, sont enchassées dans le
tissu, mais n'y adhèrent que par leurs extrémités.

De ce système organique résulte l'étroite union
de toutes les parties, qui composent le végétal,
sans qu'il soit besoin de vaisseaux et de fibres
pour les lier les unes aux autres. (*c*)

Mais, dira-t-on, par quelle voie les fluides
entrent-ils dans la plante, et comment la péné-

(*b*) (*c*) Voyez les Notes ci-après sous ces Lettres.

texten Seitenfibern erklärbar schien, daher entstehe, weil die ganze Masse des Gewächses nur
ein einziges häutiges (membranöses) Gewebe ist,
welches vielerley leere Räume von abwechselnden
Formen und verschiedenen Ausdehnungen enthält;
dergestalt, daſs die einen, kleine, entweder regel-
mäſsige oder unregelmäſsige Zellen (wie Honigzellen), andere mehr oder weniger verlängerte Röhren
bilden. Ich finde nur eine Ausnahme an diesem Gesetze: nehmlich, bei den Trachéen (b).
Diese schmalen und schraubenförmig zusammen
gewundenen Binden oder Streifchen (Lames) sind
in dem Zellengewebe eingefaſst; allein, nur mit
ihren beiden Aeuſsersten sind sie daran befestiget.

Es ist von diesem organischen Systeme, daſs
die enge Verbindung aller Theile woraus die Gewächse zusammengesezt sind, entstehet, ohne
daſs einige Hülfe von Gefäſsen oder Bindfasern
nöthig sey (c).

Allein man wird fragen, auf welchem Wege
werden die Flüſsigkeiten dem Gewächse zuge-

(b) (c) Man sehe die Note hierhinten, unter diesem Buchstaben.

trent-ils dans tous les sens, si vous rejetez absolument, le système des vaisseaux latéraux? Cette
objection est très-forte, sans doute, aux yeux
des observateurs qui ne croyent pas à l'existence
des pores que j'ai décrits; mais elle est nulle à
mon avis, et je vais dire pourquoi.

D'abord, on ne peut se dissimuler que *la
membrane végétale* ne soit percée d'une innombrable quantité de *pores* imperceptibles, qui fa-
vorisent le mouvement des fluides. Beaucoup d'organes ne reçoivent les sucs nourriciers que par ce
moyen. C'est une espèce de transpiration insensible qui s'établit d'une cellule à l'autre. Mais la
Nature a des procédés plus prompts, plus éner-
giques, pour entretenir la vie dans la plante. Des
pores, visibles à l'aide du microscope, livrent
passage aux fluides. J'ai décrit ceux de l'épiderme, dans mon premier Mémoire (*), et je l'ai
fait en peu de mots. Depuis, j'ai lu, avec un

______

(*) Traité d'Anatomie et de Physiologie végétales,
Tome I, pag. 80.

führt, und wie durchlaufen sie dieselben in jeder Richtung, wenn man alle Seitengefäße verwirft? Diese Einwendung, freilich, ist wichtig, für jeden der das Daseyn der Poren, welches ich in meinen Schriften dargethan, nicht annimmt; allein, meiner Meinung nach, ist sie nichtig, und ich werde Ihnen zeigen warum?

Vor allem ist nicht zu leugnen, daß die häutige Substanz der Pflanzen von einer zahllosen Menge unmerklicher Poren durchlöchert sey, wodurch die Bewegung der Flüssigkeiten befördert wird. Viele Organen bekommen ihre Nahrungssäfte nur durch dieses Mittel. Es ist eine Art unmerkbarer Durchlüftung oder Durchdampfung (transpiration insensible) welche von einer Zelle zur andern durchgeht. Allein die Natur hat schnellerwirkende und kraftvollere Verfahrungsarten das Leben im Gewächs zu erhalten. Poren, welche nur durch Hülfe des Mikroskops sichtbar sind, verschaffen den Flüssigkeiten Durchgang. In meinem ersten Memoir (*) habe ich die Poren des Oberhäutchens (Epidermis), doch nur mit kurzen Worten, beschrieben. Seitdem habe ich mit

vif intérêt, l'excellente dissertation que Mr. An-
tonius Krocker a publiée à Halle, en 1800,
sous le titre: *de Plantarum Epidermide*. Il
m'a paru que cet ouvrage ne laissait rien à désirer: je l'ai trouvé, dans tout ce qui a rapport
à l'anatomie, d'une exactitude rigoureuse. Mais
personne ne nie l'existence des *pores externes*,
ainsi, je n'en parlerai pas d'avantage.

Quant aux *pores internes*, qui sont un grand
sujet de controverse entre vous et moi, Monsieur, il est bien certain aussi, qu'ils existent.
On pense que j'ai pris de *petites élévations*, des
grains, des *glandes*, répandus sur les membranes, pour des *pores* (*d*), et l'on juge mon travail, s'il faut le dire, sans l'avoir entendu. On
prouve jusqu'à l'évidence que les Membranes sont
couvertes de petits *grains saillans*; mais on a,
certes, grand tort d'en conclure que je me trompe quand j'affirme que j'ai vu des pores au centre des ces petits grains. Et comment aurais-je pris

---

(*d*) Voyez la Note ci-après, sous cette
Lettre.

lebhaftem Interesse die treffliche Abhandlung des Herrn Anton Krocker gelesen, im Jahr 1800 zu Halle lateinisch herausgegeben, unter dem Titel: de Plantarum Epidermide. Es hat mir geschienen, daſs dieses Werk nichts zu wünschen übrig laſse. In allem was die Zergliederung betrift, habe ich gefunden daſs die pünktlichste Genauigkeit herrschte. Allein keiner bestreitet daſs es auswendige Poren gebe; ich brauche davon nichts weiter zu sagen.

Was anlangt die inwendigen Poren, welche, wie es mir vorkommt, ein vorzüglicher Gegenstand unserer Uneinigkeit sind, so ist freilich gewiſs, daſs auch diese bestehn. Man stellet sich vor, ich habe gewisse kleine Unebenheiten, kleine Drüsen oder Körnchen, welche man auf den häutigen Ausbreitungen gesäet findet, für Poren gehalten (d); und man beurtheilt meine Arbeit, ohne (ich darf sagen) sie wohl verstanden zu haben. Man erweiſt zwar überzeugend daſs die häutigen Ausdehnungen mit solchen Körnchen übersäet sind; allein man hat Unrecht daraus schlieſsen zu wollen, daſs ich

---

(d) Man sehe die Note hierhinten, unter diesem Buchstaben.

les grains pour des pores si, comme il est facile de
le vérifier, j'ai décrit l'un et l'autre avec la plus
scrupuleuse attention? J'en appèle à vous-même:
n'ai-je pas dit dans vingt endroits de mes écrits
*que chaque pore était environné d'un bourrelet
glanduleux et saillant* (e)? Et ce bourrelet
n'est-il pas évidemment la même chose, que
cette petite éminence que vous avez remarquée
aussi bien que Leeuwenhoek (f)? Il est vrai
que vous n'avez pas découvert au centre, l'ouverture que j'y ai apperçue; mais, Monsieur, si
elle vous a échappé, est-ce donc une raison
suffisante pour conclure que je me suis abusé
au point de voir des pores là où il n'existerait
que des élévations?

En supposant que le texte de més ouvrages
fut obscur, les gravures que j'y ai jointes,
dissiperaient tous les doutes. J'ai dessiné sur

(e) (f) Voyez les Notes ci-après, sous ces
Lettres.

mich betrüge wenn ich mitten in diesen Körnchen Poren zu sehn behaupte. Wie doch konnte ich (als man voraus sezt) die Körnchen für Poren annehmen, da ich beide mit der schärfsten Genauigkeit, (und es ist leicht sich dieses zu bemerken) beschrieben habe? Habe ich an mehreren Stellen meiner Schriften nicht ausdrücklich gesagt, jede Pore sey mit einem drüsenartigen und etwas erhabenen Rande (e) umgeben? Und ist dieser Rand nicht die nehmliche kleine Erhöhung welche Sie, so wie Leeuwenhoek, bemerkt haben (f)? Zwar haben Sie nicht die Oeffnung in der Mitte gesehen, welche ich wahrgenommen; allein wenn diese Ihrer Aufmerksamkeit entgangen ist, ist dies ein genugsamer Grund um mir eine solche Täuschung an zu muthen?

Vorausgesezt daß der Ausdruck meiner Worte nicht völlig klar sey; die dazu gehörigen Kupferstiche heben allen Zweifel. Ich habe auf die Gefäße erhabene und abgerundete Kör-

---

(e) (f) Man sehe die Noten hinten, mit diesen Buchstaben bezeichnet.

les vaisseaux, des corps saillans et arrondis qui reçoivent la lumière d'un côté, et qui, de l'autre, jettent une petite ombre sur la membrane qui les porte (*). Voilà les *grains* dont vous parlez. Au centre de ces grains, j'ai figuré une petite ouverture. Voilà les *pores* que j'ai décrits; et que, ni Leeuwenhoek, ni Mr. Sprengel, ni Mr. Bernhardi, ni vous-même, n'avez pu découvrir.

Le moyen pour appercevoir ces pores, est de se servir de bons microscopes, et d'observer longtems et patiemment. Je dis, *de bons microscopes*, car un seul ne suffit pas. Tel m'a fait trouver, ce que tel autre me cachait; et celui de Dellebarre, quelque compliqué qu'il soit, m'a été très-utile pour observer les objets d'une petitesse extrême. Je lui dois la découverte des pores internes,

____

(*) Voyez le tableau d'Anatomie végétale placé à la fin de mon Traité, ou la gravure qui accompagne mon Mémoire sur les fluides contenus dans les végétaux. (*Annales du Muséum*, t. 7, p. 274.)

per gezeichnet (*) welche an der einen Seite
das Licht aufnehmen, und an der andern,
auf das häutige Gewebe worauf sie sitzen, einen
kleinen Schatten werfen. Dieses sind die Körnchen
wovon Sie reden. In der mitte dieser Körnchen
habe ich eine kleine Oeffnung abgebildet. Dieses
sind die Poren welche ich beschrieben, und die
weder Leeuwenhoek, noch Sprengel, noch Bernhardi, noch Sie selbst, haben entdecken können.

Das Mittel um diese Poren wahrzunehmen
ist; daſs man sich guter Mikroskope bediene,
und mit Geduld und Aufmerksamkeit durch dieselben beobachte. Ich rede von guten Mikroskopen;
denn ein einziges ist nicht genug. Das eine
hat mir zu Ausforschungen verholfen die mir
das andere verschlossen gehalten. Das Delleba-
rische, so zusammengesezt es ist, leistet groſse
Dienste wenn man auſserordentlich kleine Ge-

(*) Man sehe entweder das Kupfer der Gewächs-
zergliederung, am Ende meiner Abhandlung oder
die Abbildung, meinem Memoire über die Pflanzen-
säfte, in den Jahrbüchern des Museums, angehangen.

dont, par analogie, je soupçonnais déjà
l'existence.

En effet, Monsieur, l'analogie est ici parfaitement d'accord avec l'observation. N'avez-
vous pas remarqué, que les ouvertures ré-
pandues sur les tubes que j'ai nommés
fausses-trachées, étaient ordinairement bordées d'un bourrelet inégal (g)? N'avez-vous
pas reconnu que ces ouvertures variaient dans
leur grandeur; qu'il s'en trouvait de fort
petites, qu'on avait peine à appercevoir avec
des lentilles d'une force médiocre? N'en
avez-vous pas conclu qu'il pouvait en exister de plus petites encore? Et, si vous
avez tiré cette conséquence, comme je
n'en saurais douter, je m'étonne que vous
n'ayez pas soupçonné, qu'au centre des
petites éminences, que je nomme des bourrelets, on pouvait, avec le secours de
lentilles d'une force supérieure, trouver ces
pores, qui échappent à des verres plus faibles.

____

(g) Voyez la Note ci-après sous cette Lettre.

genstände zu untersuchen hat. Diesem verdanke
ich die Entdeckung der inwendigen Poren der
Gewächse, welche ich schon der Analogie wegen
vermuthete. Freilich, mein Herr, die Analogie ist
völlig übereinstimmend mit der Wahrnehmung.
Haben Sie nicht, wie ich, bemerkt, daſs die
Oeffnungen, auf den Röhren zerstreut, welche
ich falsche oder Scheintrachéen nenne (fausses
trachées), gewöhnlich mit einem unebenen Rande
umgriffen waren (g)? Haben Sie nicht gesehen,
daſs die Oeffnungen von verschiedener Gröſse
waren; daſs es sehr kleine gab, die mit Glä-
sern von mittelmäſsiger Kraft nur mühsam
konnten bemerkt werden? Haben Sie daraus
nicht geschlossen daſs es noch kleinere geben
könnte? Wenn Sie dieses bemerkt und überwo-
gen haben, befremdet es mich, daſs Sie nicht
auf die Vermuthung gerathen sind, es sey möglich, mit Beihülfe mehr vergröſsernder Gläser,
in diesen kleinen Anhöhen, die ich rund er-
hobene Ränder (französisch, bourlets, Würste,

(g) Man sehe die Note hierhinten, unter diesem
Buchstaben.

Mais je me trompe; et vous avez observé aussi bien que moi, les pores dont
il s'agit. Vous êtes, ce me semble, en
contradiction avec vous - même. Prenez - y
garde, Monsieur; vous dites, page 60 (*h*), que
le tissu cellulaire d'une fougère vous a
offert des ouvertures semblables à celles
que je prétends avoir découvert dans une
multitude de plantes. Comment se fait-il donc
que vous censuriez dans ma théorie, une
opinion que déjà vous partagez? La
question entre vous et moi, n'est réellement plus de savoir si ces pores existent,
puisque vous les avez vus; mais s'ils existent là où je les ai vus moi - même.
Nous sommes d'accord sur le point capital:
vous convenez que la membrane végétale
est quelquefois poreuse; cela me suffit, et
je passe outre.

Les corps errans que Mr. Sprengel a

(*h*) Voyez la Note ci - après, sous cette Lettre.

*gestopfte Ränder, Wulste, Pfropfringe) nenne,
diese Poren zu finden, welche schwächern Glä-
sern entgehn. Allein ich betrüge mich. Ohne
zweifel haben Sie die Poren gesehen. Sie sind,
ich vermuthe es, im wiederspruch mit Sich-selbst.
Geben Sie acht, mein Herr; Sie sagen, Seite
60 (h), das Farrenkraut babe Ihnen ähnliche
Oeffnungen gezeigt, welche Sie sonst wie Punkte anmerkten. Wie konnten Sie denn in meiner
Theorie eine Meinung strafen welche Sie selbst
schon annehmen? Es kommt zwischen uns beiden
nicht mehr darauf an, ob diese wahrgenommen,
sondern ob sie da anwesend seyen, wo ich sie
gesehen. Der Hauptsache nach, sind wir einig.
Sie geben zu, dafs die Pflanzenmembrane bisweilen porös sey. Diezes ist mir genug, und
ich gehe weiter.*

Die flüchtigen oder irrenden Körper welche

---

*(h) Man sehe die Note hierhinten, unter diesem
Buchstaben.*

remarqués dans l'intérieur des cellules, et que
j'ai eu souvent l'occasion d'y observer aussi,
ne doivent pas être confondus, comme l'a très-
judicieusement pensé Mr. Bernhardi (*i*), avec
les peres dont je parle. J'éprouve quelque surprise que Mr. Sprengel m'ait attribué une erreur
si grossière. Ces corps sont entièrement étran-
gers à l'organisation. Ce sont de petites aglo-
mérations, tantôt amilacées, tantôt salines et
tantôt résineuses.

Voilà, Monsieur, des faits qu'il ne faut
pas perdre de vue. Quelques auteurs ne les
ont point voulu reconnaître; aucun, que je sache, ne les a exposés d'une manière précise;
et cependant, ils deviennent une source de lumières pour quiconque en saisit toutes les conséquences.

Ces faits bien établis, le reste n'est plus
qu'une affaire de patience; mais les détails

____

(*i*) Voyez la Note ci-après, sous cette
Lettre.

Herr Sprengel inwendig in den Zellen aufge-
merkt, und welche ich oft wahrzunehmen die
Gelegenheit hatte, muſs man (so wie es Herr
Bernhardi (1) sehr richtig gesagt hat) mit den
Poren, von denen ich rede, nicht vermischen.
Es wundert mich, daſs Herr Sprengel mir solch
eine Verblendung zumuthen konnte. Ich glaube,
diese Körper sind der Organisation völlig fremd,
und nur kleine Zusammenhäufungen, zuweilen sal-
zigen, zuweilen harzigen, und zuweilen setzmehl-
oder amelartigen Stoffes.

Dieses sind Thatsachen, mein Herr, welche
man nicht aus dem Auge verlieren darf. Einige
Schriftsteller haben sie nicht erkennen wollen;
keiner (meines Wissens) hat Sie mit gehöriger
Genauigkeit vorgetragen: und doch werden sie
eine Quelle des Lichts und der Verständlich-
keit, wenn man nur alle die Folgen, so daraus
herflieſsen, wohl zu fassen bemüht ist.

Sind diese Thatsachen wohl ausgemacht und zur
Gewiſsheit gebracht, so erfordert alles Uebrige

____

(1) Man sehe die Note hierhinten, unter diesem
Buchstaben.

mêmes , développent et confirment l'idée principale, comme vous le verrez tout à l'heure.

J'ai dit précédemment , que les vacuosités du tissu membraneux étaient variables dans
leurs formes et leurs dimensions. J'ajouterai
que la consistance et l'opacité de ce tissu
varient également. La membrane qui le constitue , en général , mince et diaphane dans
les cellules , devient ferme et sans transparence dans les tubes. Les fluides , dans
les cellules , ont une marche très-lente qui
favorise leur élaboration ; mais leur mouvement est beaucoup plus accéléré dans les
tubes , et leur nature première y est moins
altérée. Vous m'objecterez peut-être , Monsieur , relativement à ce dernier article , que
ce sont les gros vaisseaux de l'écorce ,
qui contiennent les *sucs propres* , et que
ces sucs sont très-élaborés ; cela est vrai ;
mais je ne parle ici que des *vaisseaux
séveux*. Autre part , je vous dirai ce que je
pense des réservoirs des sucs propres.

nichts mehr als Geduld, allein die Vereinzelung der Theile, die Détails selbst, entwikkeln und befestigen den Hauptbegriff, wie Sie gleich sehen werden.

Ich habe schon oben gesagt, daſs die leeren Räume des häutigen Gewebes in ihrer Form und Ausgedehntheit veschieden sind: ich sage hinzu, daſs die Dicke und Undurchsichtigkeit dises Gewebes gleichfalls verschieden ist. Das Häutige woraus es besteht, in den Zellen überhaupt dünne und durchsichtig, wird in den Röhren fester und undurchsichtig. Die Flüssigkeiten in den Zellen haben einen sehr langsamen Gang; welches ihrer Bearbeitung äuſserst vortheilhaft ist. In den Röhren hingegen ist ihre Bewegung viel geschwinder, und sie sind hier weniger abgeartet. Vielleicht werden Sie, mein Herr, mir in Betreff dieses lezten Punktes einwerfen, daſs es die grofsen Gefäſse der Rinde sind, welche die eigenthümlichen Säfte der Pflanzen enthalten; und daſs diese Säfte äuſserst bearbeitet sind. Dieseshat seine Richtigheit; allein ich rede hier bloſs von den Gefäſsen des algemeinen Pflanzensafts (vaisseaux séveux).

Voilà une division qui s'établit, comme de soi-même, dans le tissu membraneux. D'une part, nous avons les *cellules* ou *tissu cellulaire* ; et de l'autre, les *tubes* ou *vaisseaux*.

Parlons en premier lieu, du tissu cellulaire. Grew, si je ne me trompe, le compare à l'écume d'une liqueur en fermentation. Cette comparaison est juste; et il est étonnant que les dessins publiés par l'illustre observateur anglais, soient si éloignés de la nature, tandis que sa pensée en est quelquefois si rapprochée. Supposons que les petites lames minces et transparentes de liquide, qui forment l'écume celluleuse d'une liqueur en fermentation, viennent tout-à-coup, à se coaguler, ou même, à se transformer en membranes; qu'arrivera-t-il? Toutes les parties de cette écume, seront unies entre elles ; chaque paroi des cellules internes sera commune, aumoins, à deux cellules à la fois (*k*); dans quelque sens que

____

(*k*) Voyez la Note ci-après, sous cette Lettre.

So ist dann in dem häutigen Gewebe eine Unterscheidung dargestellt. Einer Seits haben wir die Zellen oder das zellenartige Gewebe; zur andern Seite, die Röhren oder Gefäße.

Zuerst wollen wir von dem Zellengewebe reden. Grew, wenn ich nicht irre, vergleicht es mit dem Schaum eines in Gährung stehenden Saftes. Diese Vergleichung ist richtig. Allein es ist sonderbar, daß die Abbildungen durch den Brittischen Beobachter an's Licht gegeben, so sehr von der Natur entfernt sind, da doch seine Gedanken derselben nicht selten so nahe waren. Man nehme an, daß die kleinen dünnen und durchsichtigen Saftwände, welche die Schaumzellen (gleichviel von welcher gährenden Flüssigkeit) ausmachen, plötzlich zu gerinnen kämen, oder selbst, in eine Membrane verwandelten, was ergäbe sich hieraus? Alle Theile dieses Schaumes würden sich an einander heften; und jede dieser innern Wände würde wenigstens zweyen Zellen zugleich gemeinschaftlich seyn (k). In welcher Richtung man ein solches Ge-

(k) Man sehe die Note hierhinten unter diesem Buchstaben.

l'on coupe ce tissu, l'orifice de chaque cellule, se présentera sous la forme d'un polygone plus ou moins régulier. Il se pourra même qu'un très-grand nombre de cellules soient hexagones, comme les alvéoles des abeilles. Voilà ce que j'ai observé; et cette organisation infiniment simple, qui exclut à la fois, les *vasa revehentia* d'Hedwig, les *vasa telæ cellulosæ* de Mayer et les *meatus* ou les interstices qui, selon vous, Monsieur, permettent à la sève une libre circulation entre les cellules; cet organisation, dis-je, explique bien des choses, sans qu'il faille avoir recours aux fibres imaginaires de Grew, de Ludwig et de Mr. Sprengel.

Les membranes des cellules sont, le plus souvent, parfaitement entières, mais il arrive aussi, qu'elles sont percées de pores rangés avec plus ou moins de symétrie. Ces pores sont très-apparens dans les séries de cellules auxquelles j'ai donné le nom de *vaisseaux en chapelet*, parcequ'elles font les fonctions de vaisseaux, et que leurs étrangle-

webe nun durschneide, so wird die Mündung jeder
Zelle sich in der Form eines mehr oder minder re-
gelmäfsigen Vielecks zeigen: ja es kann geschehen
dafs viele sechseckig sind, wie die Zellen der Bienen.
Im Zellengewebe der Pflanzen habe ich dieses so be-
funden; und Sie, mein Herr, sehen, dafs diese sehr
einfache Organisation vieles erklärt, ohne mit
Grew, Ludwig, oder Sprengel zu Fibern oder ein-
gebildeten Gefäfsen Zuflucht nehmen zu dürfen;
und dafs hiemit Hedwigs vasa revehentia, so wie May-
ers vasa telæ cellulosæ, wegfallen; und besonders
auch die meatus oder zellgänge, welche Ihrer Meinung nach, dem Pflanzensaft einen freien Dur-
chlauf geben sollten.

Die Membranen der Zellen sind meistens völlig
ganz; doch tritt auch wohl der Fall ein, dafs man
sie von Poren durchlöchert findet, die mit mehr
oder weniger Symmetrie geordnet sind. Diese
Poren sind sehr sichtbar in den Zellenreihen,
die ich Korallenschnur- oder Rosenkranzgefäfse
(vaisseaux en chapelet) benannt habe, weil sie die
Dienste der Gefäfse leisten, und durch ihre abwech-

mens alternatifs, et leur disposition relative,
leur donnent l'aspect de grains de chapelet (1).
Ces veines de tissu cellulaire poreux, com-
muniquent par leurs extrémités, avec les gros
vaisseaux sèveux; et l'on conçoit combien les pores
sont utiles pour faciliter le passage des fluides.

J'ai vu aussi les parois des cellules de certains végétaux, découpés en lanières parallèles, comme les fausses-trachées; j'en ai donné quelques exemples dans le Journal de Physique de l'an 9.

Outre ce tissu cellulaire, qui forme en
général, les parties molles des plantes, telles
que la pulpe des fruits, l'écorce et la moëlle
des racines, des tiges et des branches, etc.;
il existe un tissu cellulaire plus fin, plus
alongé, plus ferme, qui peut rester longtems
dans l'eau sans s'altérer. C'est ce tissu qui
constitue la masse du bois. Je l'ai décrit,
sous le nom de *petits tubes*, Tome I,
page 70, de mon Traité d'Anatomie et de

____

(1) Voyez la Note ci-après, sous cette Lettre.

zende Zusammenziehungen die Ansicht von Ko-
rallenschnur- oder Rosenkranzkörnern haben (1).
Diese aus porigem Zellengewebe bestehende
Adern hangen durch ihre obern und untern
Endungen mit großen Saftgefäßen zusammen;
und es ist begreiflich wie sehr die Poren den
Flüssigkeiten den Weg bahnen.

Ich habe auch Zellenwände verschiedener Gewächse, in gleichweitige Riemen geschnitten, gesehn, wie die falschen oder Scheintracheen, (fausses-trachées). Im Journal de Physique, Jahr 9,
habe ich davon einige Beispiele gegeben.

Außer diesem Zellengewebe, welches überhaupt
die weichen Theile der Pflanzen, die das Fleisch
der Obste, die Rinde, und das Mark der Wurzeln, der Stämme, der Aeste u. s. w. ausmacht,
giebt es noch ein anderes Zellengewebe, welches
feiner, ausgedehnter, und fester ist; das ohne
sich zu verändern lange im Wasser liegen kann.
Dieses Gewebe macht die Masse des Holzes aus.
In meiner Abhandlung über den Bau der Gewächse habe ich es Th. I. S. 70. unter dem Na-

---

(1) Man sehe die Note hierhinten, unter diesem
Buchstaben. C 4

Physiologie végétales (*m*) ; et depuis, je l'ai encore observé avec beaucoup d'attention, dans une foule de végétaux. Il est quelquefois criblé d'une innombrable quantité de pores. A mesure que les plantes vieillissent, la membrane qui le forme, s'épaissit et perd de sa transparence. Dans quelques bois très - durs, l'épaississement ferme à la longue, la cavité entière des cellules. Alors, tout le bois ne paraît plus au microscope, qu'une masse absolument compacte.

Les *prolongemens médullaires*, ces lames qui, partant du centre des tiges dicotylédones, vont à leur circonférence, et marquent leur coupe transversale, de rayons qu'on a comparés aux lignes horaires d'un cadran ; sont encore formés de tissu cellulaire. En employant des lentilles très - fortes, on parvient à reconnaître cette organisation dans presque tous les

---

(*m*) Voyez la Note ci-après, sous cette Lettre.

men kleiner Röhren (m) *beschrieben; und seitdem habe ich es noch in einer Menge Gewächsen, mit vieler Aufmerksamkeit wahrgenommen. Bisweilen ist es von einer unzählbaren Menge Poren durchschlagen. Nach Maſse die Pflanzen älter werden, wird die Membrane welche es bildet, verdichtet, und sie verliehrt von ihrer Durchsichtigkeit. In einigen sehr festen Holzen verstopft diese Verdickung am Ende die ganze Höhlung der Zellen, wo dann das ganze Holz unter dem Mikroskop als ein völlig dichter Klumpen erscheint.*

Die markigen Fortsetzungen (prolongemens médullaires), *diese Striche, welche sich aus dem Mittelpunkt der zweykernstückigen Stämme* (Dicotylédons) *nach deren Umkreis verbreiten und den Durchschnitt mit Streifen bezeichnen, die man mit den Schattenlinien einer Sonnenuhr verglichen hat, bestehen gleichfalls aus Zellengeweben. Durch sehr stark vergröſsernde Gläser erkennt man diese Organisation in fast allen zweykernstückigen Gewächsen* (végétaux

---

(m) *Man sehe die Note hierhinten, unter diesem Buchstaben.*

C 5

végétaux à deux cotylédons (*n*). On y distingue parfaitement les cellules elongées
dans la direction du centre à la circonférence
et placées bout à bout. Ces cellules coupent
à angle droit, celles qui constituent la masse
du bois, et ne font avec elles qu'un seul et
même tissu; ensorte qu'ici, l'union des parties
a lieu encore, sans l'intermédiaire de vaisseaux
ou de fibres.

J'en ai dit assez sur le tissu cellulaire:
en vous écrivant, Monsieur, mon but n'est
point de composer un nouveau traité d'anatomie
végétale, mais de vous présenter quelques réflexions sur plusieurs points contestés. Je me
hâte de passer aux faits relatifs aux tubes ou
vaisseaux des plantes.

Les tubes qui parcourent le végétal et qui
portent dans tous les organes, les sucs nourriciers, ne sont autre chose, comme je l'ai
déjà indiqué, que des cellules plus grandes

(*n*) Voyez la Note ci-après, sous cette
Lettre.

à deux Cotylédons) (u). *Man unterscheidet darin vollkommen die Verlängerung der Zellen in der Strahlenrichtung aus ihrem Centrum und in fortgehenden Reihen neben einander gestellt. Diese Zellen, durchschneiden durch ihre Richtung diejenigen, welche die Massa des Holzes bilden in geraden Winkeln und machen, mit denselben nur ein und dasselbe Gewebe; so daß hier wiederum die Vereinigung der Theile, ohne Mitwirkung von Gefäßen oder Fibern, statt hat.*

Genug über das Zellengewebe. Es ist hier nicht meine Absicht, eine neue Abhandlung über die Anatomie der Gewächse zu schreiben; ich wollte Ihnen bloß einige Anmerkungen über verschiedene bestrittene Punkte vorlegen, und schreite also zu den Thatsachen die Bezug auf die Röhren oder Gefäße der Pflanzen haben.

Die Röhren welche das Gewächs durchlaufen, und in alle Organen die nöhrenden Säfte tragen, sind, wie ich schon angezeigt, sonst nichts, als Zellen, grösser als die im Zellen

---

(u) *Man sehe die Note hierhinten, mit diesem Buchstaben bezeichnet.*

que celles du tissu cellulaire décrit précédemment. Voici donc le végétal, ramené
au système d'organisation le plus simple possible. Mais si, d'abord, il était nécessaire d'é-
carter toute idée trop compliquée, pour envisager l'ouvrage de la Nature dans son admirable simplicité; maintenant, il convient de
rappeler les différentes modifications, sous lesquelles cette habile ouvrière masque l'uniformité de son travail.

Sans m'arrêter à une définition trop rigoureuse, j'établis qu'il existe six espèces
de vaisseaux dans les plantes, savoir: 1°. les
tubes poreux; 2°. les *tubes fendus ou fausses-trachées*; 3°. les *trachées*; 4°. les *tubes
mixtes*; 5°. les *vaisseaux en chapelet*; et
6°. les *vaisseaux propres ou simples*.

Les tubes poreux ne sont, disent mes
critiques, que des tubes couverts de peti-

gewebe, welches oben beschrieben wurde. Also wird die Pflanze auf das möglichst einfache Organisations-System zurückgeführt. Ist es aber nothwendig, jede zu sehr zusammengesezte Idee zu entfernen um das Gewirke der Natur in seiner bewundernswürdigen Einfachheit zu betrachten; nicht weniger ist es notwendig sich der verschiedenen Modificationen zu erinneren, womit diese verständige Werkmeisterinn, um so zu sagen, die Einförmigkeit ihrer Arbeiten umschleiert.

Ohne mich also bei einer zu genaubeschränkenden Definition aufzuhalten, behaupte ich, dafs in den Pflanzen sechs Gattungen Gefäfse vorhanden sind, nemlich: 1°. die porigen Röhren; 2°. die Querspaltröhren, *die ich sonstfalsche oder* Scheintrachéen; (fausses-trachées) *nannte;* 3°. *die* Trachéen; 4°. die Wechsëlröhren (tubes mixtes); 5. die Korallenschnur- *oder* Rosenkranzgefäfse, (vaisseaux en chapelet) *und* 6°. die einfachen, *oder* volkommenen, *oder, wenn man will,* eigenthümlichen *Saftgefäfse.*
Die porigen Röhren sind, meinen Kritikern zu glauben, sonst nichts als Röhre mit kleinen

tes éminences; or, maintenant, nous savons, Monsieur, que leur opinion et la mienne ne diffèrent qu'en ce que j'affirme qu'au centre de chaque éminence, on découvre un pore; tandis qu'ils assurent que ce prétendu pore n'est rien que l'éminence elle-même. Ils soutiennent que j'ai vu au delà de ce qui existe; et je crois, moi, qu'ils n'ont pas apperçu tout ce que l'observation fait découvrir. Toutefois, mon opinion a cet avantage sur la leur, qu'elle explique de la manière la plus naturelle, les *déplacemens* de la sève, et qu'elle se fortifie par l'analogie. Je conserve donc la dénomination de *vaisseaux poreux*. Je ne nie pas que les petites éminences ne soient tellement rapprochées dans les jeunes vaisseaux poreux, qu'elles n'y forment des lignes continues; je ne nie point non plus que ces éminences ne s'éloignent insensiblement les unes des autres, à mesure que les vaisseaux se développent. Ces faits sont certains, et j'en ai parlé dans mon second Mémoire (o);

(o) Voyez la Note ci-après, sous cette Lettre.

Erhöhungen überdekt; nun aber wissen wir, mein
Herr, die Meinung dieser Herrn ist nur in so
fern von der meinigen verschieden, daſs ich be-
währe, im Centrum jeder Erhöhung entdecke man
eine Pore; dan sie im Gegentheil uns versichern,
die vorgebliche Pore sey nichts als die Erhöhung
selbst. Jene behaupten, ich habe mehr gesehn als
vorhanden sey; und ich glaube, sie haben nicht
alles gesehn was die Beobachtung darbietet. Auf
jeden Fall hat meine Meinung gegen die ihrige
den Vorzug, daſs sie die Verschiebung des Baumsaftes auf die einfachste Art erklärt, und durch
die Analogie unterstützt wird. Ich behalte also
die Benennung porige Gefäſse bey. Daſs die
kleinen Erhöhungen in den jungen Gefäſsen
äuſserst gedrängt stehen, so daſs sie da nur fortlaufende Linien bilden, dieses leugne ich nicht; auch
nicht, daſs diese Erhöhungen sich nur unmerklich
von einander entfernen, nach Maſsu die Gefäſse
sich entwickeln. Diese Thatsachen sind gewiſs,
und ich habe in meinen zweiten Mémoir (o) davon

(o) Man sehe die Note unter diesem Buchstaben, hierhinten.

mais assurément, Monsieur, vous êtes trop bon logicien, pour conclure delà à la non - existence des pores.

On observe les tubes poreux dans toutes les parties du végétal, où la sève circule avec quelque liberté ; ainsi, on les trouve dans les racines, le bois des tiges et des branches, les grosses nervures des feuilles, etc. Il ne faut point se les représenter comme des tubes continus depuis la base du végétal jusqu'à son sommet : ils se joignent, se divisent, se rejoignent encore, disparaissent quelquefois, et se changent toujours en tissu cellulaire, vers leurs extrémités.

Chaque couche ligneuse qui s'organise dans la tige des dicotylédons, est pourvue de ces vaisseaux, ou de fausses-trachées qui les remplacent, ou quelquefois encore, de lacunes (*p*)

(*p*) Voyez la Note ci-après , sous cette Lettre.

geredet. Sie, mein Herr, sind aber ein zu guter
Logiker, um hieraus das Nichtseyn der Poren
zu folgern.

Man nimmt die porigen Röhren im Gewächs
aller Orten wahr, wo der Baumsaft mit einiger
Freyheit umlauft. Man findet sie also in den
Wurzeln, im Holz der Stämme, und in den Aesten,
in den grofsen Rippen der Blätter, u. f. w. Man
mufs sie sich aber nicht vorstellen als Röhren
die ununterbrochen vom Fufs des Gewächses bis
in dessen Spitze oder Wipfel fortlaufen: Sie fügen sich an einander, trennen sich, fügen sich
wieder, verschwinden bisweilen, und verwandeln
sich an ihren Enden immer in Zellengewebe.

Jede Holzschichte die sich im Stamme der zweykernstückigen Gewächse (Dicotyledons) organisirt, enthält entweder solche Gefäfse, oder falsche Trachéen, welche ihre Stelle vertreten; oder
bisweilen noch Lücken (p), welche die Dienste der

(p) Man sehe die Note hierhinten, unter diesem
Buchstaben.

qui font les fonctions de vaisseaux séveux;
mais ce dernier cas est très-rare.

Les fausses-trachées sont des tubes coupés
de fentes transversales; ou, si l'on veut, des
tubes à larges pores : et chaque pore est ordinairement bordé d'un bourrelet saillant. Vous
voyez donc, Monsieur, que ces vaisseaux ne
diffèrent des *tubes poreux*, que par une nuance
très-légère. Aussi, les uns et les autres occu-
pent-ils la même place dans les végétaux, et
remplissent-ils les mêmes fonctions. Ce sont,
aussi bien que les trachées, dont je vais parler
tout à l'heure, les vrais canaux de la sève.
Ils la portent de la base du végétal à son
sommet, et la répandent, à la faveur des pores, dans toutes les parties latérales (*q*).

Lorsque les fentes des fausses-trachées sont
très-prolongées, chacun de ces vaisseaux, paroît composé d'une suite d'anneaux placés les

(*q*) Voyez la Note ci-après, sous cette Lettre.

algemeinen Saftgefäße (vaisseaux séveux) verrichten. Doch ist dieser Fall sehr selten.

Die falsche oder Scheintrachéen sind Röhren mit Querspalten, oder wenn man will,
Röhren mit breiten Poren; und jede Pore ist von
einem sich hervor hebenden Rand (bourrelet) umgeben. Diese Gefäße sind von den porigen Röhren also nur durch eine sehr geringe Abweichung unterschieden; auch bekleiden beide in den
Gewächsen eine und dieselbe Stelle, und haben
einerley Verrichtung. Sowohl sie als die Trachéen, von denen ich sogleich reden werde, sind
die wahren Kanäle des algemeinen Baum- oder
Pflanzensaftes (la Sève). Sie führen ihn aus
dem Fußgestell der Gewächse bis in deren Wipfel, und verbreiten ihn durch Hülfe der Poren
in alle Theile zur Seite (q).

Wenn der Fall eintritt, daß die Spalten
der falschen Trachéen sehr ausgedehnt sind, so
zeigen diese Gefäße sich, als wie aus Rin-

______

(q) Man sehe die Note hierhinten, unter diesem
Buchstaben.

tus au-dessus des autres. C'est ce qu'à très-bien
vu Mr. Bernhardi ; mais ce savant n'a pas reconnu l'identité de ses *vaisseaux annulaires* (r)
avec mes fausses-trachées ; et le fait qui sem-
bloit devoir le conduire infailliblement, à la
découverte des généralités les plus importan-
tes, est resté nul pour lui. Non seulement,
il nie l'existence des tubes poreux avec quelques physiologistes ; mais encore, il soutient
contre tous, que les fausses-trachées ne sont
point coupées de fentes transversales ; et il ne
s'apperçoit pas que ce sont ces fentes mêmes, qui forment ses vaisseaux annulaires.
Cette erreur est si palpable que je croirois
abuser de votre patience, en essayant de la
combattre.

Venons aux trachées. Ce sont des lames
étroites, argentées, ordinairement élastiques,
roulées en hélice de droite à gauche, et

(r) Voyez la Note ci-après, sous cette
Lettre.

gen zusammengesezt. Dieses hat Hr. Bernhardi ganz richtig gesehen; allein er hat nicht
eingesehen, daſz seine Ringelgefäſse sonst nichts
als meine falschen Trachéen sind (r); und
die Wahrnehmung welche ihn zur wichtigsten
Algemeinheit leiten sollte, hat ihm zu nichts
gedient. Nicht nur leugnet er mit einigen Pflanzenphysiologen, das Daseyn der porigen Röhren; er behauptet sogar gegen alle, die
falschen Trachéen hätten keine Querspalten;
und bemerkt nicht, daſs diese Querspalten es
sind, aus welchen seine Ringelgefäſse sich bilden. Dieser Irrthum ist dermaſsen handgreiflich, daſs es überflüssig wäre, ihn bestreiten
zu wollen.

Die Trachéen sind schmale, dicke, silberfar-
bige Streifen, gewöhnlich elastisch, von der
Rechten zur Linken wie eine Schraube gewunden.

(r) Man sehe die Note hierhinten, unter diesem
Buchstaben.

bordées souvent, de petits bourrelets semblables
à ceux des tubes poreux et des fausses-trachées (*). Ne devinez-vous pas, Monsieur, ce
que signifient ces bourrelets? Ne reconnoissez-
vous pas l'unité du plan de la Nature? Voilà
par quels indices elle révèle le secret de
son travail, à l'observateur qui l'interroge
sans préjugé et sans préoccupation.

Les trachées, je l'ai déjà dit, ne tiennent au reste du tissu que par leurs extrémités; néanmoins, je ne balance pas à les
considerer comme une modification des fausses-
trachées; et je pense même qu'il se pourroit que leur lame eut eu d'abord, quelque
adhérence avec le tissu qui les environnait,
mais s'en fut détachée ensuite. Ce ne se-
roit pas le seul exemple de parties organiques
qui eussent été unies dans l'origine, et se
fussent séparées en se développant. Ce qu'il
y a de certain, c'est que les trachées sont
comme passées à travers le tissu qui leur

(*) Voyez la Note ci-après, sous cette Lettre.

und oft mit kleinen Wulsträndern (denen der porigen Röhren und Scheintrachéen ähnlich) wie
gesäumt (s). Vermuthen Sie nicht, mein Herr,
was uns diese Wulste andeuten? Bemerken Sie
hie das Einfache der Natur nicht? Gewiß ist
es durch solche Spuren, daß das Geheimniß
ihrer Wirkungsart dem unbefangenen Beobachter entdeckt wird.

Diese Gefäße hangen, wie ich schon bemerkt,
nur mit ihren äußersten Enden am übrigen
Gewebe; nichts desto weniger betrachte ich sie
nur als Nebengattungen oder Modificationen der
Falschen Trachéen. Selbst glaube ich, ihr gewun-
denes Streifchen klebt anfänglich dem sie umrin-
genden Gewebe einigermaßen an, und löst sich
nur allmählig davon ab. Dies wäre nicht das
einzige Beispiel, wo organische Theile, bei ihrer
Entstehung verbunden, sich bei ihrer Entwickelung getrennt hätten. Gewiß ist es, die
Trachéen durchstreifen das Gewebe, und dieses
umgreift sie, wie ein Futeral oder eine Schei-

____

(s) Man sehe die Note hierhinten, unter diesem
Buchstaben.

D 4

sert de gaîne (*1*). Elles entourent la moëlle des dicotylédons, et jamais ne se trouvent dans l'intérieur des couches ligneuses.

Quelques observateurs superficiels qui, pour examiner les trachées, se sont contentés de briser de jeunes branches, au lieu de les disséquer et de les soumettre à l'observation microscopique, n'ont pas balancé à dire que l'écorce contient des trachées; mais j'en appelle avec vous (*2*), Monsieur, de cet examen imparfait, à des observations plus graves, et l'on découvrira bientôt ce qui a donné lieu à la méprise. On verra que les jeunes branches, renfermant beaucoup de moëlle sous une écorce très-mince, les trachées paraissent sortir de la substance corticale, bien qu'elles sortent réellement, des parties les plus voisines de la moëlle (*).

(*1*) (*2*) Voyez les Notes ci-après sous ces Lettres.
(*) Voyez mes observations sur la situation des vaisseaux et leur développement, consignées dans mon *Second mémoire sur l'organisation végétale*, Journal de Physique, t. 58, p. 291.

de (t). Sie umringen das Mark der Dicotyledons,
und sind nie im Innern der Holzschichten zu
finden.

Einige oberflächliche Beobachter, welche, um
die Trachéen kennen zu lernen, sich begnügten
junge sehr dünne Zweige nur abzubrechen, statt
sie zu zergliedern und der mikroskopischen Wahrnehmung zu unterwerfen, haben keine Beden-
kung getragen, obenhin auszusagen, die Rinde
enthalte Trachéen; allein ich appellire von dieser
unvollständigen Untersuchung an ernsthaftere
Beobachtungen, (u) und man wird bald einsehen,
was zum Mißgriff Anlaß gegeben. Man wird finden, daß indem die sehr jungen Zweige unter
einer dünnen Rinde viel Mark enthalten, die
Trachéen aus der Rindenartigen Substanz hervor zu kommen scheinen, obschon sie unmittelbar
das Markgewebe umgeben (*).

____

(t) (u) Man sehe die Noten hierhinten, unter
diesen Buchstaben.

(*) Man sehe meine Wahrnehmungen über die
Stelle welche die Gefäße einnehmen, und über ihre
Entwickelung, in meinem zweiten Memoir über die
Organisation der Gewächse. Journal de Physique.

Ne vous paraît-il pas, Monsieur, que le célèbre Hedwig, si justement renommé d'ailleurs, conçut un système bien éloigné de la simplicité de la Nature, lorsqu'il imagina, dans l'épaisseur même de la lame de la trachée, un canal spiral destiné à porter les fluides ; et qu'il vit, ou crut voir, que cette lame était roulée autour d'un tube membraneux qui ne contenait que de l'air (*v*). J'ai démontré (*) que ce système ne pouvait soutenir un examen rigoureux. Hedwig s'appuye sur ce que les sucs colorés teignent la lame de la trachée et ne colorent point le tube membraneux qu'elle recouvre. Mais en supposant que ce tube membraneux n'existât pas, il est évident que les liqueurs colorées qui pourraient s'élever par le grand tube que forment les circonvolutions de la trachée, laisseraient des marques visibles de leur passage sur la lame qu'elles auraient baignée ; or, on ne saurait croire à l'existence du tube membraneux, si l'on considère

---

(*v*) Voyez la Note ci-après, sous cette Lettre.

(*) *Second mémoire sur l'org. véget.* Journ. de Physique, t. 58, p. 291.

Scheint es Ihnen nicht, mein Herr, der sonst mit so vielem Recht berühmte Hedwig nehme ein System an, welches von der Einfachheit der Natur sehr abweicht, wenn er in der Dicke selbst des Streifchens das die Trachée bildet, ein schneckenförmiges Kanal zu finden glaubt, das den Flüsigkeiten zum Leiter bestimmt sey; und wenn er sieht, oder doch zu sehen sich einbildet, wie dieses Streifchen um eine membranige Röhre gewunden sey, die sonst nichts als Luft enthalte? (v)
Ich habe dargethan (*) *dafs dieses System keine ernsthafte Probe aushalten kann. Hedwig beruft sich darauf, dafs die gefärbten Säfte ihre Farbe dem Trachéestreifchen mittheilen, hingegen, der membranigen Röhre, welche sie umfliefsen, keineswegs. Aber vorausgesezt, diese Röhre bestehe gar nicht, so ist es gewifs, die farbigen Säfte, welche in der, durch die Windungen der Trachée gebildeten, grofsen Röhre aufsteigen könnten, würden auf dem Streifchen das sie be-*

(v) *Man sehe die Note hierhinten, unter diesem Buchstaben.*

(*) *Zweites Memoir über die Org. der Gew.* Journal de Physique, t. 53, p. 291.

que, de tant d'observateurs habiles qui ont examiné l'organisation végétale, aucun, avant et depuis Hedwig, n'a pû découvrir ce tube; quoique, vû sa situation supposée, il fût si facile de le trouver. Parconséquent, la coloration de la lame ne prouve pas qu'elle soit creuse. Mais je vais plus loin; lorsmême qu'elle serait creuse, les molécules colorantes n'y passeraient pas. En effet, la lame est si déliée que le canal interne qui la parcourrait, n'aurait certainement pas un diamètre de la quatre-centième partie d'un millimètre; et j'ai remarqué que les liqueurs colorées dans lesquelles on mettait de jeunes branches en expérience, se débarassaient de leurs molécules colorantes, après avoir parcouru un très-petit espace, dans des vaisseaux d'un diamètre incomparablement plus large que celui du canal supposé. J'attribue ce phénomène à la forte attraction des parois des vaisseaux. Comment donc croire à la coloration de la lame par un canal interne?

rührt hätten, sichtbare Spuren ihres Durchganges lassen. Uebrigens hat man keine Ursach an
das Daseyn der membranigen Röhren zu glauben, wenn man erwägt, daß von so vielen fä-
higen Beobachtern, welche den Bau der Gewächse
untersucht haben, keiner, vor noch nach Hedwig, diese Röhren hat entdecken können; da
doch, weil einmal ihre gewähnte Stelle angegeben war, es sehr leicht seyn mußte sie zu finden.
Folglich ist die Farbigkeit des Streifchens kein
Beweis daß es hohl sey. Allein ich gehe weiter.
Wäre es auch hohl, so würden doch die farbigen Körperchen nicht hindurch gehen: denn das
Streifchen ist so dünne, daß das inwendige Kanal, wovon es durchlaufen würde, gewiß nicht
den drey- oder vierhundertsten Theil eines Milli-
mètres im Durchmesser haben würde. Auch habe
ich gefunden, daß die farbigen Liqueure in welche man, zum Experiment, Zweige tauchte,
ihre farbigen Kügelchen absezten, nachdem dieselben auf eine sehr geringe Höhe, in Gefäße
eingedrungen waren, die gegen das vorausgesezte
Kanal einen unvergleichbar größern Durchmesser

Il est cependant bien vrai que la trachée se colore jusqu'à une certaine hauteur ; j'en ai eu la preuve dans le haricot, et dans plusieurs autres plantes ; mais cela provient de ce que le canal que forment les circonvolution de la lame, sert à la marche de la séve, de même que les fausses-trachées et les tubes poreux.

L'illustre Malpighi a comparé le mouvement qu'il a remarqué dans les trachées au mouvement péristaltique des intestins (w). J'avoue que cette opinion ne m'a jamais parû fondée. Je crois que Malpighi a rapporté à l'irritabilité, un phénomène purement hygrométrique.

Les trachées se développent dans les parties molles et flexibles, dont la croissance n'est

____

(w) Voyez la Note ci-après, sous cette Lettre.

hatten. Ich glaube diese Erscheinung der star-
ken Anziehungskraft der Wände an den Gefäfsen
beimessen zu dürfen. Wo soll sich nun der Beweis finden, dafs die Färbung des Streifchen durch
Mittel eines innern Kanals entstehe? Indessen ist
es sehr wahr, dafs die Trachée bis auf eine gewisse Höhe sich färbt. Ich habe bey den Fitze-
bohnen und vielen ändern Pflanzen hievon Beweise
gefunden; allein dieses rührt daher, weil das Kanal, welches die Windungen bilden, gleich den falschen oder Querspalttrachéen und porigen Gefäfsen,
dem Baumsaft zum Leitrohr dienen.

Der vortreffliche Malpighi hat die Bewegung
welche er in den Trachéen bemerkt, mit der wurms-
förmigen Bewegung der Eingeweide (dem motus
peristalticus der Physiologen) verglichen (w). Allein
ich gestehe dafs ich diese Aehnlichkeit niemals ge-
gründet gefunden. Ich glaube, Malpighi hat der
Reizbarkeit eine Erscheinung zugeschrieben, welche blos flufsartig (hygrometrisch) ist.

(w) Man sehe die Note hierhinten, unter diesem
Buchstaben.

pas entièrement terminée (x); voilà la raison
pourquoi on les trouve toujours au centre
des tiges dicotylédones. Elles ont été formées
quand ces tiges étaient encore herbacées, et
elles composaient alors, la première et unique
couche de vaisseaux qui existât entre l'écorce
et la moëlle; mais de nouvelles couches les
ayant recouvertes successivement, elles sont
devenues la couche centrale du bois.

J'ai reconnu l'existence des trachées, dans
les calices, les pétales, les filets des étamines, les anthères, les ovaires et les styles.

Vous me blâmerez sans doute, Monsieur,
de distinguer ici comme une espèce particulière de vaisseaux, les *tubes mixtes*, qui n'ont
rien de remarquable, si ce n'est qu'ils offrent
la réunion des caractères propres aux tubes

____

(x) Voyez la Note ci-après, sous cette Lettre.

Die Trachéen entwickeln sich in den weichen und biegsamen Theilen, deren Wachsthum
nicht ganz vollendet ist, und dieses ist die Ursache, warum man sie immer im Centrum der
zweikernstückigen Stängel (dicotylédons) findet.
Sie bilden sich wann diese Stängel noch kraut-
artig sind, und machen alsdann die erste und einzige Gefäfslage aus, welche zwischen der Rinde
und dem Mark besteht; allein, indem neue Lagen
sie nach und nach überdekten, wurden sie zur
Mittelschichte des Holzes.

Ich habe das Daseyn der Trachéen in den
Kelchen, den Blumenblättern (Petala), in den
Faden der Staubfäden (Filamenta staminum), den
Staubbeuteln (Antheræ), den Fruchtknoten
(Ovaria), und in den Griffeln (Styli), deutlich er-
kannt.

Wir wollen zu den Wechselröhren überschrei-
ten. Sie werden mir, ohne Zweifel, Unrecht geben, mein Herr, dafs ich als eine besondere Ge-
fäfsgattung, Röhren auszeichne, woran nichts
aufserordentliches oder eigenes ist, als blos, dafs

(x) Man sehe die Note hierhinten, unter diesem
Buchstaben.

E.

poreux, aux trachées, et aux fausses-trachées. Vous m'objecterez que ces caractères, se trouvant réunis dans un seul tube, montrent que les trois espèces précédentes ne sont que des modifications l'une de l'autre. Je conviens de cela, Monsieur ; mais je n'ai pas voulu que, faute d'insister sur les détails et de les classer, on m'accusât de n'avoir observé que légèrement une suite de faits, dont la connaissance est si importante pour les progrès de la physique végétale.

J'ai déjà parlé des *vaisseaux en chapelet*, à l'article du tissu cellulaire, et je n'y reviens maintenant, que pour montrer l'ensemble des moyens que la Nature met en œuvre, pour faciliter la marche de la sève. Les vaisseaux en chapelet sont des veines de cellules poreuses ; ou, si l'on aime mieux, des tubes poreux, coupés de distance en distance, par des diaphragmes percés à la manière d'un crible.

*sie die eigenthümlichen und abgesonderten Kenn-
zeichen der porigen Röhren, der Trachéen, und der
falschen Trachéen in sich vereinigen. Sie werden
einwenden, dafs diese Kennzeichen, indem sie
sich in einer einzigen Röhre vereinigt zeigen, den
Beweis geben, dafs die drei vorigen Gattungen
blos Abweichungen (Modificationen) von einander
sind. Ich räume dieses ein, mein Herr; allein
ich wollte durch nicht genugsames Beharren auf die
Details und durch Mangel des Klassirens, nicht ver-
anlassen, dafs man mich beschuldige, ich habe
eine Kette von Thatsachen nur oberflächlich wahrgenommen, deren richtige Kenntnifs für die Fortschritte der Vegetalphysik äufserst wichtig ist.*

*Schon habe ich bei Gelegenheit des Zellengewe-
bes, von den Korellenschnur- oder Rosenkranzge-
fäfsen geredet; und ich komme jetzt aus keiner
andern Absicht, darauf zurück, als um den ganzen Umfang der Mittel zeigen zu können, die die
Natur anwendet, den Gang des Baumsaftes zu erleichtern. Diese Gefäfse sind Adern aus porigem Zellengewebe gebildet, oder (wenn man will)
porige Röhren, von Distanz zu Distanz mit*

On les trouve fréquemment dans les racines, et à la naissance des branches et des feuilles. Ils servent d'intermédiaire entre les gros vaisseaux de la tige et de la branche; et c'est par leur moyen que la sève passe des uns dans les autres. On les voit s'aboucher par leurs extrémités, avec les tubes poreux, les fausses-trachées et les trachées; ou, pour mieux dire, ces trois espèces de vaisseaux deviennent des vaisseaux en chapelet, au point de jonction de la tige et de la branche, et ne reprennent leur première forme, qu'après avoir franchi le nœud.

Telle est la simplicité de l'organisation végétale, que souvent un même tube revêt toutes les formes que je viens de décrire, en parcourant les différens organes. Ainsi, une trachée de la tige, peut se terminer dans la racine, en vaisseaux en chapelet; devenir fausse-trachée dans le nœud situé à la base de la branche; parcourir celle-ci sous la forme de

zwergfellartigen und wie ein Sieb durchlöcherten Abtheilungen (Diaphragmes) abgesezt.
Man findet sie häufig in den Wurzeln und bei
dem Ausschuß der Zweige und Blätter. Oft
nehmen sie ihre Stellung zwischen den großen
Gefäßen des Stammes und der Aeste; und es
ist durch ihr Mittel daß der Saft aus jenem
in diese übergeht. Man siehet wie sie sich mit
ihren Aeußersten an die porigen Röhren,
die falschen und wahren Trachéen, anmünden;
oder besser gesagt, diese drei Gattungen Gefäße
verwandeln sich in Rosenkranzgefäße, da wo den
Ast sich an den Stamm sezt, und nehmen ihre
erste Form nur dann wieder an, wenn sie den
Knoten durchlaufen sind.

So einfach ist die Organisation der Vegetabilien, daß oft eine und dieselbe Röhre, indem sie
die verschiedenen Organen durchlauft, alle die
Formen annimmt welche ich umschrieben habe.
Auf diese Weise kann eine Trachée des Stammes, in der Wurzel rosenkranzformig auslaufen;
im Knoten des Zweiges zur falschen Trachée
werden; diesen unter der Form einer porigen

tube poreux; et reprendre dans les pétales de
la fleur, ou dans les filets des étamines, sa
forme de trachée. Ces métamorphoses sont
même quelquefois beaucoup plus brusques,
comme le prouve l'existence des tubes mixtes (*y*).

Mais, Monsieur, ne vous méprenez pas
sur la valeur que je donne aux expressions dont je me sers ici. Je m'explique.
Quand je parle de *métamorphose* je n'entends
point que la portion de tube qui étoit trachée
devienne elle - même, fausse - trachée ou tube
poreux; ou bien que l'inverse ait lieu, c'est-
à - dire, qu'une fausse - trachée, ou qu'un vaisseaux poreux se transforme en trachée; je veux
dire seulement, qu'un même vaisseau est trachée
dans une partie de sa longueur, fausse-trachée
dans une autre, etc. Le mot de *métamorphose*
n'est donc employé, dans cet endroit, que

(*y*) Voyez la Note ci - après, sous cette
Lettre.

Röhre durchlaufen; und, in den Blumenblättern oder in den Faden der Staubfäden, ihre Trachéen-form wieder annehmen. Diese Verwandlungen sind bisweilen sogar noch auffallender, wie auf den Wechselröhren (tubes mixtes) erhellet (y).

Aber, mein Herr, irren Sie doch ja nicht in dem wahren Sinn meiner Ausdrücke. Wenn ich von Verwandlung rede, sage ich nicht, daſs derjenige Theil der Röhre welcher Trachée war, falsche Trachée oder porige Röhre wird; und eben so wenig sage ich das umgekehrte. Ich wil blos zu kennen geben, daſs eine Röhre in dem einen Theil ihrer Länge, Trachée, in dem andern falsche Trachée u. s. w. sey. Der Ausdruck Verwandlung soll hie nur eine Abwechslung der Modificationen, nicht der Zeit nach, sondern der Strecke nach, zu kennen geben. Diese Erklärung ist um so nothwendiger, da Herr Sprengel, der mich

---

(y) *Man sehe die Note hier hinten, unter diesem Buchstaben.*

pour exprimer des modifications simultanées et partielles. Cette explication est d'autant plus nécessaire, que Mr. Sprengel, qui ne m'a pas du tout compris (z), a singulièrement défiguré mes opinions dans son ouvrage. Ce savant est le premier moteur de la terrible guerre qu'on me fait en Allemagne, relativement à ma prétendue doctrine de la *transformation* des vaisseaux.

C'est dans ces dernieres années seulement, qu'on a examiné les vaisseaux propres avec quelque attention. Vous connoissez, Monsieur, la petite brochure de Mr. Bernhardi, et je pense que vous aurez lu avec autant d'intérêt que je l'ai fait moi-même, la dissertation de ce naturaliste, sur cette dernière espèce de vaisseaux. Je m'applaudis d'avoir trouvé dans son ouvrage, quelque conformité entre ses idées et celles que j'ai développées dans mon Mémoire sur les fluides des végétaux (aa). Mais il y a un fait sur lequel je

____

(z) (aa) Voyez les Notes ci-après, sous ces Lettres.

nicht verstanden (z), in seinen Werken meine
Meinung völlig verfehlt und verunstaltet hat.
Dieser Gelehrte ist dadurch der erste Urheber
des furchterlichen Kriegs gewesen, welchen man
mir in Deutschland, in Bezug meines vorgeb-
lichen Lehrsatzes der Gefäßsverwandlung, anthut.

Erst in diesen lestern Jahren hat man die eigenthümlichen Saftgefäße mit einiger Aufmerksamkeit untersucht. Sie, mein Herr, haben die
Bernhardische Schrift gelesen, und ich bin überzeugt, Sie werden die Abhandlung dieses Beobachters in Hinsicht dieser Gefäße, so sehr als
ich, schätzen. Es freuet mich, in seinem
Werke einige Uebereinstimmung gefunden zu
haben zwischen seinen Gedanken und denen welche ich in meinem Memoire über die Flüssigkeiten in den Gewächsen, entwickelte (aa). Allein

------

(z) (aa) *Man sehe die Noten hierhinten, unter*
diesen Buchstaben.

E 5

ne saurais tomber d'accord avec lui. Il avance que les vaisseaux propres sont toujours isolés, et je vois le contraire dans vingt plantes, dont j'ai dessiné les caractères anatomiques avec le plus grand soin.

Les vaisseaux propres sont bien distincts des autres par leur situation. Je dirais qu'ils le sont aussi par leurs fonctions, si l'on ne trouvait quelquefois, des sucs propres dans les vaisseaux sèveux; comme on l'observe dans les arbres résineux. En général, les vaisseaux propres sont situés dans l'écorce. Cependant, la moëlle de certains végétaux en contient aussi. On peut diviser ces vaisseaux en deux sortes. Les uns sont des tubes larges, isolés, plus ou moins prolongés, et dont la paroi est membraneuse ou charnue, suivant les espèces de végétaux où ils se trouvent. Les autres offrent des paquets de petits tubes réunis en faisceaux et distribués dans l'écorce, tantôt au hazard, tantôt avec symétrie. Je nomme les premiers, *solitaires*, et les seconds, *fasciculai-*

in einem Punkte bin ich nicht seiner Meinung.
Er behauptet, die vollkommenen Gefäße, welche,
ich eigenthümliche (vaisseaux propres) genannt,
seyen immer abgesondert (isolirt); und ich finde das
Gegentheil in einer Menge Pflanzen, deren anatomische Besonderheiten ich mit der größten Sorgfalt gezeichnet habe.

Diese Gefäße sind durch ihre Lage von den andern genau unterschieden. Ich würde sagen, sie
sind es auch durch ihre Funktionen, wenn man nicht
bisweilen in den algemeinen Baumsaftgefäßen (vaisseaux séveux) eigenthümliche Säfte anträfe, wie
man dies in den harzigen Bäumen wahrnimmt.
Ueberhaupt sind die eigenthümlichen Gefäße in der
Rinde vorhanden. Gleichwohl findet man sie auch
im Mark einiger Vegetabilien. Diese Gefäße kann
man in zwey Arten theilen. Die ersten sind breite,
isolirte, mehr oder weniger verlängerte Röhren, die nach dem die Gattung des Gewächses ist,
eine häutige oder fleischige Wand haben: die andern enthalten Bündel kleiner zusammengefaßter
Röhren, die bald unregelmäßig, bald mit Symmetrie, in der Rinde zerstreut liegen. Erstere nenne

res. La paroi de ces tubes n'est jamais percée de pores ou de fentes.

Les pins et les sapins, les rhus, les pistachiers, le *schinus molle*, beaucoup d'euphorbes, ont des vaisseaux propres solitaires. Ceux du pin du Lord sont très-courts, tortueux et charnus. Ceux de la plupart des euphorbes ne paraissent être que des lacunes longitudinales, formées dans le tissu cellulaire de l'écorce (*bb*).

Les asclépias, les apocins, les pervenches, les orties, le chanvre, ont des vaisseaux propres fasciculaires. La filasse que l'on trouve dans l'écorce de la plupart de ces plantes, est formée par le déchirement longitudinal de cette espèce de vaisseaux, comme je m'en suis assuré par un grand nombre d'observations.

____

(*bb*) Voyez la Note ci-après, sous cette Lettre ; et les *Observations sur le liber et les vaisseaux propres*, imprimées dans ce volume.

ich vereinzelte (solitaires); *die andern, bündelar-*
tige (fasciculaires). Die Wand dieser Röhren ist
nie von Poren oder Spalten durchlöchert.

Die Fichten, die Tannen, die Rhus, die Pista-
zienbäume, die weiche Schinus, viele Euphorbia,
haben vereinzelte eigenthümliche Saftgefäße. Die
in der Lärchfichte sind sehr kurz, krummgewunden
und fleischig; die in den meisten Euphorbien schei-
nen nur der Länge nach ausgedehnte Lücken
im Zellengewebe der Rinde zu seyn. (bb)

Die Asclepias, die Apocinen, das Wintergrün, (Vin-
cæ) die Nesseln, der Hanf, haben bündelartige Saft-
gefäße. Die Flachsfasern, welche man in der Rin-
de der meisten dieser Pflanzen findet, entstehen, wie
mich eine Menge Beobachtungen gelehrt haben,
durch das Zerspleißen dieser Art Gefäße, wenn
sie sich ihrer Länge nach, zerreißen.

(bb) Man sehe die Note hierhinten, unter diesem
Buchstaben, und die Wahrnehmungen über den
Bast, und die eigenthümlichen Saftgefäße, *in die-*
sem Bändchen.

Je termine ce que j'ai à dire sur les tubes contenant des sucs propres, en vous soumettant un doute qui s'élève dans mon esprit. Devons-nous donner à ces tubes le nom de *vaisseaux*, comme je viens de le faire ; ou ne serait-il pas plus convenable de les désigner sous la dénomination de *canaux secrétoires ?* Cette question mérite notre examen, et vous sentez, Monsieur, que ce qui nous interesse ici, est moins le changement de nom que je propose, que la connoissance des faits qui, je pense, nécessite cette correction dans notre nomenclature physiologique *(cc).*

Nous avons passé en revûe les différens organes élémentaires ; nous allons considérer leur développement. Cette partie de ma lettre sera encore plus abrégée que la première. Je n'oublie pas que j'écris à l'un des savans les plus éclairés sur les différentes bran-

---

(cc) Voyez la Note ci-après, sous cette Lettre.

Ich endige meine Rede über die Röhren der eigenthümlichen Säfte, indem ich Ihnen einen Zweifel vorlege der sich in mir erhebt. Soll man diese Röhren Gefäße nennen, wie ich bisher gethan; oder wäre es wohl nicht füglicher, sie mit dem Nahmen Abscheidungskanäle (canaux secretoires) zu belegen? Diese Frage ist unserer Untersuchung würdig; und Sie, mein Herr, werden fühlen, daß es hier nicht so sehr auf die Nahmensabändrung ankommt, als wohl auf die Kenntniß der Sache, die, meines Erachtens, diese Berichtigung einer physiologischen Benennung erfordert (cc).

So sind wir nun die verschiedenen Elementar-Organen durchgegangen. Jezt wollen wir deren Entwickelung betrachten. Dieser Theil meines Briefs wird noch gedrängter als der erste seyn; denn es entgeht mir nicht, daß ich einem der aufgeklärtesten Gelehrten in den verschiedenen Zweigen

---

(cc) Man sehe die Note hierhinten, unter diesem Buchstaben.

ches de la physique végétale, et que, par conséquent, je dois m'en tenir rigoureusement, à l'exposition succinte et à la défense des opinions que j'ai adoptées.

Les végétaux sont doués d'une *force de succion*, par le moyen de laquelle ils puisent dans la terre et dans l'air, les fluides nécessaires à leur nutrition (*dd*). C'est ce dont on ne saurait douter. Nous ignorons le principe de cette force et comment elle s'exerce; car nous n'expliquons rien en disant que c'est une *force vitale*; mais nous savons dans quel organe elle réside, et nous voyons ses résultats. La succion s'opère par le *liber* (*ee*), qui est la partie herbacée des végétaux. Le chevelu des racines et les feuilles sont des prolongemens du liber. Dans la plante annuelle, cet organe arrivé au terme de son développement, se dessèche, et la plante périt. Dans l'arbre,

---

(*dd*) (*ee*) Voyez les Notes ci-après, sous ces Lettres.

der Vegetalphysik schreibe, und dafs ich mich
folglich an eine kurzgefafste Darstellung und Vertheidigung meiner Meinungen halten muſs.

Die *Végétabilien* haben eine Saugkraft (force
de succion) wodurch sie aus der Erde und Luft
die zu ihrer Nahrung dienlichen Flüssigkeiten
einziehen (dd).

Der Grund (das Principium) dieser Kraft und
die Weise ihrer Würkung sind uns unbekannt: den
wir erklären nichts wenn wir sagen, sie ist eine
Lebenskraft. Aber wir wissen in welchem Organ
sie sich enthält, und wir sehen ihre Wirkung. Die
Einsaugung geschiehet durch den Bast (Liber) (ee),
welcher der krautige Theil der Vegetabilien ist.
Die Fasern der Wurzeln sowohl, als die Blätter
sind Verlängerungen des Bastes. In den Kraut-
pflanzen bildet dieses Organ sich im höchsten Grade aus, verdorret, und die Pflanze vergeht. In
den Bäumen verwandelt es sich in Holz, allein

(dd) (ee) *Man sehe die Noten hierhinten, unter
diesen Buchstaben.*

F

cet organe se convertit en bois, mais un nouveau liber s'organise; il remplace le premier, et
prolonge la vie du végétal.

La succion amène la sève dans la plante.
La *transpiration*, autre résultat de la force vitale, entraine au dehors, une partie des fluides
aspirés. Une nouvelle sève remplace celle qui
sort; et il s'établit un courant dans les vaisseaux, qui ne s'arrête que lorsque la vie
s'éteint.

La sève monte toujours par les gros vaisseaux des tiges, soit dans les monocotylédons,
soit dans les dicotylédons. Dans les arbres dicotylédons, l'ascension de la sève a lieu par les
vaisseaux les plus voisins du centre, quand
ils ne sont pas obstrués; et sa marche, du
centre à la circonférence, s'opère par les
prolongemens médullaires.

J'ai suivi la trace de liqueurs colorées,
dans plusieurs plantes. J'ai vû ces liqueurs,

ein neuer Bast entwickelt sich, tritt an die Stelle des erstern und verlängert das Leben des Gewächses.

Durch die Einsaugung wird den Pflanzen der Saft zugeführt: die Ausdünstung, eine andere Eigenschaft der Lebenskraft, treibt einen Theil der eingesaugten Flüssigkeiten wieder aus. Ein frischer Nahrungssaft ersezt den ausgedünsteten, und so entsteht im Gefäß ein Zug (courant), der nur dann aufhört, wann die Lebenskraft stokt.

Der Nahrungssaft steigt immer in den grofsen Gefäßen der Stämme, so wohl der ein- als zweikernstückigen Gewächse (Monocotyledons et Dicotyledons). In den Bäumen der lezten Gattung geschiehet die Aufsteigung desselben in den Gefäßen zunächst am Centrum gelegen, falls sie nicht verstopft sind: und sein Fluſs aus dem Centrum nach dem Umkreis, wird durch die markigen Verlängerungen bewirkt.

Ich habe den Gang farbiger Flüssigkeiten in mehrern Pflanzen beobachtet, und habe gesehen wie

aspirées par les dernières ramifications des racines d'un haricot, laisser des marques de
leur passage, dans les vaisseaux en chapelet de
la racine-mere, dans les trachées et les vaisseaux poreux de la tige, et même, dans les
vaisseaux des feuilles inférieures.

Une teinture de phytolaca a pénétré dans
le tissu du sureau et de *l'asclepias Syriaca.*
Quand j'ai coupé transversalement les tiges
soumises à l'expérience, j'ai vû les gros vaisseaux formant comme des centres de coloration; et jettant autour d'eux, des traces colorées, dont la teinte s'affaiblissait en s'éloig-
nant de son point de départ.

Qu'ai-je dû conclure de ces expériences,
sinon que les trachées, les fausses-trachées,
les vaisseaux poreux, et les vaisseaux en chapelet, sont les principaux canaux de la sève;
et que je ne m'étais pas trompé en annon-
çant que des pores internes, livrent passage à ce
fluide ? C'eut été, sans doute, repousser à la

*die Flüssigkeiten durch die äufsersten Adern einer
Eizebohnenwurzel eingesogen, in den Rosen-
kranzgefäfsen der Hauptwurzel, in den Trachéen
und den porigen Gefäfsen des Stängels; ja selbst
in den Gefäfsen der untersten Blätter, Spuren ihres
Durchganges gelassen hatten.*

*Eine Tinktur von Pflanzenlake (Phytolacca) ist
in das Gewebe des Fliederbaums und der Asclepias
syriaca eingedrungen. Indem ich die Stämme
welche ich zur Untersuchung gebrauchte, quer
durchschnitt, so sah ich, wie sich die Farbe in den
grofsen Gefäfsen concentrirt hatte und farbige
Strahlen um sich warf, welche schwächer wurden,
jemehr sie sich von ihrem Mittelpunkt entfernten.*

*Welchen Schlufs mufste ich aus diesen und andern,
in Hinsicht ihres Erfolges ähnlichen Erfahrungen, ziehen? Diesen, dafs die Trachéen, die falschen Trachéen, die porigen und die Rosenkranzgefäfse, die Hauptkanäle des Nahrungssaftes sind,
und dafs ich nicht irrte wenn ich sagte: durch die
inwendigen Poren der Gefäfse dringe die Flüssigkeit*

fois, le témoignage de mes sens et de ma raison, de vouloir expliquer autrement, la coloration des cellules qui composent les vaisseaux en chapelet, et celle des parties qui environnent les gros vaisseaux des tiges. Ce dernier fait est surtout, d'une grande évidence dans *l'asclepias Syriaca*; et veuillez, Monsieur, prendre la peine d'examiner l'organisation de cette plante, vous trouverez que son tissu ligneux est tout couvert de ces petits grains, qui ne sont que des callosités pour les physiologistes Allemands; mais qui sont, à mes yeux, les bords renflés d'une innombrable quantité de pores, que la Nature a ménagés pour faciliter la marche des fluides: et convenez du moins, que, si je m'abuse, l'observation, l'expérience, l'analogie, en un mot, tout ce qui doit guider nos pas dans la recherche de la vérité, semble concourir à m'égarer.

Si dans les arbres verts, les sucs propres se confondent avec la sève, on peut avancer qu'en général, dans les autres arbres, ils en

zan. Wie könnte ich sonst, ohne meinen Sinnen
und meiner Vernunft zu entsagen, die Färbung der
Zellen, welche die Rosenkranzgefäfse bilden, erkla-
ren? Wie die Färbung der Theile, welche die grofsen
Gefäfsen der Stämme umgeben? Diese lezte Thatsache ist besonders in der Asclepias syriaca sehr
augenscheinlich; und wenn Sie sich die Mühe geben, die Organisation dieser Pflanze zu untersuchen, so werden Sie finden, mein Herr, dafs ihr
Holzgewebe ganz mit diesen kleinen Körnchen bedeckt ist, welchen den Physiologen Deutschlands
nur Knorpeln däncken; die aber in meinen Augen,
die erhobenen Ränder einer Menge Poren sind,
welche die Natur angebracht hat, um den Gang
der Flüssigkeiten zu befördern. Freilich, Sie werden eingestehen, dafs, wenn ich irre, Beobachtung, Erfahrung, Analogie, mit einem Worte,
alles was uns auf dem Wege der Wahrheit beglei-
ten soll, sich hier vereinigt, und sich verschwo-
ren zu haben scheinet, mich in Irrthum zu fahren.

Obschon in den grünen Bäumen die eigenthümlichen Säfte sich mit Nahrungssäften vermengen,
so darf man doch annehmen, dafs sie überhaupt

sont bien distincts. On ne trouve communément, les sucs propres que dans l'écorce; mais
on les observe quelquefois, dans la moëlle. Je
les considère comme une sécrétion de la sève.
Leur usage, dans l'économie végétale n'est pas
bien connu jusqu'ici. Cependant, comme il est
certain que ce ne sont pas ces fluides qui
servent immédiatement à la nutrition, ne peut-
on pas soupçonner que se trouvant, dans les
premières voies du végétal (*f*), en contact
immédiat avec la sève, ils s'y mêlent en petite quantité, et facilitent la digestion, de même
que, dans les animaux, les sucs du pancréas
mêlés aux alimens. La résine aqueuse qui
sort des vaisseaux ligneux du pin et du sapin, comparée à la résine beaucoup plus épaisse
de l'écorce de ces mêmes arbres, semble donner
quelque poids à cette idée, que j'avance, d'ailleurs, comme une simple hypothèse, et non
comme un fait prouvé.

(*f*) Voyez la Note ci-après, sous cette
Lettre.

in den andern Bäumen deutlich von einander unterschieden sind. Man findet die eigenthümlichen
Säfte gewöhnlich nur in der Rinde; doch hat man
sie auch im Mark wahrgenommen.

Sie sind, denke ich, eine Absonderung des Nahrungssaftes. Wozu die innerliche Œkonomie der Gewächse
sie benuzt, ist bis jezt noch nicht genugsam bekannt.
Indessen da es gewiß ist, daß sie nicht zu den
Flüssigkeiten gehören, welche unmittelbar zur
Nahrung dienen, könnte wohl die Vermuthung
entstehen, daß da sie sich in den ersten Wegen
(primæ viæ) des Gewächses (ff) in unmittelbarer
Berührung mit dem Nahrungssaft befinden, sie
sich in geringer Quantität mit demselben vermischen
und die Verdauung befördern; wie bei den Thie-
ren die Säfte aus dem Pankreas, mit den Speisen
vermischt, dieses bewerkstelligen. Das wasserige
Harz, welches aus den holzigen Gefäßen der
Fichte und Tanne fließt, mit dem dichtern Harz
der Rinde verglichen, scheint dieser Idée einiges

(ff) Man sehe die Note hierhinten, unter diesem
Buchstaben.

Une sève très-élaborée et purgée de toutes
ses parties grossières, est destinée à la nutrition du végétal. C'est le *cambium*. Ce suc
pénètre les membranes; et l'on voit paraitre,
dans les endroits où il se produit, de nouveaux tubes et de nouvelles cellules. Se-
raient-ce les élémens du cambium lui-même,
qui prendraient ces formes organisées; ou se-
raient-ce plutôt, des germes préexistans dans
les membranes, qui se développeraient par la
nutrition? C'est ce que je ne tenterai pas de
résoudre. Quoiqu'il en soit, les cellules se
montrent d'abord, comme des globules très-
petits, et les tubes, comme des lignes déliées.
En se développant, les cellules s'élargissent aussi
bien que les tubes; et l'on distingue, à la
superficie de ces derniers, des raies opaques
disposées circulairement. A mesure que les
tubes se dilatent, les raies se prononcent
d'avantage; et quand les tubes ont pris toute

Gewicht zu geben, welche ich indessen, hier nur
als blofse Hypothese und nicht als eine erwiesene
Thatsache anführe.

Ein äufserst bearbeiteter und von seinen gröbern
Theilen gereinigter Nahrungsaft dient den Gewächsen zum Unterhalt: dieses ist das Cambium.
Dieser Saft durchdringt die Membranen, und
man sieht ihn da zum Vorschein kommen, wo er
neue Röhren und Zellen hervorbringt. Sollte es
wohl der Urstoff des Cambium selbst seyn, der hier
diese organisirte Form annimmt; oder sind es vorher existirende Keime in den Membranen, die sich
durch die Nährung entwickeln? Ich unternehme
nicht dieses zu entscheiden. Wie dem aber sey,
die Zellen, zeigen sich anfangs als sehr kleine Kügelchen, und die Röhren als sehr dünne Linien.
Die Zellen sowohl als die Röhren, erweitern sich
bei ihrer Entwikkelung, und man entdekt auf
der Oberfläche der leztern, kreisförmig geordnete
dunkle Striche oder Streifen. Nach Mafse nun
die Röhren sich erweitern, zeigen diese Streifen
sich deutlicher, und wann jene völlig ausgewach-
sen sind; so erscheinen diese als das, was sie

leur croissance, les raies paraissent ce qu'elles sont réellement; savoir: de petites éminences qui bordent les pores des tubes poreux, les fentes des fausses-trachées, et les lames des trachées. Ceci, Monsieur, n'est pas un récit imaginaire; c'est le résultat de longues et pénibles observations, qui étonneraient, peut-être, tout autre qu'un observateur aussi zèlé que vous l'êtes, pour les progrès de la science.

Une fois les vaisseaux développés, ils ne changent plus de nature; et leur forme est irrévocablement fixée. Mais il se produit souvent, autour de leur paroi interne, un enduit concrêt, qui finit par obstruer totalement leur canal (*).

Dans presque tous les vieux troncs les trachées se ferment ainsi. J'ai comparé les

---

(*) Annales du Muséum d'histoire naturelle, t. 5. pl. 7 et 8.

würklich sind, nehmlich kleine Erhöhungen;
welche die Poren der porigen Röhren, die Spalten der fälschen Trachéen, und die gewundene
Streifchen der Trachéen umgeben.

Dieses, mein Herr, ist kein eingebildetes Vor-
geben: es ist der Erfolg anhaltender und mühsa-
mer Beobachtungen, welche vielleicht jeden, die
Fortschritte der Wissenschaft minder beher-
zigenden Naturforscher als Sie, könnten ab-
schrecken.

Haben diese Gefäße sich einmal entfaltet, so
verändern sie ihre Natur nicht mehr, aber bisweilen entsteht an ihrer innern Wand ein ver-
dichteter Ansatz, der zulezt ihr Kanal verstopft
(*). In fast allen alten Stämmen verstopfen sich
die Trachéen auf diese Art. Bey der Vergleichung
der alten Gefäße der Ruscus mit den erstent-
wickelten der nehmlichen Pflanze, fand ich, daß
die Wand der leztern aus einer dünnen und

(*) Man sehe die Annalen des Museums der
Naturgeschichte, Th. 5. Taf. 7 und 8.

anciens vaisseaux du *ruscus* à des vaisseaux
de la même plante, nouvellement développés;
ces derniers avaient pour paroi, une membrane mince et transparente; les autres étaient
transformés en un cylindre solide. J'ai vû les
filets ligneux de certaines fougères d'Amérique,
changés en une masse tout-à-fait compacte.
J'ai observé avec une attention particulière,
des tiges du haricot à différens âges, et j'ai
suivi la formation graduelle de l'enduit interne des tubes, jusqu'à qu'il fermât presqu'entièrement leur canal.

Tous les végétaux que je viens de citer
avaient crû dans de la terre. Il me parut
curieux, de voir si des plantes, moins bien
nourries, offriraient le même phénomène physiologique. Des graines de haricot, à moitié
plongées dans de l'eau distillée, et placées sous
de grandes cloches de verre avec de la potasse
caustique, eurent une croissance assez rapide;
mais le tissu interne ne prit aucune consistance et les vaisseaux ne se bouchèrent point;

durchsichtigen Membrane bestand: die erstern
hatten sich in einen festen Cylinder verwandelt.
Ich habe Holzfasern gewisser amerikanischen
Farnkräuter gesehn, die sich in eine völlig dichte
Massa umgeändert hatten. Mit besonderer Aufmerksamkeit habe ich Fitzbohnenstängel in ver-
schiedenem Alter beobachtet, und die stufenwei-
se Bildung des einwendigen Anwurfs der Röhren wahrgenommen, bis derselbe fast gänzlich ihr
Kanal verschlossen hatte.

Alle Vegetabilien, die ich als Beispiele anführe, waren in Erde gewachsen. Es scheint mir
der Nachforschung würdig, ob weniger gut ge-
nährte Pflanzen die nehmliche physiologische
Erscheinung leisten würden. Fitzbohnen in dis-
tillirtes, und mit kaustischer Pottasche angemisch-
tes Wasser halb untergetaucht, und unter grofse
Glasglocken gesezt, hatten einen schnellen Wachsthum; aber ihr inneres Gewebe erhielt keine
Consistenz, und die Gefäfse verstopften sich nicht;

ce qui me donna lieu de penser que l'accumulation du carbone, dans la plante, est la
véritable cause de l'engorgement des tubes;
de même que l'accumulation du phosphate de
chaux, dans l'animal, est ce qui occasionne
l'endurcissement des os.

J'insiste sur ces détails, quoiqu'ils soyent
déjà consignés dans différens mémoires, pour
vous prouver, Monsieur, que je n'ai pas
avancé légèrement que les vaisseaux de certaines plantes s'obstruaient dans la vieillesse. Je
sais que l'on nie ce fait; mais qu'y trouve - t - on d'incroyable? et l'endurcissement du
bois pourroit-il provenir d'autres causes que
de l'épaississement des membranes et de l'obstruction des vaisseaux? Tout être organisé
subsiste par la nutrition. Qui dit *un être
organisé*, dit un être qui a la faculté de se
nourrir, puisque cette faculté est l'essentiel
attribut de l'organisation. S'il est vrai que
souvent, nous cherchons l'analogie là où elle
ne saurait exister, et que, par suite de cette

welches mir Anlaß gab, zu denken, die Anhäufung des Kohlenstoffs in der Pflanze sey die
wahre Ursache zur Verstopfung der Röhren, wie
die Anhäufung der Kalkphosphate bei den Thie-
ren die Verhärtung der Knochen bewürkt.

Ich verweile bei diesen Détails, obschon sie in
meinen verschiedenen Memoirs aufgezeichnet stehen, damit ich zeige, daß meine Behauptung,
die Gefäße verschiedener Pflanzen verstopfen
sich im Alter, nichts gewagtes war. Ich
weiß, man bestreitet dies: aber was findet
man dann unglaubliches darin? Oder könnte
die Verhärtung des Holzes wohl aus andern Ursachen hervorfließen, als der Verdickung der
Häute (membranen) und die Verstopfung der Gefäße? Alle organisirte Wesen bestehen durch die
Nahrung. Wer organisirtes Wesen sagt, der nennt
ein Wesen, welches das Nährungsvermögen besizt;
weil dieses Vermögen die unabtrennbare und we-
sentlichste Eigenschaft der Organisation ist. Wenn
wir bisweilen dem Irrthum ausgesetzt sind, in-

première méprise, nous transportons sur certaines espèces, les qualités qui n'appartiennent qu'à certaines autres; il n'en est pas ainsi, lorsque nous nous attachons aux lois générales de la Nature, dont les résultats sont nécessairement et invariablement les mêmes. Les membranes, que nous considérons comme *parties élémentaires* dans les êtres organisés, ne sont certainement pas, ce qu'elles paraissent à l'œil de l'observateur; et leur croissance prouve assez, que les fluides qui les pénètrent, y trouvent une multitude de filières, qui échappent aux meilleurs microscopes. Ces membranes se fortifient en se développant; et le terme de leur croissance, marque l'époque où commence l'engorgement de leurs vaisseaux imperceptibles. Ce que le raisonnement démontre dans les parties élémentaires, l'observation le rend palpable dans les parties composées, dont la masse est plus considérable. Les cartilages, les muscles s'endurcissent, et même, s'ossifient avec l'âge; et la mort voulue par la Nature; celle qui ne résulte d'au-

dem wir gewissen Gattungen und Arten die Eigen-
schaften gewisser anderer beilegen, und, einer
betrüglichen Ansicht gemäß, eine Analogie su-
chen, wo sie nicht statt findet; es ist eine ganz
andere Sache, wenn wir uns an die algemeinen
Naturgesetze halten, deren Resultate immer die
nehmlichen sind. Die Membranen, welche wir in
dem organisirten Wesen wie elementarische Bestandtheile oder Urstoffe betrachten, sind freilich nicht, was sie dem Auge des Wahrnehmers
darbieten: und ihr Wachsthum erweiset völlig, daß
die sie durchdringenden Flüssigkeiten eine Menge
Durchgänge und Löcher finden, die dem besten
Mikroskope unerreichbar sind. Diese Membranen
verdichten sich bei ihrer Entwicklung; und das
Aufhören ihres Zunehmens ist der Anfang der
Verstopfung ihrer unmerkbaren Gefäße und Poren. Was die Vernunftschlüsse in den elementa-
rischen Bestandtheilen anweisen, dieses macht die
Wahrnehmung sichtbar in der Zusammensetzung
größerer Theile. Die Knorpelbeine, die Muskeln ver-
härten mit dem Alter, und werden selbst zu Knochen;
und der natürliche Tod, der Tod welcher durch keine zu-

cune cause accidentelle; celle, en un mot, qui est une conséquence nécessaire de l'action vitale, provient de l'épaississement et de l'obstruction des vaisseaux, occasionnés par la nutrition. J'ai prouvé que les plantes, à cet égard, étaient soumises aux mêmes lois que les animaux; et, sur ce point, mes critiques me poursuivent encore. Par une singularité que je ne saurais expliquer, lorsqu'il s'agit du règne végétal, souvent on va chercher bien loin, des rapports imaginaires; mais il est rare que l'on avoue ceux que l'analogie, l'expérience et l'observation confirment. Où en sommes nous, Monsieur, et que deviendront cependant, la logique et la science, si, pour renverser une opinion fondée sur des faits, et conforme aux principes généraux, reconnus de tout le monde, il suffit de la dénégation de quelques auteurs, très éclairés, je n'en fais nul doute; mais qui soutiennent, contre toute raison, que ce qu'ils n'ont pas vu, n'a pu l'être par d'autres!

fällige Ursachen herbeigeführt wird, sondern,
als nothwendige Folge der Lebenswirksamkeit,
unentweichbar ist, entstehet durch Verdichtung und
Verstopfung der Gefäße, welche durch die Nährung
veranlaßt wird. Die Gewächse sind in Bezug dieses,
den nehmlichen Gesetzen, als die Thiere unter-
worfen. Allein, über diesen Punkt hören meinen Gegner nicht auf, mich zu bestreiten. Denn
durch einen mir unerklärbaren Eigensinn suchet
man weit herum nach Aehnlichkeiten und Uebereinstimmungen welche gar nicht existiren; indem man fast immer solche verwirft, die die Analogie und die Wahrnemung darstellen. Wo soll
es dann endlich hin, mein Herr? und was wird
am Ende herauskommen, wenn es, in wissen-
schaftlichen Sachen, um eine, auf Thatsachen gegründete, und durch algemeine und erkannte
Hauptbegriffe unterstüzte Bewährung über den
Haufen zu werfen, genug ist, daß jene Schriftsteller, (es mögen erleuchtete Köpfe seyn, ich
bezweiffle es nicht) allen Gründen zuwieder, behaupten, keiner habe sehen und wahrnehmen können was ihnen entgangen ist?

Enfin, Monsieur, je vous prie, de considérer que les autorités se balancent; j'ai pour moi le sentiment d'Hedwig. Cet ingénieux observateur croyait que les circonvolutions des trachées, se soudaient les unes aux autres, par l'effet de la nutrition; et c'était de cette manière qu'il expliquait l'existence des fausses-trachées dans le bois; car il prenait, comme l'a fait depuis, Mr. Sprengel, les fausses-trachées pour des trachées endurcies (gg). Hedwig assurément, se trompait sur les conséquences du principe qu'il admettait; mais il avait jugé, avec cette sagacité qui lui était propre, que l'encroutement des vaisseaux devait être une suite nécessaire de la nutrition; et voilà précisément ce que j'ai dit, ce qu'on rejette, et ce que prouvent jusqu'à l'évidence, les faits que j'ai cités.

(gg) Voyez la Note ci-après, sous cette Lettre. Voyez aussi mon *Second mémoire sur l'organisation végétale*, Journal de Physique, t. 58, p. 291.

Geben sie wohl acht, mein Herr, ich bitte es, daſs die Autoritäten sich einander das Gleichgewicht halten. Ich habe für mich die Meinung Hedwigs. Dieser geistreiche Beobachter glaubte daſs die Windungen der Trachéen sich an einander klebten, und betrachtete dieses, als eine Folge der Nährung. Und auf diese Art erklärte er das Daseyn der Trachéen im Holze. Denn, er nahm, so wie Sprengel nachher, die falschen oder Scheintrachéen für wahre Trachéen an (gg). Hedwig betrog sich in den Folgerungen seines Grundsatzes; allein, mit dem ihm eigenen Scharfsinn urtheilte er, daſs der Ansaz in den Gefäſsen nothwendig von der Nährung herrührte ; und dieses ist gerade was ich behaupte, und was die von mir angeführten Thatsachen darthun.

(gg) *Man sehe die Note hierhinten, unter diesem Buchstaben. Man sehe auch mein zweites* Memoir über die Org. der Gew. Journal de Physique, t. 58, p. 291.

G 4

Je ne prolongerai pas cette discussion. Il
est tems de conclure. Je crois avoir répondu
aux objections les plus fortes qui m'aient été
faites. Que si l'on jugeait cependant, que ma
défense se réduit, en dernière analyse, à ces mots:
j'ai vû; je ne pourrais me dispenser de faire
à mes savans critiques, le reproche de n'avoir
pas saisi l'ensemble et le véritable esprit de ma
théorie. Qu'ils l'examinent avec attention; ils
verront qu'elle s'appuie, non seulement sur les
expériences et les observations qui me sont propres; mais encore, sur une foule de preuves
tirées de l'analogie, des convenances, et de l'économie dans les moyens. Ces considérations sont
de quelque poids pour le philosophe. Je n'entends pas ici, par l'analogie, des rapports va-
gues, obscurs, incertains, entre des êtres
d'une nature très-différente; mais les rapports
simples et naturels, que je trouve entre les différentes parties d'un même être; comme lorsque
j'observe que les trachées, les fausses-trachées
et les vaisseaux poreux, ne sont que des modifications d'un type unique. Les raisons de con-

Ich wil diese Unterhaltung nicht weiter fortsetzen. Ich glaube die wichtigsten Einwendungen, die man mir gemacht, beantwortet zu haben. Allein, wenn man der Meinung wäre, daß
meine Antwort, im Grunde, auf das einzige: ich
habe es gesehen, nieder käme, so muß ich meinen gelehrten Kritickern den Verweis geben:
sie haben das Ganze nicht übersehen, und
dadurch den wahren Geist meiner Theorie verfehlt. Wenn sie ihr ihre Aufmerksamkeit widmen,
werden sie finden, daß diese Theorie nicht nur
auf meinen eigenen Beobachtungen und Wahrnehmungen ruhet, sondern auf einer Menge aus der
Analogie, der Uebereinstimmung, und der natürlichen Mittel-ökonomie gegründeter Beweise und
Schlußfolge. Es darf der Philosoph dieses nicht
gering schätzen. Ich verstehe hie, durch Analogie, keine unbestimmten, verworrenen, und un-
gewissen Begriffe einer eingebildteten Uebereintreffung zwischen ganz ungleichartigen Wesen;
sondern offenbare und in der Natur gegründete
Uebereinstimmungen, welche die verschiedenen
Theile des nehmlichen Wesens mir zeigen. Solch

venance ne sont certainement pas à dédaigner; et,
sans doute, il est difficile de nier l'existence
des pores, si l'on fait réflexion que les phénomènes relatifs à la marche de la sève, s'expli-
quent de la manière la plus satisfaisante, dès
que l'on admet que le tissu interne est poreux.
Quant à l'économie dans les moyens, n'est-ce
pas encore, aux yeux du naturaliste, une raison
bien puissante en faveur d'une théorie, puisque toutes les œuvres de la Nature semblent
déposer contre les théories compliquées? et
que peut-on concevoir de plus simple que cette idée, que le végétal est entièrement formé
d'un seul et même tissu cellulaire différemment
modifié?

Vous le savez, Monsieur: s'il importe aux
progrès des connaissances humaines, que les systêmes erronnés soient sappés dès leur naissance, il est nécessaire aussi, que les vérités
triomphent de la critique. Je défends mes opi-

eine Gleichartigkeit ist gewiſs kein verwerflicher
Grund: und freilich, wie kann man die Existenz der Poren läugnen, wenn man erwägt
daſs die wahren und falschen Trachéen mit den
porigen Gefäſsen nur Modificationen einer einzigen Form sind, und daſs alle Phenomenen
welche die Saftbewegung darbietet, sich auf die
zulänglichste Art erklären, wenn man das inwendige Gewebe als porös annimmt. Und was die Einfache Œkonomie der Natur in der Anwendung
ihrer Mittel anbetrifft; die muſs dem Naturkenner höchst wichtig seyn, da doch alle ihre Pro-
dukte den komplikirten Theorien entgegen stim-
men. Aber was kann wohl einfacher seyn als dieser Begriff, daſs der ganzen Organisation der
Gewächse ein einziges und gleichartiges Zellengewebe zum Grunde liegt, welches nur auf unterschiedene Art modificirt ist?

Sie wissen es, mein Herr, wie sehr es für die
Fortschritte der Wissenschaften wichtig ist, daſs
falsche Systeme bei ihrem Entstehen gleich unter-
graben werden. So ist es auch nothwendig, daſs
die Wahrheit über ihre Bestreitung siege. Ich

nions parceque je les crois fondées ; j'y renon-
cerais volontiers si quelqu'un démontrait que je
me trompe. Les erreurs, même les plus brillantes, n'ont qu'un tems. Pour obtenir une
réputation durable, il faut, avant tout, être
sincère avec soi - même et avec les autres.
La probité, en matière de science, consiste à
ne donner pour certain que ce dont on est bien
intimement persuadé.

La partie à laquelle, vous et moi, nous
nous livrons, Monsieur, a fait quelques
progrès depuis Grew et Malpighi. On a
recueilli beaucoup de faits ; mais malheureusement, les opinions sont partagées sur plusieurs points essentiels ; et la science, sans
base fixe, est encore vague et indécise. Cette incertitude dans notre doctrine, éloigne de
l'étude de la physiologie végétale, ceux qui
ne reconnaissent pour vrai que les faits admis par tout le monde. De là vient que l'on
doute encore, si cette branche de l'histoire naturelle, est susceptible de former une science

vertheidige meine Meinungen, weil ich sie für ge-
gründet halte; ich würde sie willig fahren lassen,
wenn jemand mir bewiese, daſs ich irrte. Irrthümer, wie glänzend sie auch seyn mögen, zer-
fallen zulezt. Um ein dauerhaftes Ansehn zu er-
langen, muſs man damit anfangen, gegen sich-
selbst, und gegen andere aufrichtig zu seyn. Die
Redlichkeit im Fach der Wissenschaften ist, nichts
für wahr ausgeben, als das, von dessen Wahrheit man inniglich überzeugt ist.

Das Studium, mein Herr, dem Sie und ich, uns
gewidmet haben, hat unbezweifelt seit Grew und
Malpighi einige Fortschritte gemacht. Man hat
viele Thatsachen gesammelt; die Meinungen aber
sind, leider! über viele Hauptpunkte getheilt; und
eine Wissenschaft ohne bestimmte Grundlage ist
noch schwankend und unentschieden. Diese Un-
bestimmtheit in unserem Lehrgebäude entfernt
vom Studium der Physiologie der Gewächse diejenigen, welche nichts für wahr annehmen, als
allenthalben anerkannte Thatsachen. Daher
rührt es, daſs man noch immer zweifelt, ob die-

à part, ou si elle se borne à quelques observations isolées, et qui, par leur nature, seront toujours un sujet de discussions. Il est donc très-important que nous établissions des principes incontestables; et je me persuade qu'ils passeront pour tels, aux yeux des hommes éclairés, dès qu'ils pourront être avoués par la majorité des physiologistes. C'est pour concourir à ce but que j'ai composé le tableau que je joins à cette lettre. Mes opinions sur l'anatomie végétale y sont exposées sous la forme d'aphorismes. J'ai pensé que toute discussion de faits, de même que tout développement hypothétique, nuirait à l'exécution de mon plan; aussi n'ai-je voulu présenter que la série des vérités qui jusqu'ici, me semblent bien démontrées. Maintenant, que les savans dont les opinions diffèrent des miennes, exposent également, de la manière la plus succinte, les faits qui leur paraissent hors de doute; que, par ce moyen, ils nous fassent connaître l'ensemble et la liaison de leurs idées; alors, nous saisirons d'un coup d'œil, les points

ser Zweig der Naturgeschichte eine besondere
Wissenschaft zu bilden gestatte; oder ob er sich
auf einige vereinzelte Thatsachen beschränke, die,
ihrer Natur nach, immer ein Gegenstand gegenstreitiger Meinungen bleiben werde. Es ist also
von sehr vielem Anbelang, daß wir unbestreitbare
Grundregeln festsetzen. Dieses werden sie zuver-
lässig in den Augen aller erleuchteten Männer seyn,
sobald sie von der Mehrheit der Physiologen angenommen sind. Zur Erreichung dieser Absicht beizu-
tragen, habe ich das Gemählde verfertigt, welches
ich diesem Briefe beifüge. Meine Meinungen über die
Anatomie der Gewächse sind darin unter der Form
von Aphorismen vorgestellt. Ich habe gemeint
daß alle fremden Zusätze und Untersuchung
meinem Plan hinderlich seyen; auch habe ich
nur die Reihe der Thatsachen wollen vortragen,
welche mir bis jezt völlig erwiesen geschienen.
Nur wünsche ich daß die Gelehrten, deren Begriffe von den meinigen abweichen, die Thatsachen welche ihnen außer Zweifel scheinen auch
kurzgefaßt und augenscheinlich mögen darstel-

sur lesquels nons sommes d'accord, et ceux
sur lesquels nous différons. Ces derniers deviendront le sujet de nouvelles recherches ; les
autres, ayant en leur faveur, l'assentiment de
tous les physiologistes, seront censés des vérités reconnûes.

Ou je me trompe fort, ou cette manière de
procéder, placerait bientôt la physiologie végétale au rang qui lui appartient parmi les sciences naturelles. On la considérerait avec raison,
comme le guide du botaniste ; et, je dirai
même aussi, comme le guide du cultivateur :
car, qui pourroit mettre en doute, que si jamais l'agriculture cesse d'être un art purement empyrique, et parvient à se diriger d'a-
près les lumières d'une saine physique, elle
ne doive cette heureuse révolution à la physiologie végétale ? Mais pour que la science rende cet important service à l'art le plus utile
à l'humanité, il est indispensable de la por-

len, damit das Ganze, und die Verbindung ihrer
Ideen bekannt werde. Alsdann wird man mit einem
Blicke die Punkte umfassen können, über die wir
einig sind, sowohl als die, worüber wir verschieden denken. Leztere werden ein Gegenstand neuer
Untersuchungen; die erstern hingegen, durch
den Beifall aller Physiologen bekräftiget, werden
in das Gebiet anerkannter Wahrheiten treten.

Ich müßte mich sehr irren, wenn diese Verfah-
rungsart die Physiologie der Gewächse nicht bald
in die ihr gebührende Reihe der Naturwissen-
schaften sezte. Man würde sie mit Recht als den
Führer des Botanikers, und ich darf sagen, so
gar des Landwirths, betrachten. Wann je der
Feldbau aus dem Fach einer bloß empirischen Kunst
tritt, und nach der Vorleuchtung einer gesunden
Physik betrieben wird, wird er diese glückliche Um-
wendung, der Physiologie der Gewächse zu verdanken
haben. Damit aber die Wissenschaft, der für die
Menschheit nützlichsten Kunst diesen wichtigen
Dienst leiste, ist vorher unumgänglich nöthig, sie
durch Erfahrungen und Beobachtungen zu dem

H

ter, par l'expérience et l'observation, à un dégré d'évidence et de certitude, auquel elle n'est
pas encore parvenue.

Je suis, etc.

MIRBEL.

La Haye, ce 12 octobre, 1807.

OBSERVATION. Au moment où l'on termi-
nait l'impression de cette lettre, Mr. Bilderdyk,
qui a bien voulu se charger du soin de la publier,
reçut les ouvrages de Mrs. Link et Rudolphi (*)
et m'en envoya des extraits. On sait que ces savans, dont la réputation est trop solidement
établie pour qu'il soit nécessaire de les louer,
ont été couronnés l'un et l'autre par la Société
Royale de Gottingue, qui n'a pu faire un choix
entre deux concurrens d'un mérite si distingué.

J'ai parcouru avec avidité les notes qui m'ont
été communiquées par Mr. Bilderdyk; mais j'y ai
trouvé peu d'objections auxquelles je n'eusse répon-

(*) Grundlehren der Anatomie und Physiologie der
Pflanzen, von D. H. F. Link. Göttingen, 1807.

Anatomie der Pflanzen von K. A. Rudolphi. Berlin,
1807.

*Grade der Ueberzeugung und Gewissheit zu er-
heben, den sie bis jezt noch nicht erreicht hat.*

Ich habe die Ehre, etc.

MIRBEL.

Den Haag, den 12 Oktober, 1807.

---

*ANMERKUNG. Eben da dieser Brief abge-
druckt wurde, bekam Herr Bilderdyk, der die
Herausgabe auf sich genommen, die Rudolphische
und Lincklische Preisschriften, (*) und schikte mir
so bald Auszüge derselben. Man weiss, dass diese zwei Gelehrten deren Ruhm meines Lobspruchs
nicht bedarf, die Ehre der Bekrönung getheilt haben, da die Königlich Göttingische Societät, sich
nicht entschliessen konnte, zwischen zwei Männer
von solchen Verdiensten, ein Urtheil zu fällen.*

*Mit Ungeduld durchlas ich dieses mir Mitge-
theilte; allein wenige Einwürfe fand ich darin,
auf welche ich nicht zum voraus geantwortet hätte.
Beide Nebenbuhler wollen mit Hedwig, dass die
Windungen der Trachéen sich allmählig vereinigen,
und sich also in Scheintrachéen verwandeln. Herr
Rudolphi beschuldigt mich, dass ich das Gegentheil
behaupte: nehmlich meine Meinung sey, dass die*

du d'avance. Les deux concurrens croyent avec
Hedwig, que les spires des trachées s'attachent insensiblement les unes aux autres. Mr. Rudolphi
m'accuse d'avoir soutenu le sentiment contraire;
savoir : que les tubes se découpent en spirale, à
mesure que les végétaux avancent en âge. Mieux
instruit de mes opinions, Mr. Link affirme que
je n'ai jamais rien dit de semblable. Ce que j'ai
écrit sur les lacunes et sur les vaisseaux mixtes,
paraît de bien graves erreurs, aux yeux de Mr.
Rudolphi, et le zèle de ce savant pour la vérité
l'entraîne sans doute au delà des bornes d'une critique sage et modérée. Pour ce qui concerne les
lacunes, Mr. Link se charge de ma défense; les
raisons qu'il apporte sont tellement concluantes que
je me contenterai de les transcrire dans mes notes justificatives sans y rien ajouter. Quant à l'existence des tubes mixtes, qui est contestée, je
produirai en ma faveur des autorités si respectables, que j'espère que Mr. Rudolphi me pardon-
nera de persister dans mon opinion. J'ai vu avec
plaisir qu'il reconnaît l'union et la continuité parfaite du tissu cellulaire. L'assentiment d'un homme
tel que lui est d'un bien grand poids pour établir
cette vérité que je regarde comme fondamentale. Il
eut été flatteur pour moi que Mr. Rudolphi, qui n'a
jamais négligé de me citer toutes les fois qu'il a
pensé que l'intérêt de la science exigeait qu'il me
réfutât, eut fait voir, dans cette circonstance, la conformité de nos observations; mais il a jugé plus

Scheintrachten sich mit zunehmenden Alter in
schraubförmige Windungen ablösen sollten. Herr
Link, besser mit meinen Schriften bekannt, versichert
daß ich dieses niemahls behauptet habe. Dasjenige, so
ich über die Lücken und Wechselröhren geschrieben, ist
im Auge des Herrn Rudolphi ein sehr sträflicher Irrthum, und sein Wahrheits-Eifer führet Ihn über die
Grenzen einer verständigen und gemäßigten Kritik.
Doch in Hinsicht dieses nimmt Herr Link sich meiner
Vertheidigung an, und die Gründe, welche er anführt,
sind dermaßen erheblich und entscheidend, daß ich
mich begnügen konnte sie in meine Noten einzurücken
ohne etwas hinzu zusetzen. Was die Wechselröhren
betrifft, deren Existenz mir streitig gemacht wird,
ich stütze mich in Bezug dieses auf solche Autoritäten, die mir Hoffnung geben, daß Herr Rudolphi
mir verzeihen wird, wenn ich von meiner Meinung
nicht abstehe. Mit Vergnügen bemerke ich, daß
dieser Naturforscher die vollkommene Einheid und
den Zusammenhang des Zellengewebes erkennt. Sein
Beyfall ist mir wichtig in einer Sache, welche ich als
eine Grundwahrheit ansehe. Es würde mir sehr
schmeichelhaft gewezen seyn, wenn Herr Rudolphi,
der niemahls vernachläßigt mich zu citiren, da,
wo er glaube, mir einen Verweiß geben zu müssen,
die Uebereintreffung unserer Beobachtungen in diesem Punkte an den Tag geltgd hätte: er hat aber
für besser gefunden, den berühmten Hedwig zum
Zeugen zu nehmen, und er hat gewiß Unrecht hier-
in: denn Hedwig, weit entfernt, diesen vollkomme-

convenable de s'appuyer du témoignage d'Hedwig ;
en quoi je trouve qu'il s'est singulièrement trompé ;
car Hedwig, loin d'avouer la parfaite continuité du
tissu, y veut des interstices dans lesquels il place
ses *vasa reptchentia*, qui sont aux yeux de Mr.
Rudolphi, comme aux miens, des êtres tout-à-fait
chimériques.

Je pourrais relever encore différentes objections
de Mr. Rudolphi ; mais Mr. Bilderdyk l'a fait d'une
manière lumineuse ; et je renvois au parallèle qu'il a
établi entre la doctrine de mon censeur et la mienne. Je me contenterai de rappeler ici, à Mr. Rudolphi, que la modération et la politesse n'affai-
blissent jamais la force d'un argument ; que l'intérêt de la vérité exige, peut-être, que l'on
ne prenne sa défense qu'avec une certaine gra-
vité modeste et réfléchie qui, d'ailleurs, sied bien
à l'homme éclairé ; que la science veut des amis
zélés, mais non pas des apôtres intolérans ; et
qu'enfin, de quelque rare génie que l'on soit
doué, on ne saurait se dispenser d'être juste, et
même indulgent, à l'égard des hommes studieux
qui s'efforcent de reculer les limites des connaissances humaines.

nen Zusammenhang des Zellengewebes beizustimmen,
nimmt Zwischenräume an, in welche er seine *Vasa
revehentia* setzt, die doch, Herrn Rudolphi zufolge, so wie meiner Meinung nach, bloße Einbildungs-
geschöpfe sind.

Es würde mir leicht fallen, noch unterschiedene Einwürfe des Herrn Rudolphi heraus zu heben: allein
Herr Bilderdyk hat solches auf eine einleuchtende Weise
gethan; und ich verweise meinen Leser zu dem Parallel, welche dieser Gelehrter zwischen meiner und
meines Gegners Theorie aufgesetzt. Ich vergnüge
mich also dem Berlinischen Professor zu erinnern,
daß Höflichkeit und Lebensart ein taugliches Argument niemahls entkräften; daß es vielleicht für die
Wahrheit selbst nicht gleichgültig ist, daß ihre
Vertheidigung mit einer gewissen Anständigkeit
geschehe, welche überhaupt sich für den erleuchteten Mann so wohl schicket; daß die Wissenschaft
eifrige Freunde, aber keine unduldsame Verfechter
fordert: Endlich, daß, mit welchem außerordent-
lichen Genie man auch begabt sey, es doch eine Pflicht
bleibe, mit Billigkeit und selbst einigermaßen mit
Nachgiebigkeit gegen solche zu verfahren, die sich
bemühen die Grenzen unserer Kenntnisse zu erweitern.

H 4

APHORISMES

SUR

L'ORGANISATION VÉGÉTALE.

APHORISMEN

ÜBER DEN

BAU DER GEWÄCHSE.

AVERTISSEMENT.

Ces aphorismes parurent, il y a six ans,
pour la première fois, dans le Journal de
Physique. Ils reparurent ensuite, dans mon
Traité d'anatomie et de physiologie végétales,
en marge du grand tableau que j'y ai joint.

Depuis, de nouvelles recherches m'ayant
mis à même de rectifier et d'augmenter mon
premier travail, je publiai pour la troisième fois, ces aphorismes, dans les Annales du
Muséum, à la suite d'un Mémoire sur les
fluides contenus dans les végétaux.

Aujourd'hui, je livre encore au public,
avec de nouvelles additions, cette série de

BERICHT.

Diese Aphorismen traten vor sechs Jahren zum
erstenmal im Journal de Physique aus Licht. Nachher erschienen sie in meiner Abhandlung über den
Bau der Gewächse, auf dem Rande des grossen
Kupfers, welches derselben beigefügt war.

Da seit dem, neue Untersuchungen mich in den
Stand sezten, meine erste Arbeit zu berichtigen
und zu erweitern, gab ich diese Aphorismen zum
drittenmal heraus: nun in den Annalen des Museums, hinter meinen Memoir über die Flüssigkeiten in den Vegetabilien.

Jezt übergebe ich dem Publico noch einmal,
und mit neuen Zusätzen, diese Reihe Vorstel-

propositions qui contiennent les bases de ma
doctrine.

Plus mes recherches se multiplieront , plus
cette série devra s'étendre. Un travail de ce
genre n'a de limites que celles de la science
elle - même.

On me reprochera peut-être , d'avoir gardé le
silence sur la physiologie. En effet , je conviens qu'en considérant l'anatomie isolément , je
n'ai présenté que la moindre partie des faits nécessaires , pour établir la théorie de la végétation.
Mais la physiologie est encore si peu avancée ,
que j'ai craint d'entreprendre un travail inutile
en voulant fixer prématurément , la série des
vérités sur lesquelles repose cette branche de
la science. D'ailleurs , ce travail deviendra de
jour en jour plus sûr et plus facile ; les phénomènes de la végétation excitent maintenant ,
une vive curiosité ; beaucoup d'hommes re-
commandables par l'étendue de leurs connaissances et la supériorité de leur jugement, en ont

langen, in denen ich die Gründe meines Systems
entfaltet habe.

Je mehr Untersuchungen ich werde anstellen
können, je weiter wird diese Reihe sich ausdehnen. Eine Arbeit dieser Art hat eben so wenig
Grenzen, als die Wissenschaft selbst.

Vielleicht wird man mir vorwerfen, ich habe
über die Physiologie das Stillschweigen beobachtet.
In Wahrheit, ich gestehe es, weil ich die Anatomie
auf sich selbst und abgesondert behandle, so habe
ich nur den geringsten Theil der Thatsachen angegeben, die zur Darstellung einer Theorie der
Vegetation erfordert werden. Aber die Physiologie hat noch so wenig Fortschritte gemacht,
daſs ich fürchten müſste eine nutzlose Arbeit
zu unternehmen, wenn ich die Reihe der Wahrheiten, auf denen dieser Zweig der Wissenschaft ruht, unzeitig wollte festsetzen. Uebrigens wird diese Arbeit von Tag zu Tage, so wohl
zuverlässiger als leichter werden: die Erscheinungen der Vegetation erregen jezt eine lebhafte

fait un objet principal d'étude ; ils portent
dans leurs recherches, cet esprit philosophique
qui caractérise le siècle, et qui, comme tout
le prouve, est si nécessaire à l'avancement
des sciences. La physiologie végétale touche
donc au moment de faire de grands progrès ;
mais aujourd'hui, il ne s'agit pas encore d'é-
tablir les généralités, il faut recueillir des
faits, et les ranger, s'il se peut, dans l'ordre
le plus naturel.

Neugier; viele, durch den Umfang ihrer Kenntnisse und durch die Schärfe ihrer Urtheilskraft, schätzbare Männer haben dieselbe zum Gegenstande eines besondern Studiums gemacht; und diese legen in ihre Untersuchungen den philosophischen Geist, der unser Jahrhundert vor andern auszeichnet, und der, wie alles beweist, den Fortschritten der Wissenschaften so nothwendig ist. Die Physiologie der Gewächse steht folglich auf dem Punkte große Fortschritte zu machen. Jezt aber, kommt es noch nicht auf das Festsetzen allgemeiner Regeln an; man muß Thatsachen sammeln, und ordnen.

APHORISMES

L'ORGANISATION VÉGÉTALE.

Les végétaux sont composés de cellules, dont toutes les parties sont continues entre elles, et ne présentent qu'un seul et même tissu membraneux.

Les membranes sont minces, faibles, plus ou moins transparentes, blanchâtres ou sans couleur, et percées souvent de *fentes* et de *pores* plus ou moins grands.

Les pores et les fentes sont presque toujours, bordés de petits bourrelets inégaux, qui troublent la transparence des membranes, et renvoient la lumière avec force, quand ils en reçoivent les rayons.

Le tissu membraneux offre plusieurs modifica-

APHORISMEN

ÜBER DEN

BAU DER GEWÄCHSE.

Die Vegetabilien sind aus Zellen gebildet deren
Theile alle an einander hangen, und die blos ein
und das nehmliche fortlaufende häutige (membra
nöse) Gewebe darstellen.

Die häutigen Ausdehnungen (menbranen) sind
dünn, schwach, mehr oder weniger durchsichtig, weißlich oder farbenlos, und oft von engeren oder weiteren Poren durchlöchert.

Die Poren und Spalten welche sich darin wahrnehmen lassen, sind fast immer mit kleinen, drü-
sigen erhobenen Rändern umsezt, welche die Membranen undurchsichtiger machen, und die Licht-
strahlen mit Gewalt zurückwerfen.

Das häutige Gewebe bietet mehrere Modifica-

tions ; les principales sont *l'épiderme* , *le tissu cellulaire* , *les tubes* ou *vaisseaux* et *les lacunes*.

L'épiderme est une membrane composée des parois les plus extérieures du tissu membraneux. Il est souvent percé de grands et de petits pores.

Cette membrane ne se séparant jamais du reste du tissu dans les acotylédons , on peut dire que ces plantes n'ont point d'épiderme.

Les grands pores de l'épiderme , sont des fentes longitudinales, entourées d'une aire ovale; ils sont quelquefois épars , et quelquefois rangés , par lignes ou par séries.

Les petits pores se rencontrent plus rarement que les grands ; ils sont d'ordinaire, renfermés dans l'aire ovale des premiers; ils sont d'ailleurs, semblables à ceux que l'on observe sur le reste du tissu membraneux.

tionen dar: die vornehmsten sind, das Oberhäutchen (*épiderme*); das Zellengewebe; die Röhren
oder Gefäße, und die Lücken (*Lacunes*).

Das Oberhäutchen (épiderme), *ist ein
Häutchen aus dem äußersten des häutigen Gewebes gebildet. Oft ist es von größern und kleinern Poren durchschlagen.*

*Da dieses Häutchen sich in den Acotyledons
nie vom übrigen Gewebe trennen läßt, so kann
man sagen daß diese Pflanzen keine Oberhaut
(épiderme) haben.*

*Die größern Poren des Oberhäutchens sind
Spalten, der Länge nach, von einem ovalen Raume umgeben. Bisweilen findet man sie zerstreut;
bisweilen in Linien oder Reihen geordnet.*

*Man trift die kleinern Poren seltener an als
die größern; gewöhnlich befinden sie sich in dem
ovalen Raume der erstern. Uebrigens gleichen
sie denen, welche man auf dem übrigen häutigen
Gewebe bemerkt.*

Le *tissu cellulaire* est composé de cellules contiguës les unes aux autres, et dont les parois sont communes.

Les cellules tendent d'abord à se dilater dans tous les sens ; mais chacune étant comprimée par les cellules adjacentes, et souvent aussi, par les organes environnans, il arrive que leur forme dépend absolument des résistances qu'elles éprouvent.

Lorsque les cellules n'éprouvent d'autre résistance que celle qu'elles s'opposent entre elles, leurs coupes horizontales et verticales offrent des hexagones semblables aux alvéoles des abeilles.

Les parois des cellules sont extrêmement minces, sans couleur, transparentes comme le verre ; elles sont quelquefois criblées de pores, dont l'ouverture n'a peut-être pas, pour diamètre, la trois centième partie d'un millimètre ; elles sont plus rarement coupées de fentes transversales.

Das Zellengewebe, besteht aus an einanderhangenden Zellen, deren Wände gemeinschaftlich sind.

Die Zellen streben, sich nach allen Richtungen hin auszudehnen; da aber jede, durch die Nebenzellen, oft auch durch die umliegenden Organen, zusammengedrängt wird, so entsteht dadurch, daſs ihre Form völlig von dem Widerstande, den sie erfahren, abhängt.

Wann die Zellen keinen andern Widerstand erleiden, als denjenigen, den sie einander entgegensetzen, so stellen ihre wagerechten und senkrechten Durchschnitte, Sechsecke dar, die den Honigzellen der Bienen ähnlich sind.

Die Wände der Zellen sind äusserst dünn, farbenlos, durchsichtig wie Glas; sie sind oft von Poren durchlöchert, deren Oeffnung bisweilen kaum den dreihundertsten Theil eines Millimeters im Durchschnitt hat; seltener sind sie von Querspalten eingeschnitten.

I 3

Les pores sont nombreux et rangés en séries transversales, lorsque les cellules sont très-allongées; ils sont épars et peu nombreux, lorsque le diamètre des cellules est à peu de chose près, égal dans tous les sens.

Le tissu cellulaire ne reçoit les fluides et ne les transmet que très-lentement.

Le tissu cellulaire régulier et peu poreux compose ordinairement tout le tissu connu sous le nom de moelle; il forme aussi presque toute l'écorce, etc. On l'observe en grande abondance dans les cotylédons épais, dans les racines charnues, dans les fruits pulpeux, etc., etc. Macéré dans l'eau, il s'altère et se détruit facilement.

Les couches ligneuses des dicotylédons, et les filets ligneux des monocotylédons, offrent aussi beaucoup de tissu cellulaire, mais il s'y montre sous l'apparence d'une multitude de petits cubes, parallèles les uns aux autres. Leurs

Der Poren sind viele, und sie sind in Querrei-
hen geordnet, wann die Zellen sehr verlängert sind;
sie liegen aber zerstreut, und ihrer sind wenig,
wann der Durchschnitt der Zellen in allen Rich-
tungen sich, so zu sagen, gleich ist.

Das Zellengewebe empfängt und überträgt die
Flüssigkeiten äufserst langsam.

Das regelmäfsige und wenig porige Zellenge-
webe bildet gewöhnlich das ganze Gewebe, unter
dem Namen Mark bekannt; auch formirt es fast
die ganze Rinde, u. t. w. Man nimmt es in den
dicken Kernstücken (Cotyledons), in den fleischi-
gen Wurzeln, im markigen Obst, u. s. w. häu-
fig wahr. Weicht man es in Wasser ein, so
löst es sich leichtlich auf.

Die Holzschichten der Dicotyledons, und die
Holznetze der Monocotyledons enthalten auch viel
Zellengewebe; allein es zeigt sich da unter der
Form einer Menge gegen ein ander gleichwei-
tig stehender Röhren. Ihre Membranen sind

membranes sont épaisses, à demi-opaques, quelquefois percées de pores très-fins. Leur cavité s'obstrue dans les anciennes couches des arbres. Ce tissu, qui constitue la partie la plus solide du bois, ne se dissout point dans l'eau.

Les rayons médullaires qui marquent la coupe transversale des tiges des arbres dicotylédons, de traits semblables aux lignes horaires d'un cadran, sont des séries de cellules allongées du centre à la circonférence, et dont, par conséquent, la direction coupe à angle droit, celle du tissu ligneux.

Les cellules des rayons médullaires, rencontrent, chemin faisant, les gros vaisseaux du bois, et s'abouchent avec eux, par le moyen des pores.

Les *tubes* ou *vaisseaux* des végétaux ont un diamètre plus ou moins grand. Ils portent les différens fluides et l'air dans toutes les parties

dicht und halb undurchsichtig; bisweilen von sehr feinen Poren durchlöchert. Ihre Höhlung verstopft sich in den alten Schichten der Bäume. Dieses Gewebe, welches die festesten Theile des Holzes bildet, löset sich im Wasser nicht auf.

Die markigen Streifen welche die Querschnitte der zweikernstückigen Baumstämme (Dicotylédons), mit, aus dem Centrum laufenden Strahlen (Radii) bezeichnen, sind Streifen von Zellen, die aus der Mitte nach dem Umkreis des Stängels gehen, und deren Richtung folglich, die Richtung des holzigen Gewebes in geraden Ecken durchschneidet.

Die Zellen dieser markigen Streifen stossen auf ihrem Wege auf die grossen Gefässe des Holzes, und treten mit selbigen, durch Mittel der Poren, in Gemeinschaft.

Die Röhren oder Gefässe der Gewächse sind im Durchschnitt bald kleiner bald grosser. Sie leiten die verschiedenen Flüssigkeiten und die Luft

du système organique. Leurs membranes sont fermes, épaisses, peu transparentes.

On distingue deux genres de vaisseaux: les *séveux* et les *propres*.

Les *vaisseaux séveux* se subdivisent en cinq espèces.

1°. Les *tubes poreux*. Ils sont criblés de pores rangés en séries transversales. Ils se trouvent ordinairement, dans les couches ligneuses des racines, des tiges, et des branches. Les pores qui les couvrent, sont d'autant plus fins que les bois sont plus durs.

2°. Les *tubes fendus* ou *fausses-trachées*. Ils sont coupés de fentes transversales: on peut les observer dans le bois, et particulièrement,

in alle Theile des organischen Systems. Ihre Membranen sind fest, dick, und wenig durchsichtig.

Men unterscheidet zwey Arten Gefäße: die algemeinen *Baum- oder Pflanzensaftgefäße* (vaisseaux séveux), *und die* eigenthümlichen *Saftgefäße*, (vaisseaux propres).

Die algemeinen *Baum- oder Pflanzensaftgefäße* lassen sich in fünf Gattungen eintheilen. Diese sind:

1°. Die porigen Röhren. *Sie sind von, in Querlinien geordneten Poren durchlöchert, und befinden sich gewöhnlich in den holzigen Schichten der Wurzeln, der Stämme, und Aeste. Je fester das Holz ist, je feiner und enger sind ihre Poren.*

2°. *Die* Querspaltröhren, falsche *oder* Scheintrachéen (fausses - trachées). *Sie sind von Querspalten eingeschnitten. Man kann sie im*

dans celui des végétaux d'un tissu mou et
lâche.

3°. Les *trachées*. Elles sont formées par
des lames étroites, épaisses, argentées, souvent
élastiques, roulées en hélice de droit à gauche.
Ces vaisseaux sont placés dans les dicotylédons, autour de la moelle; et dans les monocotylédons, ordinairement au centre des filets
ligneux. On les trouve aussi, dans les nervures
des feuilles, dans les filets des étamines; mais
ils ne se rencontrent point dans les racines.

Il y a des trachées à hélice double, triple,
quadruple, etc.

4°. Les *tubes mixtes*. Les racines et les
tiges offrent ces vaisseaux, qui sont alternative-

Holz, und vorzüglich in solchen Gewächsen wahrnehmen, die eines weichen und schlaffen Gewebes
sind.

3°. Die Trachéen oder Spiralgefäße. Sie
sind von einem schmalen, dicken, silberfar-
bigen Streifchen gebildet, das oft elastisch und
immer gleich einer Schraube von der Rechten
zur Linken, gewundenist. Diese Gefäße sind
in den zweikernstückigen Gewächsen (Dicotyledons), rund um das Mark, und in den
einkernstückigen (Monocotyledons), gewöhnlich im Centrum der Holznetze befindlich. Man
trift sie auch in den Nerven der Blätter, und
in den Faden der Staubfäden an; in den Wurzeln aber findet man sie nicht.

Es giebt Trachéen mit zwey und dreyfachen
Spiralen.

4°. Die Wechselröhren (tubes mixtes). Die
Wurzeln und die Stämme zeigen diese Gefäße,

ment, dans leur longueur, percés de pores, fendus transversalement, et découpés en tire-
bourre.

5°. Les *vaisseaux en chapelet*. Ce sont des
tubes poreux, étranglés de distance en distance, et
coupés par des diaphragmes percés à la manière
d'un crible. Ces vaisseaux sont très-apparens
dans les racines. On les trouve aussi dans les
tiges, a la naissance des branches et des
feuilles, dans les bourrelets naturels et acci-
dentels, et dans les articulations noueuses des
différentes portions d'une même tige.

On peut considérer les vaisseaux en chapelet comme des veines de cellules poreuses.

Les trachées marchent presque toujours en
ligne droite et sans déviation ; les autres tubes
au contraire se courbent souvent de côté et
d'autre.

Tous se métamorphosent vers leurs extrémi-

die, in ihrer Länge abwechselnd, von Poren durchlöchert, quer gespalten, und dan wieder wie ein
Kugelzieher eingeschnitten sind.

5°. *Die* Korallenschnur- *oder* Rosenkranz-Ge-
fäfse (vaisseaux en Chapelet). *Dieses sind porige
Röhren, von Abstand zu Abstand wie abgebun-
den und mit durchlöcherten Zwergfellen abgesezt.
Diese Gefäfse sind in den Wurzeln sehr sichtbar.
Man findet sie auch in den Stämmen, bei der
Aussprossung der Aeste, Zweige, und Blätter;
in den natürlichen und zufälligen Wüllsten, und
in den knotigen Fugen der verschiedenen Theile
eines Stammes. Man kann diese Gefäfse ansehen
als aus durchlöcherten Zellen bestehenden Adern.*

Die Trachéen *laufen fast immer in gerader
Linie und ohne Abweichung fort. Die andern
Röhren hingegen biegen sich oft von der einen
Seite zur andern hin.*

Alle verwandeln sich an ihren Endungen in

tés en tissu cellulaire, en sorte qu'aucun n'arrive jusqu'à l'épiderme, sous la forme de vaisseau.

Les pores ou les fentes de ces cinq espèces de vaisseaux, sont des ouvertures ménagées pour la marche des fluides.

Lorsque les végétaux vieillissent, les parois des vaisseaux se couvrent d'un enduit qui, quelquefois, ferme totalement le canal. Cet encroûtement est dû sans doute, à la grande abondance du carbone; car lorsque le gaz acide carbonique n'est point décomposé par la plante, comme il arrive lorsqu'on la place sous un récipient, avec de la potasse caustique, les vaisseaux se maintiennent vides, malgré la vieillesse.

Les *vaisseaux propres*. Leurs parois sont parfaitement entières ; elles ne présentent ni fentes ni pores apparens ; pour cette raison, on nomme ces vaisseaux tubes sim-

Zellengewebe, so daſs keines in der Form eines
Gefäſses bis zum Oberhäutchen (épiderme) hin-
lauft.

Die Poren oder Spalten dieser fünf Gattungen
Gefäſse sind Oeffnungen, die dem Lauf der Flüssigkeiten dienlich sind.

Wann die Gewächse alt werden, überziehn sich
die Wände der Gefäſse mit einem Ansatz, der
bisweilen das Kanal gänzlich verschliefst. Diese
Ueberkrustung entsteht ohne Zweifel, aus dem
groſsen Ueberfluſs Kohlenartigen Stoffes (Carbone); denn wann das saure Kohlengas durch die
Pflanze nicht aufgelöst wird, wie dies geschieht
wenn man sie unter einen Recipienten mit kaustischer Pottasche sezt, so erhalten die Gefäſse,
ungeachtet ihres Alters, sich leer.

Die eigentlichen Saftgefäſse. Ihre Wände zeigen weder sichtbare Poren noch Spalten;
deswegen man sie auch einfache Röhren
nennt. Sie enthalten die öhligen, harzigen, und

K

simples. Ils renferment les sucs huileux, résineux, etc. On les observe dans les écorces,
les feuilles, les corolles, la moelle, etc.

On distingue deux espèces de vaisseaux propres, savoir :

1°. Les vaisseaux propres *solitaires*. Ils
sont toujours isolés, comme l'indique leur nom.
Tantôt, ce sont de simples lacunes ouvertes
dans le tissu cellulaire de l'écorce et de la
moelle, et tantôt, ce sont des tubes charnus ou
membraneux, environnés d'un tissu très-fin.

2°. Les vaisseaux propres *fasciculaires*. Ils
sont formés par la réunion, de plusieurs petits
tubes placés les uns à côté des autres. Ils sont
distribués avec plus ou moins de symétrie, dans
le tissu cellulaire de l'écorce.

Toutes les plantes ne semblent pas être pourvues de vaisseaux propres.

ähnlichen Säfte. Man findet sie in der Rinde, den Blättern, in dem Krantz, dem Mark, u. s. w.

Man findet zwei unterschiedene Gattungen eigenthümlicher Gefäße; nemlich:

1°. Die einzelnen oder abgesonderten. Diese sind immer vereinzelt, worauf hin auch ihr Nahme deutet. Bisweilen sind es einfache offne Lücken in dem Zellengewebe der Rinde und des Markes: bisweilen, fleischige oder häutige Röhren, mit einem sehr feinen Gewebe umringt.

2°. Die Gebundgefäße. Diese sind durch die Vereinigung mehrerer kleiner, neben einander hinlaufender Röhren gebildet, und mit mehr oder weniger Symmetrie in dem Zellengewebe der Rinde zerstreut.

Nicht alle Gewächse scheinen mit eigenthümlichen Gefäßen versehn zu seyn.

Ces vaisseaux disparaissent souvent, dans les vieilles tiges et dans les vieilles branches, mais on les retrouve toujours dans les jeunes rejetons.

Ils disparaissent parceque dans certains végétaux, ils sont constamment repoussés à la circonférence, et finissent par se desécher; et que dans d'autres végétaux, ils sont recouverts et oblitérés après un laps de tems plus ou moins long, par les nouvelles couches de *liber* qui augmentent la masse du bois.

On doit remarquer que les sucs propres remplissent quelquefois les vaisseaux séveux: c'est ce qui a lieu dans les arbres verts.

Outre ces différens vaisseaux, il y a dans quelques espèces de végétaux, des vides formés par le déchirement des membranes: ce sont des *lacunes*. Elles offrent des tubes ordinairement réguliers. Ces déchiremens qui ne sont pas rares dans les plantes aquatiques, ne nuisent nullement à la végétation.

Diese Gefäße verschwinden oft in den alten
Stämmen und alten Aesten; doch trift man sie
immer in den jungen Sprößlingen an.

Sie vergehen, aus der Ursache, daß sie in gewissen Gewächsen immer nach dem Umkreis
hingetrieben werden, und endlich vertrocknen;
während sie in andern, nach längerer oder kürzerer
Zeit, mit den neuen Bastschichten (Liber), welche die Massa des Holzes vermehren, überdeckt,
und gleichsam ausgewischt werden.

Man muß bemerken, daß die eigenthümlichen
Säfte bisweilen die allgemeinen Baumsaftgefäße
anfüllen. Dieses findet bei grünen Bäumen statt.

Außer diesen verschiedenen Gefäßen befinden
sich in einigen Gewächsgattungen leere Räume,
durch das Zerreißen der Membranen gebildet.
Dieses sind Lücken (Lacunes). Sie stellen gewöhnlich regelmäßige Röhren dar. Diese Zerreis-
sungen, die in den Wasserpflanzen nicht selten
sind, hindern die Vegetation keineswegs.

J'observe que le même tube, en parcourant les différentes parties du végétal, offre successivement, toutes les espèces de vaisseaux que je viens de décrire, et qui sont désignés avec le tissu cellulaire, comme composant les *organes élémentaires* des végétaux.

Ces vaisseaux ne peuvent être comparés, comme l'ont fait quelques auteurs, ni aux veines et aux artères, ni au canal intestinal ; car pour qu'il y ait des veines et des artères il faut supposer un système circulatoire, ce qui n'existe pas dans les plantes. Et quant au canal intestinal, il doit avoir deux issues extérieures, ou au moins une, pour recevoir la nourriture et rejeter les excrémens solides : or les plantes n'ont point d'excrémens solides, et les vaisseaux dont-il s'agit, sont toujours fermés à leurs extrémités.

Les organes élémentaires décrits précédemment forment des organes plus composés.

*Ich bemerke, daſs eine Röhre, indem sie die
verschiedenen Theile eines Gewächses durchlauft,
abwechselnd alle Gattungen der Gefäſse darstellt
die ich beschrieben, und mit dem Zellengewebe,
als die organischen Bestandtheile der Gewächse
ausmachend, angezeigt habe.*

*Diese Gefäſse darf man (so wie einige Schrift-
steller gethan) weder mit Adern und Schlagadern, noch mit dem Darmkanale vergleichen.
Denn die ersten setzen einen regelmäſsigen Umlauf der Säfte voraus, welcher den Gewächsen
nicht eigen ist. Und was den leztern betrift,
der Darmkanal muſs nothwendig zwei, oder
wenigstens eine Mündung nach auſsen oder Ein-
und Ausgang haben, damit er die Nahrungs-
mittel empfangen, und die festen excrementa aus-
werfen könne. Die Gewächse aber haben keine
festen excrementa auszuwerfen, und die Gefäſse,
von denen die Rede ist, sind immer an ihren Endungen verschlossen.*

*Die hier beschriebenen Organischen Bestandtheile
bilden Organen, die mehr zusammengesezt sind.*

Dans les acotylédons, on ne trouve que du tissu cellulaire et des lacunes, comme je l'ai prouvé autre part (*hh*).

Dans les monocotylédons, on rencontre toutes les espèces d'organes indiqués précédemment; mais la direction des tubes et l'alongement des cellules, a lieu uniquement de la base au sommet de la plante.

Dans les dicotylédons les vaisseaux et les cellules se dirigent non-seulement de la base au sommet, mais encore du centre à la circonférence.

Les botanistes ont donné le nom de *glandes* à des organes dont la nature et les usages sont inconnus. Cependant, il existe de véritables glandes dans les fleurs. Elles se présentent à l'extérieur, sous la forme de lames,

---

(*hh*) Voyez la Note ci-après, sous cette Lettre.

In den *Acotyledons* findet man nur Zellengewebe und Lücken, wie ich dies anderwärts bewiesen
habe (hh).

In den *Monocotyledons* trift man alle die Gattungen Organen an, welche ich vorhin angezeigt;
aber die Richtung der Röhren und die Verlängerung der Zellen hat einzig und allein von der
Basis bis in den Gipfel der Pflanze statt.

In den *Dicotyledons* laufen die Gefäße und die
Zellen nicht nur von der Basis bis in den Gipfel
sondern auch aus dem Mittelpunkt bis auf den Umkreis.

Die Botaniker haben Organen, deren Art
und Gebrauch unbekannt sind, Drüsen genannt.
Den noch giebt es wahre Drüsen in den Blumen, sie bieten sich dem Auge dar, unter der
Form von Streifchen, von Schuppen, von wül-

(hh) *Man sehe die Note hierhinten, unter diesem Buchstaben.*

d'écailles, de bourrelets, etc. Souvent elles rejettent au dehors, des sucs particuliers.

Il y deux espèces de glandes, savoir :

1°. Les *cellulaires*. Elles sont formées
d'un tissu cellulaire très-fin, et n'ont aucune
communication directe avec les vaisseaux. Elles
distillent ordinairement un suc particulier, ce
qui pourrait faire soupçonner qu'elles sont ex-
crétoires.

2°. Les *vasculaires*. Elles offrent, comme
les précédentes, un tissu cellulaire d'une grande
finesse, mais elles sont traversées dans différens
sens, par des vaisseaux, et ne rejettent point au
dehors des sucs particuliers, ce qui donne lieu
de penser qu'elles sont sécrétoires (*ii*).

(*ii*) Voyez la Note ci-après, sous cette Lettre.

rigen Knorpeln u. s. w. Oft werfen sie besondere Feuchtigkeiten aus.

Es giebt zwey Gattungen dieser Drüsen,
nehmlich:

1°. Die Zellenartigen. Diese sind aus einem
sehr dünnen Zellengewebe gebildet, und haben
keine unmittelbare Gemeinschaft mit den Gefäßen. Gewöhnlich tröpfeln sie eine besondere
Feuchtigkeit aus, welches wohl Anlaß geben
mochte zu denken, daß sie zur Auswerfung
dienen.

2°. Die Gefäßartigen. Sie zeigen, wie die
vorigen, ein sehr zartes Zellengewebe; allein sie
sind in verschiedener Richtung mit Gefäßen durch-
zogen, und werfen keine besondern Feuchtigkeiten aus: welches in ihnen ein Abscheidungsver-
mögen mochte vermuthen lassen (ii).

(ii) Man sehe die Note hierhinten, unter die-
zem Buchstaben.

EXPLICATION

DES FIGURES QUI SE RAPPORTENT AUX APHORISMES.

FIGURE I.

No. 1. Epiderme sans pores. Les hexagones qu'on y a tracés, sont les restes du tissu cellulaire qui aboutit à cette pellicule extérieure.

No. 2. Epiderme poreux. Chaque pore *a*, en se formant, occasionne un léger relâchement dans la partie de l'épiderme qui l'environne; il en résulte que les cellules poreuses perdent leur forme polygone, et deviennent rondes ou elliptiques.

FIGURE 2.

No. 1. Tissu cellulaire régulier, et sans pores apparens. On voit l'étroite liaison que toutes les parties de ce tissu, ont entr'elles. Chaque paroi est commune, au moins, à deux cellules à la fois. Par exemple: les cellules *a* et *c* ont pour paroi commune, la paroi *b*, et les cellules *d* et *f*, ont pour paroi commune, la paroi *e*.

No. 2. Tissu cellulaire poreux, très-grossi. Il ne diffère du précédent que parcequ'il est criblé de pores *a*. Ces pores sont représentés environnés d'un bourrelet qui, cependant, n'existe pas toujours.

ERKLAERUNG

DER ZU VORIGEN APHORISMEN GEHÖRIGEN ABBILDUNGEN.

FIGUR 1.

No. 1. Oberhäutchen ohne Poren. Die darin abge-
bildeten Sechsecke sind die Ueberreste des Zellengewebes, welches an diesem auswendigen Häutchen hängt.

No. 2. Pöriges Oberhäutchen. Jede Pore a verursacht bey ihrer Bildung in dem Theil des Epiderme welcher sie umringt, eine leichte Erschlaffung; daher, daſs
die porigen Zellen ihre vieleckige Form verlieren und
rund oder elliptisch werden.

FIGUR 2.

No. 1. Regelmäſsiges Zellengewebe, ohne sichtliche
Poren. Man sieht wie enge alle Theile dieses Gewebes
mit einander zusammen hangen. Jede Wand ist, wenigstens zweyen Zellen zugleich, gemeinschaftlich. Z. B.
die Zellen a und c haben b zur gemeinschaftlichen Wand:
den Zellen d und f ist die Wand e gemeinschaftlich.

No. 2. Sehr vergröſsertes poriges Zellengewebe. Es ist
vom vorigen nur dadurch verschieden, daſs es von Poren a durchlöchert ist. Diese Poren sind hie mit
einem erhabenen Rande umgeben, der jedoch nicht immer vorhanden ist.

No. 3. Une cellule très-alongée et coupée de fentes transversales, comme les fausses-trachées.

F I G U R E 3.

Tissu cellulaire ligneux, désigné dans mon Traité d'anatomie et de physiologie végétales, sous le nom de *petits tubes*. Sa forme habituelle est telle que je l'ai représentée ici; mais elle varie dans quelques plantes. Plusieurs auteurs ont figuré le bois comme étant composé de tuyaux cylindriques, placés à côté les uns des autres, et ils ont admit des fibres ou des vaisseaux latéraux pour tenir ces tubes réunis. Je n'ai rien vû de de semblable dans aucune plante, mais j'ai toujours trouvé que le bois était, de même que reste du végétal, formé de tissu cellulaire. Le tissu cellulaire ligneux est quelquefois poreux.

F I G U R E 4.

No. 1. Tube poreux. Les pores sont rangés circulairement autour du tube.

No. 2. Tube poreux avec une division en *a*, et une sous-division en *b*. Aux endroits où le vaisseau se ramifie, il se forme un tissu cellulaire poreux, qui établit la communication entre le vaisseau et ses rameaux.

No. 3. Portion de vaisseau poreux extrêmement grossie, pour faire voir chaque pore et le bourrelet saillant dont il est entouré.

No. 3. Eine sehr verlängerte und, wie die falschen Trachéen, mit Querspalten eingeschnittene Zelle.

F I G U R 3.

Holziges Zellengewebe, in meiner Abhandlung über die A-natomie und Physiologie der Gewächse, unter dem Nahmen kleine Röhren, abgebildet. Seine gewöhnliche Form ist so wie ich sie hier angegeben, die in einigen Pflanzen jedoch abweicht. Verschiedene Schriftsteller wollen, das Holz sey durch walzenförmige oder cylindrische neben einander hinlaufende Röhren gebildet, und nehmen Fibern oder Seitengefäße an um diese Röhren an einander zu halten. Ich habe in keiner Pflanze etwas dieser Art gesehen; allein immer fand ich, daß das Holz, gleich allen andern Theilen der Gewächse, aus Zellengewebe formirt war. Das holzige Zellengewebe ist oft porig.

F I G U R 4.

No. 1. Porige Röhre. Die Poren liegen kreisförmig um die Röhre.

No. 2. Porige Röhre mit einer Abtheilung in a und einer Unterabtheilung in b. Da, wo das Gefäß sich zerästelt, bildet sich ein poriges Zellengewebe welches die Gemeinschaft zwischen dem Gefäß und dessen Zweigen unterhält.

No. 3. Een Theil eines äußerst vergrößerten porigen Gefäßes, um jede Pore und den hervortspringenden Rand, der sie umgiebt, zu zeigen.

FIGURE 5.

No. 1. Fausse trachée.

No. 2. Fausse-trachée, avec division en *a*, et sous-division en *b*.

No. 3. Portion de fausse-trachée, considérablement grossie, pour faire voir les fentes transversales dont cette espèce de tube est coupée, et le bourrelet souvent placé au dessus et au dessous de chaque fente.

FIGURE 6.

No. 1. Trachée à simple spirale.

No. 2. Trachée à double spirale.

No. 3. Portion de trachée considérablement grossie, pour faire voir le double bourrelet dont sa lame est souvent bordée.

FIGURE 7.

Tube mixte, c'est-à-dire, tube qui réunit les caractéres de plusieurs vaisseaux à la fois. Les parties *a*, offrent les spires des trachées; en *b*, on reconnaît les tubes poreux; en *c*, les fausses-trachées.

F I G U R 5.

No. 1. Falsche Querspalt- oder Scheintrachée.

No. 2. Falsche Querspalt- oder Scheintrachée, mit einer Abtheilung in a, und einer Unterabtheilung in b.

No. 3. Ein Theil einer äufserst vergröfserten falschen Querspalt- oder Scheintrachée, um die Querspalten, mit denen diese Art Röhren eingeschnitten sind, wie auch den erhobenen Rand, der oft oben, oft unter jeder Spalte gefunden wird, zu zeigen.

F I G U R 6

No. 1. Trachée mit einem einfachen Schneckenstreifchen.

No. 2. Trachée mit einem doppelten Schnekkenstreifchen.

No. 3. Ein Theil einer merklich vergröfserten Trachée, um den doppelten Rand zu zeigen, womit das gewundene Streifchen oft umsaumt ist.

F I G U R 7.

Wechselröhre. Das heifst, Röhre, welche abwechselnd die Kennzeichen mehrerer Gefäfse in sich fafst. Die Theile a zeigen die Windungen der Trachéen. In b sieht man die Durchlöcherung der porigen Röhren; in c die Querspalten der falschen oder Querspalttrachéen.

L.

FIGURE 8.

Vaisseaux en chapelet. Ils forment dans le tissu cellulaire, des veines que l'on remarque facilement, à cause
de leur porosité.

FIGURE 9.

Trachée presqu'entièrement obstruée par une matière
concrète, qui se dépose à mesure que le végétal vieillit.
Il serait impossible d'obtenir une trachée telle que celle
qui est représentée ici, séparée du reste du végétal, et
cette figure idéale n'est qu'un moyen de rendre sensible
ce qui s'opère dans la nature. En *a*, sont représentées
des portions de la trachée, que l'anatomie n'a point enlevées de dessus l'enduit formé dans l'intérieur. *b* Partie du
canal qui n'est pas encore fermée.

FIGURE 10.

No. 1. Vaisseau propre simple. C'est un tube membraneux, dont la paroi est entière; c'est-à-dire qu'elle
n'est ni poreuse, ni coupée de fentes.

No. 2. Vaisseau propre simple, fermé comme un
cæcum en *a*. Les vaisseaux propres contenus dans
l'écorce de plusieurs pins et sapins, sont des tubes charnus, tortueux, assez courts, et fermés à leurs extrémités marquées *a*.

FIGUR 8.

*Korallenschnur- oder Rosenkranzgefäße. Sie bilden im
Zellengewebe Adern, die man wegen ihrer Porigkeit
leicht erkennt.*

FIGUR 9.

*Eine Trachée, durch einen verdikten Stof fast gänz-
lich verstopft; welche Materie sich ansezt nach Maße
das Gewächs älter wird. Es würde unmöglich seyn, eine,
wie die hier gezeichnete und von den andern Theilen des
Gewächses getrennte Trachée, zu erhalten. Auch ist dieses nur eine idealische Figur, um das was in der Natur
umgeht, faßlich dar zu stellen. In a sind die Theile vorgestellt, welche bei der Zergliederung nicht von der Tün-
che, die sich im Innern gebildet, aufgehoben sind. In b,
ein noch nicht verstopfter Theil des Kanals.*

FIGUR 10.

*No. 1. Vollkommenes oder eigenthümliches Saftgefäß,
sonst einfaches Gefäß genennt. Es ist eine häutige
Röhre, deren Wand vollständig, das heißt, ohne Poren
und Spalten ist.*

*No. 2. Vollkommenes oder eigenthümliches Saftgefäß,
wie ein Blinddarm (intestinum coecum) geschlossen in
a. Die eigenthümlichen Saftgefäße in der Rinde vieler
Kienbäume und Tannen sind fleischige, gebogene Röhren, ziemlich kurz, und an ihren äußersten Enden verstopft, wie in a angezeigt ist.*

L 2

FIGURE 11.

Vaisseaux propres *a* du *pinus strobus*, plongées dans le tissu cellulaire *b* de l'écorce.

FIGURE 12.

Vaisseaux propres fasciculaires. Ce sont de petits tubes réunis en faisceaux, de telle sorte que les parois des uns, sont en même tems, les parois des autres; comme on l'observe dans le tissu cellulaire. Ces vaisseaux se divisent facilement dans leur longueur, en fils déliés, plus ou moins forts, selon les espèces de végétaux dont on les extrait.

FIGURE 13.

Lacune. Les lacunes sont des déchiremens réguliers qui ont constamment lieu dans le tissu cellulaire de certaines espèces de végétaux.

FIGURE 14.

Cette figure montre comment les canaux qui portent la séve, varient dans leurs formes, en parcourant différentes parties du végétal. Ainsi, par exemple, supposons que les deux branches *a* soient placées dans la racine: on y reconnaît les vaisseaux en chapelet. Voyez figure 8. Supposons que la partie *b* monte dans la tige: cette portion de tube ressemble aux figures 4 et 5, qui offrent la représentation des tubes poreux et des fausses-trachées. Supposons que la partie *c* pénètre dans la feuille: on voit qu'en *d* elle a la forme des vaisseaux en chapelet, et en *e* celle des vaisseaux poreux. Suppo.

(165)

FIGUR 11.

Volkommene Gefäße der Pinus strobus, *in das Zellengewebe der Rinde vertieft.*

FIGUR 12.

*Eigenthümliche Bundgefäße. Es sind kleine in Bün-
deln zusammenhangende Röhren, dermaßen vereinigt,
daß sie ihre Scheidewand gemein haben, gleich wie die
Zellen des Zellengewebes. Diese Gefäße lassen sich der
Länge nach in dünne Faden oder Fasern, von mehr
oder weniger Stärke, zertheilen, je nach dem die Gewächse sind, worin sie gefunden werden.*

FIGUR 13.

*Lücke. Die Lücken sind regelmäßige Zerreißungen,
welche beständig im Zellengewebe gewisser Gewächsgattungen vorhanden sind.*

FIGUR 14.

*Diese Figur zeigt wie die Kanäle welche den algemei-
nen Saft der Gewächse enthalten, in ihren Formen verschieden sind, indem sie verschiedene Theile des Gewächses durchlaufen. Man nehme z. b. an, daß die
zwey Aeste a in der Wurzel sind, so erkennt man in ihnen
die Korallenschnur- oder Rozenkranzgefäße; siehe Figur
8. Man nehme an, der Theil b steige im Stamme auf;
dann gleicht dieser Theil der Röhre, den Figuren 4 und 5,
welche die porigen Röhren und die falschen Trachéen an-
zeigen. Dringt der Theil c in das Blatt, so sieht man daß
er in d die Form des Rozenkranzgefäßes, und in e die*

sons enfin, que la partie *f* se rende dans la branche: *g* est un vaisseau en chapelet, *h* est une trachée. Ceci prouve l'analogie qui existe entre les différentes espèces de vaisseaux.

OBSERVATION. J'ai dit que le tissu membraneux qui constitue toute la masse du végétal était continu. On partira de cette assertion pour me demander ce que sont les tubes isolés que j'ai représentés, et comment j'ai pu les extraire du reste du tissu, pour en desiner la forme. Je soupçonne que cette apparente contradiction entre le principe que je pose et les développemens dans lesquels je pénètre, a embarrassé quelques-uns de mes lecteurs, qui n'ont pas trouvé, dans ma théorie, l'unité et la simplicité que j'annonçais. Pour éviter désormais, toute espèce d'équivoque, je dois observer, que les parties que je nomme *organes élémentaires*, ne se présentent jamais isolément dans la nature. Je fais donc ici ce que j'ai fait dans mes discriptions: je divise par une opération de la pensée, ce que la nature n'offre que réuni; et je montre, non pas rigoureusement, ce qu'on peut voir, mais ce que la réflexion, guidée par l'observation et l'expérience, présente à l'esprit. N'est-ce pas là le résultat de l'analyse philosophique, le but des méthodes, et le seul moyen d'instruction qui soit possible à l'homme, puisque toute idée complexe ne saurait se former dans son entendement, qu'elle n'y soit devancée par la série des idées simples qui la composent?

der parigen Gefäſse hat. Lauft endlich der Theil f in
den Ast, so ist g ein Korallenschnurgefäſs und h eine
Trachée. Dieses beweist die Analogie welche zwischen
den verschiedenen Gattungen der Gefäſse obwaltet.

BEMERKUNG. Ich habe gesagt, daſs das häutige Gewebe, welches die ganze Massa der Gewächse ausmacht, ein
einziges unabgebrochenes Gewebe ist. Man wird fragen, was
dann die abgesonderten Röhren sind, und wie ich solche aus dem Gewebe ziehen konnte, um sie abzubilden? Ich
vermuthe, dieser scheinbare Wiederspruch meines Grundsatzes mit den Entwickelungen, in welchen ich getreten,
habe einige meiner Leser etwa verwirrt, und ihnen in
meiner Theorie das Einfache, welches ich angab, ver-
hüllt. Um allen Zweifel zu heben und vor zu beugen,
muſs ich anmerken, daſs was ich Bestandtheile nenne,
in der Natur niemahls abgesondert bestehet. Ich mache
es folglich hier, wie in meinen Beschreibungen. Ich ver-
theile in Gedanken und sondre ab, was die Natur nur
vereinigt zeigt; und ich stelle nicht dar (wenn man es
scharf nimmt) was man sieht, sondern was Nachdenken,
durch Beobachtung und Erfahrung geleitet, der Vernunft darstellt. Dieses ist es doch, was die philosophische
Analysis betreibt, der Zweck jeder Methode, und wa
zur Belehrung nothwendig ist; weil keine zusammenge-
setzte Vorstellung sich denken läſst, wenn sie nicht
durch die einfachen Begriffe, welche sie zusammenset-
zen, vorbereitet ist.

OBSERVATIONS

SUR

L'ORIGINE et le DÉVELOPPEMENT

DES

VAISSEAUX PROPRES

ET DU

LIBER.

WAHRNEHMUNGEN

UEBER DEN

URSPRUNG und die ENTWICKELUNG

DER

EIGENTHUEMLICHEN SAFTGEFAESSE

UND DES

BASTES.

OBSERVATIONS

Jusqu'à présent on ne connaît qu'imparfaitement
la nature des vaisseaux propres. Mr. Bernhardi a publié sur ce sujet, d'excellentes remarques; mais je crois que ce naturaliste a commis
une erreur très-grave en affirmant que ces vaisseaux sont toujours isolés. D'ailleurs, il ne
nous dit rien de leur origine; il nous laisse
également dans l'ignorance sur les causes qui
les font souvent disparaître dans les anciennes
branches et les anciennes tiges; il passe sous
silence, tout ce qui concerne la formation et
le développement du liber, bien que la connaissance approfondie de cette partie du végétal, soit indispensable pour quiconque veut prendre une juste idée de la nature des vaisseaux propres. Ces considérations m'ont déterminé a
livrer à l'impression mes observations anatomiques sur ce sujet. A la vérité, elles ne renferment pas un travail complet; mais elles offrent

WAHRNEHMUNGEN

UEBER DEN URSPRUNG UND DIE ENTWICKELUNG

DER EIGENTHUEMLICHEN SAFTGEFAESSE UND

DES BASTES.

*B*is jezt kennt man die Natur der eigenthümlichen Gefäſse nur unvolkommen. Herr Bernhardi hat über diesen Gegenstand treffliche Bemerkungen herausgegeben. Wie ich jedoch glaube, hat dieser Naturkenner einen sehr wichtigen Irrthum begangen, in dem er behauptet, daſs diese Gefäſse immer isolirt sind. Auch sagt er uns nichts über ihren Ursprung; er läſst uns über die Ursachen ihres oftmahligen Verschwindens in den alten Stämmen und alten Zweigen, ungewiſs: er schweigt über alles was die Bildung und Entwickelung des Bastes (du Liber) betrift, da doch eine gründliche Kenntniſs dieses Theils der Gewächse, demjenigen unentbehrlich ist der sich einen deutlichen Begriff von der Natur der eigenthümlichen Saftgefäſse verschaffen will. Diese Erwägung hat mich bestimmt, meine anatomischen Wahrnehmungen dem Druck zu übergeben. Es ist wahr, sie machen keine vollendete Arbeit aus;

une suite de faits qui méritent l'attention des physiologistes.

Ma première idée était de rédiger ces observations en forme de mémoire. En y réfléchissant je me suis décidé à donner mes notes telles que je les ai écrites, à mesure que j'ai observé. Cette manière de présenter les faits, est plus aride; mais souvent, elle conduit le lecteur, par la voie sure de l'analyse, à des résultats très-importans. D'ailleurs, elle éloigne l'esprit de système, et, si je puis parler ainsi, elle laisse à la vérité, toute sa pureté originelle.

Fig. 1. Coupe transversale de la tige de *l'euphorbia characias* L.

a b Écorce. — *b c* Bois. — *c d* Moëlle. — *e* Lacunes formées dans le tissu cellulaire de l'écorce, et faisant les fonctions de vaisseaux propres. — *b f* Couche de liber, formant la partie la plus intérieure de l'écorce.

allein sie bieten eine Reihe Thatsachen dar, welche der Aufmerksamkeit der Physiologen würdig sind.

Anfangs wollte ich diese Beobachtungen in Form eines Memoir herausgeben; bei näherer Ueberlegung aber, bin ich entschlossen meine Aufzeichnungen so zu geben, wie ich sie während dem Beobachten niederschrieb. Diese Art, Thatsachen vorzutragen, ist trockner, aber sie entfernt den Systemgeist, und, um mich so auszuärcken, bietet die Wahrheit in ihrer ganzen ursprünglichen Reinheit dar.

Fig. 1. *Querschnit des Stammes der* Euphorbia characias L.

a b *Rinde.* — b c *Holz.* — c d *Mark.* — e *Lücken, im Zellengewebe der Rinde gebildet, welche die Wirkungen der eigenthümlichen Saftgefässe verrichten.* — b f *Bastschichte, welche den innern Theil der Rinde bildet.*

Les lacunes *e* (Voy. la note *kk*) sont les seuls vaisseaux propres que j'aie découvert dans cette euphorbe, et dans plusieurs autres espèces du même genre. Ce ne sont pas, comme on voit, de véritables vaisseaux; on ne peut guères donner ce nom aux déchiremens irréguliers qui ont lieu dans le tissu cellulaire. Les vaisseaux propres de *l'euphorbia platiphyllos* L. diffèrent beaucoup de ces lacunes. Ce sont de petits tubes réunis en faisceaux semblables à ceux qu'on observe dans l'écorce des jeunes branches du *periploca græca* L. Voy. fig. 16, *f*.

Les sucs propres de *l'euphorbia characias* ne sortent que de l'écorce. Le bois *b c* est composé de cellules poreuses très-allongées, et de vaisseaux poreux. Il n'y a point de *rayons* ou *prolongemens médullaires*; mais les pores facilitent le passage des fluides.

Le Liber *b f* fait partie de l'écorce dans l'origine; mais en vieillissant, il se durcit

Die Lücken c (man sehe die Note kk) *sind die einzigen eigenthümlichen Saftgefäße, die ich in dieser* Euphorbia *und in mehreren Gattungen des nehmlichen Geschlechts entdekt habe. Sie sind, wie man sieht, keine wahren Gefäße: einem unregelmäßigen Zerreissen im Zellengewebe kan man diesen Nahmen nicht beilegen. Die eigenthümlichen Gefäße der* Euphorbia platiphyllos *L. sind von diesen Lücken sehr verschieden. Es sind kleine Röhren, in Bündel zusammengestellt, denen in der Rinde der jungen Zweige des* Periploca græca *L. gleich. Siehe Fig* 16 f.

Die eigenthümlichen Säfte der Euphorbia characias *seigen nur durch die Rinde aus. Das Holz* b c *ist aus porigen sehr verlängerten Zellen und aus porigen Gefäßen gebildet. Hier sind keine markigen Streifen oder Verlängerungen vorhanden; aber die Poren erleichteren den Gang der Flüßigkeiten.*

Der Bast b f *ist beim Entstehen ein Theil der Rinde; allein indem er alt wird, verhärtet er sich*

par l'effet de sa nutrition, et se transforme en bois. Ceci sera examiné toute-à-l'heure, et la métamorphose du liber en bois, mise hors de doute.

Fig. 2. Coupe transversale d'une jeune branche de *ptelea trifoliata* L.

a b Ecorce. — *b c* Bois. — *c d* Moëlle. — *a e* Partie de l'écorce, qui est desséchée et qui est sur le point de s'exfolier. Sa couleur est rousse. Immédiatement au dessous est une zone verdâtre, laquelle marque la limite de la partie fraîche de l'écorce. — *b f* Couche de liber. — *g* Petites portions du liber qui se transforment en bois. — *h* Petites cavités globuleuses contenant un suc propre. — *h i* Les mêmes, offrant dans leur intérieur, un tissu fin et transparent.

Fig. 3. Coupe verticale diamétrale de la jeune branche représentée figure 2.

a b Ecorce. — *b c* Bois. — *c d* Moëlle. — *a e* Partie desséchée de l'écorce. — *b f* Couche de liber. — *g* Pe-

als eine Folge der Nährung, und verwandelt sich
in Holz. Diese Verwandlung aus Bast in Holz
wird so gleich erklärt und aufser Zweifel gesezt
werden.

Fig. 2. Querschnitt eines jungen Zweiges der
Ptelea trifoliata *L.*

a b Rinde. — b c Holz. — c d Mark. — a e Ein
Theil der Rinde die vertrocknet und auf dem Punkt
abzublättern ist. Ihre Farbe ist rothgrau. Zunächst
darunter liegt ein grünlicher Ring, welcher die Grenze des frischen Theils der Rinde anzeigt. — b f Bastschichte. — g Kleine Theile der Bastschichte die sich
in Holz verwandeln. — h Kleine kugelrunde Höhlungen, die einen eigenthümlichen Saft enthalten. —
h i Die nehmlichen Höhlungen, wie sie in ihrem Innern ein feines und durchsichtiges Gewebe zeigen.

Fig. 3. Senkrechter Durchschnitt des jungen
Ptelea trifoliata *L.*

a b Rinde. — b c Holz. — c d Mark. — a e Ver-
trockneter Theil der Rinde. — b f Bastschichte. —

tites cavités contenant le suc propre. — *h* Vaisseaux poreux du bois. — *i* Trachées qui entourent la moëlle. — *k* Cellules très-alongées, composent la masse du bois.

Les rayons médullaires du *ptelea trifoliata* sont très-apparens sur la coupe transversale de cette plante, fig. 2 ; mais je n'ai pu les appercevoir sur la coupe verticale, fig. 3.

Il se forme dans le tissu cellulaire de l'écorce, des globules *i h* d'un tissu plus fin et plus délié que les parties environnantes : ce sont les *réservoirs* du suc propre. Le tissu transparent qui les constitue, finit presque toujours, par se déchirer, et alors elles n'offrent plus que de petites cavités arrondies dont la paroi semble être d'une nature charnue, ce qui provient, je crois, de la superposition des lambeaux du tissu, qui remplissait d'abord ces petites cavités.

Les réservoirs globuleux du suc propre du

g *kleine Höhlungen, die den eigenthümlichen Saft
enthalten.* — h *Porige Gefäße des Holzes.* — i *Tracheen, die das Mark umringen.* — k *Sehr verlängerte Zellen, welche die Massa des Holzes bilden.*

Die Markstreifen der Ptelea trifoliata *sind auf
dem Querschnitt dieser Pflanze,* Fig. 2, *sehr
sichtbar; allein ich habe sie auf dem senkrechten
Schnitt,* Fig. 3, *nicht entdecken können.*

Im Zellengewebe der Rinde bilden sich Kügelchen i h, von einem feinern und zartern Gewebe
als die umliegenden Theile. Diese sind die Behälter des eigenthümlichen Saftes. Das durch-
sichtige Gewebe aus dem sie bestehen, zerspringt
zu lezt fast immer, und alsdann zeigen sie sich
nur als kleine ründliche Höhlungen deren Wand
von fleischiger Natur zu seyn scheint; welches,
wie ich glaube, daher kommt, daß sie mit Theilen eines Gewebes, welches anfangs diese kleinen
Höhlungen anfüllte, bedeckt sind.

Die kugelförmigen Behälter für den eigenthüm-

ptelea trifoliata, sont insensiblement repoussés vers l'épiderme. (Voy. fig. 3., *g l*.) Cette
pellicule extérieure, pressée par les globules,
se gonfle et finit par se crever. Le suc propre contenu dans ces globules se desséche et
est rejeté au dehors, sous la forme de petits
grains friables.

Les gros vaisseaux propres du *pinus strobus*, représentés dans la planche première, fig.
11., ne seraient-ils autre chose que des cavités semblables, sinon par la forme, du moins
par l'origine, à celles que je viens de décrire
dans le *ptelea trifoliata?* La paroi charnue
de ces vaisseaux proviendrait-elle de la destruction d'un tissu fin qui les aurait d'abord
remplis? Ces vaisseaux ne seraient-ils, en un
mot, que des lacunes? Voilà des questions
auxquelles je ne puis répondre dans ce moment.

On a demandé souvent si les sucs propres
avaient un mouvement déterminé. J'ai insinué

lichen Saft der Ptelea trifoliata *werden almählig
gegen die Epidermis gedrängt. Siehe Fig.* 3,
g l. *Dieses äufsere Häutchen, durch die Küchelchen gedrükt, schwillt an, und zerplazt zulezt.
Der eigenthümliche Saft in diesen Küchelchen
vertrocknet, und wird in der Form zerreibbarer
Körnchen ausgeworfen.*

*Sollten die grofsen eigenthümlichen Saftgefäfse
der* Pinus strobus, *auf dem ersten Kupfer Fig.*
11 *abgebildet, wohl etwas anders seyn als solche
Höhlungen; wo nicht der Form, doch dem Ursprung nach, denen ähnlich, welche ich in der*
Ptelea trifoliata *beschrieben habe? Sollte die fleischige Wand dieser Gefäfse aus der Auflösung
eines feinen Gewebes entstehen, das sie anfangs
anfüllte? Mit einem worte gesagt, sollten diese
Gefäfse nur Lucke seyn? Dieses sind Fragen,
Welche ich in diesem Augenblick nicht beantwor-
ten kann.*

*Man hat oft gefragt ob die eigenthümlichen
Safte eine bestimmte Bewegung hätten? In mei-*

dans mon Mémoire sur les fluides, que cela n'était guère probable (*), et je parlais d'après quelques expériences. Aujourd'hui j'affirme qu'ils ne peuvent en avoir dans beaucoup de plantes, et j'appuie cette assertion sur des faits anatomiques.

Il y a des végétaux dans lesquels les vaisseaux propres sont des tubes très-courts, fermés aux deux bouts. C'est ce qu'on voit dans le *pinus strobus*. Il y en a d'autres où ces vaisseaux ne sont que de petites cavités telles que celles du *ptelea*. On conçoit que dans des vides de cette nature, les fluides ne peuvent avoir de mouvemens déterminés. Cela prouve aussi que l'élaboration des sucs propres s'opère, non seulement dans les feuilles, mais encore dans toutes les parties de l'écorce qui sont pourvues de ces sucs, puisqu'il est impossible d'admettre

____

(*) Mém. sur les fluides contenus dans les végétaux, Ann. du Mus. Tom. 7 Pag. 274.

nem Memoir über die Flüssigkeiten habe ich, nach Anleitung einiger Erfahrungen, zu verstehen gegeben, daß dieses nicht sehr wahrscheinlich sey (*). Jetzt behaupte ich, auf anatomische Thatsachen gestützt, daß sie, in vielen Pflanzen, gar keine haben können.

Es giebt Gewächse in denen die eigenthümlichen Saftgefäße sehr kurze, und an beiden Enden geschlossene Röhren sind. Dieses sieht man in der Pinus strobus. Es giebt andere, worin diese Gefäße nur kleine Höhlungen sind, wie in der Ptelea. Es ist begreiflich, daß die Flüssigkeiten, in leeren Räumen dieser Art, keine bestimmte Bewegung haben können. Hieraus erhellet auch, daß die Bearbeitung der eigenthümlichen Säfte nicht bloß in den Blättern, sondern auch in allen Theilen der Rinde, in denen sie vorhanden sind, geschehe; denn man kann nicht anneh-

---

(*) Memoir über die Flüssigkeiten in den Gewächsen, Ann. des Mus. 7 Theil, Seite 274.

qu'ils viennent des feuilles, se loger dans les petites vacuosités du tissu cortical.

Fig. 4. Coupe transversale d'une branche de *schinus molle*. L.

a b Ecorce. — *b c* Bois. — *c d* Moëlle. — *b e* Couche de liber. — *f* Vaisseaux propres dont la paroi est revêtue extérieurement d'un tissu cellulaire très-fin. — *g* Autres vaisseaux développés dans le liber et qui font les fonctions de vaisseaux propres. — *h* Petites portions de liber qui se transforment en tissu cellulaire ligneux. — *i* Zone de gros vaisseaux poreux, rangés circulairement dans le bois. Les autres vaisseaux du bois, dont on apperçoit les orifices, sont également poreux, mais sont plus petits et disposés sans ordre régulier. — *k* Rayons ou prolongemens médullaires.

Fig. 5. Coupe verticale diamétrale de la branche figure 4.

a b Ecorce. — *b c* Bois. — *c d* Moëlle. — *b e* Li-

men, daſs diese Säfte aus den Blättern in die
kleinen Höhlungen des Rindengewebes übergehen.

Fig. 4. Querschnitt eines Zweiges der Schinus
molle L.

a b Rinde. — b c Holz. — c d Mark. — b e Bastschichte. — f Eigenthümliche Saftgefäſse, deren
Wand auswendig mit einem sehr feinen Zellengewebe
überzogen ist. — g Andere Gefäſse in dem Bast entwickelt, und welche die Dienste der eigenthümlichen Saftgefäſse leisten. — h Kleine Basttheile, die
sich in holziges Zellengewebe verwandeln. — i Ein
Ring von groſsen porigen Gefäſsen, cirkelförmig im
Holz geordnet. Die andern Gefäſse des Holzes von
denen man die Mündungen sieht, sind auch porige
Röhren; sie sind aber kleiner und unregelmäſsig zerstreut. — k Markstreifen, oder markige Verlängerungen.

Fig. 5. Senkrechter, durch den Durchmeſser ge-
nommener Durchschnitt des Zweiges in Fig. 4.

a b Rinde. — b c Holz. — c d Mark. — b e Bast-

ber. — *f* Vaisseau propre coupé verticalement par
la moitié. — *g* Vaisseaux poreux. — *h* Rayons médullaires d'un tissu plus fin dans le bois *b c*, que
dans le liber *b c*.

Fig. 6. Coupe verticale tangentale du bois *b c*,
figure 4.

g Vaisseaux poreux. — *k* Rayons médullaires. —
l Tissu cellulaire ligneux.

Fig. 7. Coupe verticale tangentale du liber *b c*,
figure 4.

h Petites portions du liber, qui se transforment en
bois, et qui se présentent sous la forme d'un *plexus*
réticulaire. — *k* Rayons médullaires logés dans les
mailles du *plexus*.

Fig. 8. Coupe transversale d'une branche du
schinus molle, plus âgée que celle
dont on a donné l'anatomie figure 4.

a b Écorce. — *c d* Bois. — *d e* Moëlle. — *b f g*

schichte. — f *Eigenthümlichen Gefäſse, senkrecht
mittendurchgeschnitten.* — g *Porige Gefäſse.* — h
Markstreifen, von feinerm Gewebe im Holz b c, *als
in der Bastschichte* b e.

Fig. 6. *Senkrechter, in einer Tangentlinie genom-
mener Durchschnitt des Holzes* b c, *Fig.* 4.

g *Porige Gefäſse.* — k *Markstreifen.* — i *Holziges
Zellengewebe.*

Fig. 7. *Senkrechter, in der Tangentlinie genom-
mener Durchschnit des Bastes* b e, *Fig.* 4.

h *Kleine Basttheile, die sich in Holz verwandeln, und
in der Gestalt einer netzförmigen Flechte* (Plexus)
erscheinen. — k *Markstreifen in den Maschen der
Flechte.*

Fig. 8. *Querschnitt eines Zweiges der Schinus
molle, die älter als diejenige ist, deren
Zergliederung in Figur* 4 *abgebildet.*

a b *Rinde.* — c d *Holz.* — d e *Mark.* — b f g

Liber faisant encore partie de l'écorce. — *h i c* Liber ne faisant plus partie de l'écorce et adhérant au bois. — *a b k l* Portion d'écorce qui, détachée du corps de la branche, a entraîné avec elle, une partie du liber. — *m* Vaisseaux propres semblables à ceux qu'on voit en *f*, fig. 4. — *n* Vaisseaux semblables à ceux qu'on voit en *g*, fig. 4. Ils font, comme ces derniers, les fonctions de vaisseaux propres. — *o* Gros vaisseaux poreux formant cinq zones circulaires, semblables à celle qui est représentée fig. 4. lettre *i*.

Les vaisseaux propres du *schinus molle* contiennent un suc qui paraît être le mélange de deux liqueurs résineuses, l'une blanche, l'autre incolore et transparente.

Tous les botanistes savent que lorsqu'on met sur une nappe d'eau tranquille, de petites portions de feuilles fraîches de *schinus molle*, elles courent à la surface de l'eau, de même que si elles étaient agitées par l'effet d'une irritabilité interne. Ce phénomène qui semble d'abord inexplicable, est dû à une cause bien sim-

*Bast, wie er noch ein Theil der Rinde ist; hie,
wie er nicht mehr zur Rinde gehört, und sich dem
Holz anklebt. — a b k l Ein Theil der Rinde, die,
abgelöst vom Zweige, einen Theil des Basts mit sich fort-
gerissen hat. — m Eigenthümliche Gefäfse, denen in
f, Fig. 4, ähnlich. — n Gefäfse, wie die in g Fig. 4.
Sie leisten gleich diesen lextern, die Dienste eigenthümlicher Gefäfse. — o Grofse porige Gefäfse, wie sie
fünf Ringe bilden, denjenigen in Fig. 4, Litt. i
ähnlich.*

Die eigenthümlichen Gefäfse der welchen Schinus enthalten einen Saft, der eine Mischung
zweyer harzigen Liquors zu seyn scheint, wovon
der eine weis, der andere farbenlos und durchsichtig ist.

Man weifs, dafs wenn man kleine Theilchen
von frischen Blättern der Schinus molle *auf
flaches Wasser wirft, sie auf dessen Oberfläche,
um so zu sagen eilen, gleich als ob sie durch
eine innere Reizbarkeit bewegt würden. Dieser
Erscheinung, die auf den ersten Anblick sehr
aufserordentlich scheint, liegt eine sehr einfache

ple. Le suc propre contenu dans les gros vaisseaux des nervures des feuilles, sort dès qu'il trouve une issue. Dans le cas dont il s'agit, il s'étend sur l'eau et repousse les corps légers qu'il rencontre. Les portions de feuilles sont mues par cette cause, et par conséquent, elles sont totalement passives, bien qu'elles paraissent, au premier coup d'œil, avoir un mouvement qui leur soit propre. Leur marche est irrégulière, parceque le suc s'échappe de moment en moment, et comme s'il était chassé par la contraction, plusieurs fois répétée, des vaisseaux qui le contiennent.

Mais les vaisseaux propres du *schinus* sont-ils doués vraiment d'une force contractile ? J'en doute; j'ai multiplié les observations pour découvrir quelques signes d'irritabilité, et je n'ai rien apperçu qu'on put raisonnablement attribuer à cette cause. Je crois que le dégagement et la dilatation de certains gaz, ou peut-être, de l'air atmosphérique, renfermés dans les feuilles, produisent les mouvemens irréguliers du suc propre.

Ursache zum Grunde. Der eigenthümliche Saft in den grofsen Gefäfsen des Blattgerippes fliest aus, so bald er einen Ausweg findet. Im vorliegenden Fall verbreitet er sich auf dem Wasser, und stöfst die leichten Körper, welche ihm begegnen, zurück. Die Blattstückchen werden durch diesen Andrang des Safts gegen das Wasser bewegt, und sind folglich ganz leidend, obschon sie bei dem ersten Ansehen eine, ihnen eigenthümliche, Bewegung zu haben scheinen. Ihr Lauf ist unregelmäfsig, weil der Saft bei Absätzen ausfliest, als würde er durch die oft wiederholte Zusamenziehung der Gefäfse ausgestofsen.

Allein besitzen die eigenthümlichen Gefäfse der Schinus wirklich eine zusammenziehende Kraft? Ich zweifle. Ich habe mehrere Versuche angestellt, um in ihnen einige Zeichen der Reizbarkeit zu entdecken, doch nichts gefunden, was man vernünftiger Weise dieser Ursache beimessen könnte. Vielmehr glaube ich, dafs die Auflösung und Ausdehnung gewisser Gaza, oder vielleicht atmosphärischer Dünste, in den Blättern

On doit remarquer fig. 4, cette double série de vaisseaux *g* qui bordent le liber *b e*, soit du côté de l'écorce, soit du côté du bois; on doit faire attention aussi aux petites portions de bois *h*, qui s'organisent dans le liber. Il est évident, 1°. que ces portions de bois s'étendent, se développent, et resserrent insensiblement le tissu cellulaire qui les avoisine; 2°. que ce tissu cellulaire finit par former des portions de rayons médulaires qui sont la continuation de ceux du bois; et 3°. que les vaisseaux *g* contenus dans le liber, et remplissant momentanément les fonctions de vaisseaux propres, sont l'origine des séries de gros tubes poreux, qui sont représentés en *i*, fig. 4, et en *v*, fig. 8.

L'examen réfléchi de la figure 8 donne le plus grand poids à ces assertions. Dans la branche fig. 4, le liber n'offre qu'un seul feuillet *b e*

enthalten, die unregelmäßige Ausfließung des
eigenthümlichen Saftes verursachen.

In Fig. 4 ist die doppelte Reihe Gefäße g zu
bemerken, welche den Bast b e umschließen, sowohl von der Seite des Holzes als der Rinde.
Auch fordern die kleinen Theile des Holzes h, die
sich in der Bastschichte organisiren, Aufmerksamkeit. Es ist augenscheinlich, 1°. daß diese
Holztheile sich ausdehnen, sich entwickeln, und
das Zellengewebe welches sie umgiebt, allmählig
einschränken: 2°. daß dieses Zellengewebe zuletzt die Theile der Markstreifen bildet, welche Fortsetzungen derjenigen sind die sich im Holze befinden: und 3°. daß die Gefäße g die in dem
Bast umschlofsen sind, und für den Augenblick die
Verrichtungen der eigenthümlichen Gefäße leisten, den Reihen grofser poriger Röhren i Fig. 4,
und e Fig. 8, ihren Ursprung geben.

Aus Figur 8 erlangt diese Behauptung ein
aufserordentliches Gewicht. In dem Zweige, Figur
4, zeigt der Bast nur ein einziges Blättchen b e, wel-

N

qui adhère encore à l'écorce; mais dans la figure 8, on observe quatre feuillets, savoir: deux
No. 1 et 2, qui font corps avec le bois, et
deux No. 3, et 4, qui font partie de l'écorce.
Le feuillet, No. 4, commence à se développer;
le tissu cellulaire de l'écorce y domine. Le
feuillet, No. 3, contient moins de tissu cellulaire
semblable à celui de l'écorce, et plus de cet
autre tissu cellulaire que j'ai désigné sous le
nom de *ligneux*, et qui forme la masse du
bois; cependant, ce feuillet n'est pas encore assez développé pour se séparer de l'écorce; aussi se détache-t-il avec elle (voy. lettres *a b
k l*) du reste de la branche. Quant aux feuillets No. 2 et No. 1, il s'en faut de peu qu'ils
ne soient tout-à-fait semblables aux couches de
bois renfermées entre les zones circulaires des
grands tubes *o*, et déjà ils ne se séparent plus du
corps ligneux. Ces deux derniers feuillets, No.
1 et 2, sont bien certainement ce que les auteurs considèrent comme un bois qui n'est pas
encore arrivé à sa perfection, et auquel ils donnent le nom d'aubier (*alburnum*). Mais on ne

ches der Rinde noch anklebt; hingegen bemerkt
man in Figur 8, vier Blättchen, nehmlich zwey,
1 und 2, die dem Holz einverleibt sind, und zwey,
3 und 4, die zur Rinde gehören. Das Blättchen
Nr. 4, beginnt sich zu entwickeln, wobey das
Zellengewebe der Rinde sich besonders hervorthut.
Das Blättchen Nr. 3 enthält weniger Zellengewebe
dieser Art, und mehr von demjenigen welches
ich unter dem Namen holziges beschrieben habe,
und das die Massa des Holzes bildet: Indessen
ist dieses Blättchen noch nicht genug entwickelt um
sich von der Rinde zu trennen; selbst trennt es
sich, mit ihr verbunden, vom Rest des Zweiges.
(Siehe a b k l.) Was die Blättchen 2 und 1 betrift; diese sind fast gänzlich den Holzschichten
ähnlich die zwischen den Ringen der großen Röhren o vorhanden sind, und schon heften sie sich
an's Holz. Die zwey lezten Blättchen 1 und 2 sind,
zuverläßig das was die Autoren als noch un-
vollkommenes Holz ansehen, und Splint (alburnum) nennen: allein es läßt sich nicht leugnen,
daß die Blättchen 3 und 4, welche den Bast jezt
ausmachen, in Wesen und That von derselben

peut nier que les feuillets 3 et 4, qui constituent le liber, ne soient essentiellement de la
même nature que les feuillets 1 et 2, et qu'ils ne
tendent à prendre insensiblement la même consistance ; ainsi le liber se change en aubier, et
comme celui-ci se transforme en bois, il est
clair que le liber est l'origine du bois.
Voilà ce que je voulais établir , et ce que
confirment les dessins anatomiques qui suivent.

Fig. 9. Coupe transversale d'une jeune branche
de *rhus typhinum* L.

a b Ecorce. — *b c* Bois. — *c d* Moëlle. — *b e* Liber. — *f* Vaisseaux propres environnés d'un tissu
fin. — *g* Vaisseaux faisant les fonctions de vaisseaux
propres, semés çà et là, dans le liber et dans la partie
cellulaire de l'écorce. — *h* Lacunes longitudinales et
tres-régulières formant dans la moëlle, des tubes qui
contiennent quelquefois des sucs propres. — *i* Rayons
médullaires. — *k* Vaisseaux poreux.

Fig. 10. Coupe transversale d'une branche de

*Natur sind als die Blättchen 1 und 2, und dafs sie
allmählich die nehmliche Consistenz annehmen.
Auf diese Weise wird der Bast zu Splint, und
da sich dieser in Holz verwandelt, so ist aufser
allem Zweifel, dafs der Bast der Urstoff des
Holzes ist. Dieses ist was ich darthun wollte,
und was die folgenden anatomischen Zeichnungen
bestätigen werden.*

Fig. 9. Querschnitt eines jungen Zweiges der
Rhus typhinum L.

a b *Rinde.* — b c *Holz.* — c d *Mark.* — b e
Bast. — f *Eigenthümliche Saftgefäfse, von einem
feinen Gewebe umgeben.* — g *Gefäfse, welche die Dienste der eigenthümlichen Saftgefäfse leisten, im Bast und
zelligen Theil der Rinde hin und wieder zerstreut.* —
h *Längliche und sehr regelmäfsige Lücken, wie sie im
Mark Röhren bilden, die bisweilen eigenthümlichen Saft
enthalten.* — i *Markstreifen.* — k *Porige Gefäfse.*

Fig. 10. Querschnitt eines Zweiges der Rhus

rhus typhinum plus agée que la précédente.

a b Écorce. — *b c* Bois. — *b d* Liber. — *e* Vaisseaux propres de l'écorce. — *f* Vaisseaux du liber,
faisant les fonctions de vaisseaux propres. — *g* Grandes portions de liber qui s'organisent audessus des
vaisseaux propres, et les pressent de façon à les ap-
platir, comme ils sont représentés ici. — *h* Petites
portions de tissu cellulaire ligneux qui se développent de côtés et d'autres, dans le tissu cellulaire de
l'écorce. — *i* Déchiremens qui tendent à séparer la
partie *k b*, de la partie *k a*. — *l* Tissu serré qui indique la limite de la partie fraîche de l'écorce. — *l a*
Partie la plus extérieure de l'écorce. — *m* Rayons
médullaires dont il est facile de suivre la trace jusque dans le liber. — *n* Vaisseaux poreux.

Dans la figure 9, le liber est à peine visible;
mais il est très-marqué dans la figure 10. Il
s'étend depuis *b* jusqu'à *l*. La partie *b d* diffère déjà fort peu du bois : elle offre comme le bois,
des rayons médullaires, et le tissu cellulaire ligneux
s'y grouppe au tour des tubes *f*, les quels contiennent

typhinum, *der älter als der vorige
ist.*

a b *Rinde.* — b c *Holz.* — b d *Bast.* — e *Eigenthümliche Saftgefäße der Rinde.* — f *Gefäße im
Bast, welche die Functionen der eigenthümlichen Saftgefäße thun.* — g *Große Theile des Bastes, die sich
über den eigenthümlichen Saftgefäßen bilden, und
diese, wie hier abgebildet, etwas platt drükken.* — h
*Kleine Theile des holzigen Zellengewebes, die sich bald
hie, bald da, im Zellengewebe der Rinde entwickeln.
Risse, die den Theil k b von k a trennen.* — l *Dichtes
Gewebe, welches die Gränzen der frischen Rinde anzeigt.* — l a *Alleräußerster Theil der Rinde.* — m
*Markstreifen, deren Spur bis in die Bastschichte
leicht zu erkennen ist.* — n *Porige Gefäße.*

In Figur 9 *ist der Bast kaum sichtbar; in*
10 *dagegen zeigt er sich sehr deutlich. Er dehnt
sich von b bis i aus. Der Theil b d ist schon sehr
wenig mehr vom Holz b c verschieden; er zeigt,
wie das Holz, Markstreifen, und das holzige
Zellengewebe gruppirt sich um die Röhren f,*

encore des sucs propres, mais s'en débarrasseront, et serviront à conduire la sève dès que le liber sera complètement transformé en bois. Ensuite, la transformation s'opérera dans la partie $d\,k$ qui, dès à présent, se détache en i, de la partie $k\,a$.

Les gros tubes propres e se trouveront donc resserrés peu-à-peu, entre les couches de liber qui se produisent les unes sur les autres, et finiront par disparaître totalement. C'est ainsi que cette espèce de vaisseaux cesse d'exister souvent dans les vieilles branches, et n'est bien apparente que dans les jeunes.

Le tissu serré l montre où se termine la partie fraîche de l'écorce. Quant à la couche extérieure $l\,a$, elle tend sans cesse à se dessécher et doit enfin s'exfolier et disparaître entièrement.

Les observations précédentes, et beaucoup d'autres semblables, conduisent à un principe

welche noch eigenthümliche Säfte enthalten, sich
deren aber entledigen werden, um, so bald der
Bast völlig in Holz verwandelt ist, den algemeinen Baumsaft zu führen. Nachher geschieht
die Verwandlung im Theil d k, welcher von nun
an sich in l vom Theil k a abtrennt.

Die dicken eigenthümlichen Safröhren e werden also allmählig zwischen die Bastschichten
zusammengedrängt, welche eine über der andern
entstehen, und werden endlich ganz verschwinden.
So verliehrt diese Gattung Gefäße ihr Daseyn in
den alten Aesten, und ist nur in den jungen sehr
sichtbar.

Das kleinere Gewebe l zeigt an, wo sich der
frische Theil der Rinde endet. Die auswendige
Schichte l a vertrocknet allmählich, muß so endlich ausblättern und gänzlich verschwinden.

Obige Wahrnehmungen und viele andere dieser
Art, führen zu einem allgemeinen Grundsatz,

général, savoir : que dans les dicotylédons, il
se développe durant le tems de la végétation,
sur la limite de l'écorce et du bois, d'une part,
un tissu fin et de gros vaisseaux qui accroissent
la masse du corps ligneux ; d'une autre part, un
tissu cellulaire lâche, destiné à réparer les per-
tes continuelles que mille causes extérieures font
subir à l'écorce.

Fig, 11. Coupe transversale d'une jeune branche de *rhus semialatum* Murr.

a b Ecorce. — *b c* Bois. — *c d* Moëlle. — *b e* Liber. — *f* Vaisseaux propres. — *g* Nouveau liber qui
s'organise, et tend à faire disparaître les vaisseaux propres. — *h* Limite de la partie fraîche de l'écorce. —
i Lacunes de la moëlle faisant les fonctions de vaisseaux propres. — *k* Vaisseaux poreux. — *l* Rayons
médullaires.

Fig. 12. Coupe transversale d'une branche de
rhus semialatum plus âgée que la
précédente.

nehmlich: dafs während der Zeit der Vegetation, in den Dicotyledons, sich zwischen der Rinde und dem Holze, einerseits ein feines Gewebe
und dicke Gefäfse entwickeln, welche die Massa
des Holzes vermehren; und anderseits ein
lockeres Zellengewebe, woraus der jedesmalige
Verlust, den tausend äufserliche Ursachen der
Rinde verursachen, ersetzt wird.

Fig. 11. Querschnitt eines jungen Zweiges der
rhus semialatum MURR.

a b *Rinde.* — b c *Holz.* — e d *Mark.* — b e *Bast.* —
f *Eigenthümliche Saftgefäfse.* — g *Neuer Bast, der
sich entwickelt und die eigenthümlichen Saftgefäfse zu
verdrängen strebt.* — h *Grenze des frischen Theils der
Rinde.* — i *Lücken des Markes, welche die Functionen
eigenthümlicher Saftgefäfse verrichten.* — k *Porige
Gefäfse.* — l *Markstreifen.*

Fig. 12. Querschnitt eines Zweiges der Rhus
semialatum, *der älter als obiger ist.*

a b Ecorce. — *b c* Bois. — *c d* Moëlle. — *b e* Liber. — *f* Vaisseaux propres. — *g* Nouveau liber qui resserre insensiblement les vaisseaux propres, et les fait disparaître. — *h* Limite de la partie fraîche de l'écorce. — *i* Zones de gros vaisseaux poreux qui marquent les couches successives du bois. — *k* Rayons médullaires. — *l* Lacunes servant de vaisseaux propres.

N'est-il pas très-probable que lorsque la branche fig. 11, aura acquis la grosseur de la branche fig. 12, les gros vaisseaux propres *f* fig. 11, auront totalement disparu, puisque la branche ne peut grossir que par l'augmentation de la masse du bois, et que celui-ci se compose des différentes couches de liber, qui s'appliquent successivement les unes sur les autres? Cependant si les gros vaisseaux *f*, fig. 11, ne doivent plus exister quand cette branche aura pris les développemens indiqués dans la figure 12, comment se fait-il que nous voyons en *f*, dans cette dernière figure, de gros vaisseaux, semblables à ceux de la fig. 11? Cette objection nous mène à conclure que dans certains

a b Rinde. — b c Holz. — c d Mark. — b e Bast. —
f Eigenthümliche Saftgefäße. — g Neuer Bast, welcher die eigenthümlichen Saftgefäße unmerklich ver-
drängt. — h Grenze des frischen Theils der Rinde. —
i Ringe dicker poriger Gefäße, welche die aufeinan-
der folgenden Holzschichten bezeichnen. — k Markstreifen. — l Lücken, die als eigenthümliche Saftgefäße dienen.

Ist es nicht sehr wahrscheinlich, daß, wenn der
Zweig, Fig. 11, die Dicke des Zweiges, Fig.
12, erreicht hat, die eigenthümlichen Saftgefäße
f, Fig. 11, ganz verschwunden seyn werden, weil
der Zweig nicht anschwellen kann als durch
die Vermehrung der Holzmasse, und diese aus
den verschiednen Bastschichten, welche sich nach
und nach auf einander kleben, gebildet wird?
Wenn indessen das Daseyn der großen Gefäße f,
Figur 11, aufhört, so bald dieser zweig die an-
gezeigte Entwickelung in Fig. 12, erreicht
hat, wie kommt es dann, daß wir in f dieser lezten Figur große Gefäße sehen, die denen in
Fig. 11 ähnlich und gleichartig sind? Dieser
Einwurf leitet uns zu dem Schluß, daß, wäh-

végétaux, tandis que les anciens vaisseaux propres disparaissent sous le liber, il s'en forme
d'autres dans les parties de l'écorce, plus voisines de la circonférence. Ce fait curieux est mis
en évidence fig. 13 et 14.

Un des trois vaisseaux propres, indiqués dans
la fig. 11, est encore dans son premier développement; il est rempli d'un tissu cellulaire fin
et transparent qui n'existe plus dans les autres.
Ces vaisseaux diffèrent donc très-peu des simples lacunes. Mais si l'on y pense sérieusement, sera t'-on éloigné de croire que tout ce
qu'on nomme vaisseaux dans les plantes, soit
autre chose que des lacunes? Je n'ose décider cette question; elle touche, ce me semble,
à l'un des faits les plus importans de l'organisation, considérée d'une manière générale.

Les *rhus tomentosum* L. et *le canadense*
HORT. PAR. dont j'ai fait des dessins anatomiques, donne lieu aux mêmes observations que
le *tiphynum* et le *semialatum*.

rend in einigen Gewächsen die alten eigenthümlichen Saftgefäße, unter dem Baste verschwinden sich andere in den Theilen der Rinde
entwickeln, die dem Umkreis näher liegen. Diese
merkwürdige Thatsache wird in Figur 13 und
14 dargestellt.

Eins der drei eigenthümlichen Saftgefäße in
Fig. 11, ist noch im Anfang seiner Entwickelung,
und ist von einem feinen durchsichtigen Zellengewebe angefüllt, welches in andern nicht mehr
statt hat. Diese Gefäße sind also von den einfachen Lücken sehr wenig verschieden. Denkt
man nun hierüber reiflich nach, wie kann man
dann unwahrscheinlich finden, daß alles, was
man in den Pflanzen Gefäße nennt, sonst nichts
als Lücken ist? Ich wage es nicht über diese Frage zu entscheiden. Sie berührt, meines Erachtens, eine der wichtigsten Thatsachen der Organisation, im allgemeinen betrachtet.

Die Rhus tomentosum *L.* und der canadense
HORT. PAR. von denen ich anatomische Zeichnungen gemacht, geben zu den nehmlichen Bemerkungen Anlaß als der thiphynum und der semialatum.

Fig. 13. Coupe transversale d'une jeune branche de *pistacia terebinthus* L.

a b Ecorce. — *b c* Bois. — *c d* Moëlle. — *b e* Liber. — *f* Vaisseaux propres engagés dans le liber.

Fig. 14. Coupe transversale d'une branche de *pistacia terebinthus* plus agée que la précédente.

a b Ecorce. — *b c* Bois. — *c d* Moëlle. — *b e* Liber, dans lequel on apperçoit déjà les rayons médullaires, et qui est prêt à se transformer en bois. — *f* Vaisseaux propres. — *g* Limite de la partie fraîche de l'écorce. — *h* Zones circulaires de vaisseaux poreux. — *i* Rayons médullaires dont on suit la trace jusque dans le liber.

Fig. 15. Coupe verticale diamétrale de la branche fig. 14.

a b Ecorce. — *b c* Bois. — *c d* Moëlle. — *b e* Liber. — *f* Vaisseaux propres. — *g* Limite de la partie fraîche de l'écorce. — *h* Vaisseaux poreux. — *i* Rayons médullaires.

Fig. 13.   *Querschnitt eines jungen Zweiges der*
Pistacia terebinthus *L.*

a b *Rinde.* — b c *Holz.* — c d *Mark.* — b e *Bast.* —
f *Eigenthümliche Saftgefäße in dem Bast verwickelt.*

Fig. 14.   *Querschnitt eines Zweiges der Pi-*
stacia terebinthus, *älter als der vo-*
rige.

a b *Rinde.* — b c *Holz.* — c d *Mark.* — b e *Bast, in*
welchem man schon die Markstreifen entdekt, und der
auf dem Punkt steht sich in Holz zu verwandeln. — g
Grenze des frischen Theils der Rinde. — h *Ringe pori-*
ger Gefäße. — i *Markstreifen deren Spur man bis in*
Aest sehen kann.

Fig. 15.   *Senkrechter Durchschnitt des Zweiges*
Figur 14, *im Durchmesser.*

a b *Rinde.* — b c *Holz.* — c d *Mark.* — b e *Bast.* —
f *Eigenthümliche Gefäße.* — g *Grenze des frischen*
Theils der Rinde. — h *Porige Gefäße.* — i *Mark-*
streifen.

O

La figure 13 réprésente une très-jeune branche de *pistacia terebinthus*. Les vaisseaux
propres *f* sont engagés dans le liber *b e*, d'où
l'on peut inférer qu'ils ne tarderont pas à disparaître. La fig. 14 qui donne l'anatomie d'une
branche beaucoup plus avancée, offre, à la vérité, des vaisseaux propres en *f*, mais il est évident que ce ne sont par les mêmes vaisseaux
que ceux que nous remarquons fig. 13, puisque
ceux-ci sont dans le liber, et que les autres sont
dans le tissu cellulaire de l'écorce. Ainsi, nul
doute que les premiers vaisseaux propres développés, ne disparaissent, après un tems plus ou
moins long, sous les couches de liber qui se
pressent pour augmenter la masse du bois, et
qu'il ne s'en forme de nouveaux dans la partie
plus extérieure de l'écorce.

Il ne faut cependant pas regarder cette loi
comme générale. Nous avons vu que les réservoirs des sucs propres du *ptelea trifoliata*, figure 3, lettres *g*, *g m*, étaient insensiblement
repoussés à la circonférence et se désséchaient

Figur 13 *ist ein sehr junger Zweig einer Pi-*
stacia terebinthus. Die eigenthümlichen Saftge-
fäfse f sind im Bast b e verwickelt, woraus man
folgern kann, dafs sie bald verschwinden werden.
Fig. 14 *ist die Zergliederung eines mehr*
ausgewachsenen Zweiges, und zeigt in f
eigenthümliche Gefäfse, allein (wie augen-
scheinlich) nicht die nehmlichen, welche man
in Fig. 13 *bemerkt, denn diese sind in dem Bast*
und jene im Zellengewebe der Rinde. Also
ist aufser allem Zweifel, dafs die ersten
entwickelten eigenthümlichen Saftgefäfse nach ei-
niger Zeit unter den sich andrängenden Bastschich-
ten, welche sich haufen um die Massa des Hol-
zes zu vermehren, verschwinden, und dafs im aus-
wendigsten Theil der Rinde sich ganz neue bilden.

Jedoch ist dieses Gesetz nicht als allgemein zu
betrachten. Wir haben gesehn, dafs die Behälter
des eigenthümlichen Saftes der Ptelea trifoliata *Fig.*
3, *Lett.* g, g m, *almählig nach dem Umkreis ge-*
schoben wurden, und vertrockneten, wann sie

quand ils avaient franchi la limite de la partie
fraîche de l'écorce. Je crois que la même chose a lieu dans beaucoup d'espèces, et notamment
dans les arbres verts, tels que les pins et les sapins.

On voit parfaitement bien fig. 13, 14 et 15,
lettre *e*, la forme et la disposition des rayons
médullaires; d'un côté ils aboutissent à la moëlle *c d*, et de l'autre, au liber *b c*.

Le liber *b c*, fig. 14, est sur le point de se
transformer en bois, et déjà, il en offre l'organisation, mais il n'en a pas encore pris toute la
consistance.

L'organisation des jeunes rameaux de l'*amy-
ris polygama* Cav. diffère peu de celle du *pistacia terebinthus*.

Fig. 16. Coupe transversale d'une jeune branche de *periploca græca* L.

a b Écorce. — *b c* Bois. — *c d* Moëlle. — *b e* Li-

über den Rand des frischen Theils der Rinde gekommen waren. Ich glaube das nehmliche hat
in vielen Gattungen statt, und besonders in den
Nadelholzen, z. B. Fichten und Tannen.

Man siehet in Fig. 13, 14 und 15, Lett. i, die
Form und Richtung der Markstreifen sehr deutlich; auf der einen Seite erstrekken sie sich bis
ans Mark c d, auf der andern an den Bast b c.

Der Bast b c, Fig. 14, ist auf dem Punkt sich
in Holz zu verwandeln, und schon zeigt er
dessen Organisation, obgleich er die völlige Festigkeit des Holzes noch nicht angenommen hat.

Die Organisation des jungen Zweiges der Amy-
ris polygama Cav. ist von derjenigen der Pistacia terebinthus wenig verschieden.

Fig. 16. Querschnitt eines jungen Aestes der
Periploca græca. L.

a b Rinde. — b c Holz. — c d Mark. — b c Bast. —

ber. — *f* Vaisseaux propres réunis en faisceaux. — *g*
Vaisseaux poreux. — *h* Lacunes irrégulières formées
dans la moëlle.

Fig. 17. Coupe transversale d'une branche de
periploca græca, plus agée que la
précédente.

a b Ecorce. — *b c* Bois. — *c d* Moëlle. — *k e* Liber. — *f* Vaisseaux propres déssechés, et touchant à
la limite de la partie fraîche de l'écorce. — *g* Zones
de gros vaisseaux poreux — *h* Lacunes irrégulières
de la moëlle. — *i* Vaisseaux poreux formant des lames vasculaires, disposées en diagonales, d'une zone
de gros vaisseaux à l'autre.

Les vaisseaux propres *f*, de *periploca græca*
Fig. 16, diffèrent beaucoup de ceux que nous
avons observés jusqu'ici. Ce sont des paquets
de petits tubes, distribués avec plus ou moins
de régularité, dans le tissu cellulaire de l'écorce. Ils sont blancs, fermes, et se divisent facl-
lement dans leur longueur, en une espèce de
soie plate, forte et brillante.

f Eigenthümliche Saftgefäße in Bundeln. — g Porige
Gefäße. — h Unregelmäßige Lücken im Mark.

Fig. 17. *Querschnitt eines Zweiges der Pe-*
riploca graeca, älter als der vo-
rige.

a b Rinde. — b c Holz. — c d Mark. — b e Bast. —
f Vertroknete eigenthümliche Saftgefäße, wie sie den
frischen Theil der Rinde berühren. — g Ringe gro-
ßer poriger Gefäße. — h Unregelmäßige Lücken des
Markes. — i Porige Gefäße, wie sie dünnen Lagen
von Gefäßen bilden, die in Diagonallinien von ei-
nem Ringe großer Gefäße zum andern laufen.

Die eigenthümlichen Saftgefäße f der Periploca graeca *Fig.* 16, sind von denen welche wir
bis jezt beobachtet haben, sehr verschieden. Es
sind Bündel kleiner Röhren, mit mehr oder weniger Regelmäßigkeit im Zellengewebe der Rinde zerstreut. Sie sind weiß, fast, und lassen
sich gemächlich in eine Art platter, starker und
glänzender Seide ausfasern.

On remarque des vaisseaux semblables dans
l'*asclepias syriaca* L. et dans le *linaria* Cav.;
dans l'*apocynum venetum* L. le *cannabinum* L.
et dans la plûpart des autres plantes de la fa-
mille des Apocynées.

Les vaisseaux propres du *periploca græca*
ne sont pas dans l'ancienne branche, figure 17,
lettre *f*, tels qu'on les observe dans la jeune
branche, figure 16, lettre *f*. En vieillissant ils
se déssechent, se resserrent, et sont rejettés vers
la circonférence. Alors, ils ne servent plus à
conduire le suc propre qui devient rare, et ne
se montre que dans les gros vaisseaux poreux
k de la partie du bois voisine du liber *b e*; encore ne s'y montre-t-il qu'en petites quantités, et
de distance en distance. Les lacunes de la
moëlle, qui donnent ce suc, dans la jeune branche, n'en produisent pas dans l'ancienne. Les
vaisseaux de cette dernière ne contiennent guère qu'une sève aqueuse. C'est uniquement
dans les branches vertes que les sucs propres
s'élaborent. Cette observation confirme ce que

Man entdekt ähnliche Gefäße in der Asclepias
syriaca L. in der Linaria Cav. in dem Apocynum
venetum L. dem Cannabinum L. und in den meisten
andern Pflanzen der Apocynen Familie.

Die eigenthümlichen Saftgefäße der Periploca
græca sind im alten Aest, Fig. 17, Litt. f, nicht
so, wie man sie im jungen, Fig. 16, Litt. f,
bemerkt. Wenn sie älter werden, vertrocknen
sie, ziehen sich zusammen und werden nach dem
Umkreis geschoben. Nun dienen sie nicht mehr
um den eigenthümlichen Saft zu leiten, der weniger wird, und der sich nur noch in den grofsen
porigen Gefäfsen k im Holze, beim Bast b e
zeigt; auch erscheint er da nur noch in geringen
Quantitäten, und zwar von Abstand zu Abstand.
Die Lücken im Mark, welche in den jungen Aesten, diesen Saft enthalten, sind in den alten dann
entblofst. Die Gefäfse dieser leztern enthalten blofs einen wäfserigen allgemeinen Baumsaft.
Nur in den grünen Aesten bearbeitet sich der eigenthümliche Saft. Diese Bemerkung bestätigt was ich

j'ai dit autre part de la différence qui existe entre les sucs propres et le cambium; si ces
fluides étaient identiques, il est clair que, comme il se forme du bois dans les vieilles tiges,
il y existerait des sucs propres aussi bien que
dans les jeunes, ce qui n'a pas lieu pour le
periploca græca.

Le bois du *periploca græca* est d'un tissu
tendre et lâche; il n'a pas à proprement parler, de rayons médullaires, c'est-à-dire, de cellules alongées dans la direction du centre à la
circonférence; mais il offre de distance en distance, des rangées de vaisseaux (fig. 17 lettre
i) placés les uns à côté des autres, et formant
des lames vasculaires, qui coupent oblique-
ment les couches ligneuses dans leur épaisseur.
Chaque couche ligneuse est séparée de la suivante par une zone *g* de très-gros vaisseaux.
Tous ces vaisseaux sont criblés de pores, et par
conséquent, il y a une communication établie des
uns aux autres, et par eux tous, du centre à la
circonférence.

anderwärts von dem Unterschiede zwischen den
eigentlichen Säften und dem Cambium, gesagt
habe. Wenn diese Flüssigkeiten einerley Art
waren, so ist klar, dafs, da die alten Aeste
Holz bilden, in diesen so wohl als in den jungen, eigenthümliche Säfte vorhanden seyn mufs-
ten, welches in der Periploca græca nicht statt
hat.

Das Holz der Periploca græca ist von weichem
und schlaffen Gewebe; es hat, eigentlich gesagt,
keine Markstreifen, das heifst, keine aus dem
Centrum nach dem Umkreis hin laufende verlängerte Zellen; allein man sieht darin von Abstand
zu Abstand, Reihen von Gefäfsen (Fig. 17 Litt.
i) die neben einander hinlaufen und dunnen Gefäfs-
artigen Lagen bilden, welche die Holzschichten in
ihrer Dicke schräg durchschneiden. Jede Holzschichte ist von der folgenden durch einen Ring g
sehr gröfser Gefäfse geschieden. Alle diese Gefäfse sind von Poren durchschlagen, und folglich herrscht eine Gemeinschaft der einen zu den
andern, und durch sie alle, aus dem Centrum
nach dem Umkreis hin.

On trouve des trachées autour de la moëlle.

Le suc propre du *periploca græca* est blanc.
Vu au microscope, on remarque qu'il est mêlé
à un autre suc aqueux et transparent, qui paraît
être la sève de la plante. La sève pénètre-t-el-
le donc, en état de sève, dans les vaisseaux propres ? c'est ce qu'il faudrait examiner.

Fig. 18. Coupe transversale d'une branche de
nerium oleander L.

a b Ecorce. — *b c* Bois. — *c d* Moëlle. — *d e* Liber. — *f* Paquets de vaisseaux propres de l'espèce
que j'ai nommée *fasciculaires*.

Le *nerium oleander* présente dans son écorce, une zone de paquets de vaisseaux propres,
disposés irrégulièrement, et c'est en quoi cette
plante apocynée diffère surtout des précédentes,

Man findet ringsum den Mark Trachéen.

Der eigenthümliche Saft der Periploca græca *ist weis. Durch den Mirkoskop gesehen, bemerkt man dafs er mit einem andern wässerigen und durchsichtigen Saft gemischt ist, welcher der allgemeine Pflanzensaft zu seyn scheint. Sollte nun wohl diezer lezte in diese ihre Qualität in die eigenthümlichen Gefäfse dringen? Dieses verdient untersucht zu werden.*

Fig. 18. Querschnitt eines Zweiges des Nerium oleander *L.*

a b *Rinde.* — b c *Holz.* — c d *Mark.* — d e *Bast-schichte.* — f *Bündel eigenthümlicher Gefäfse von der Gattung die ich* Bundgefäfse *genannt habe.*

Der Nerium oleander *zeigt in seiner Rinde einen Ring von Bündeln eigenthümlicher Ge-fäfse, die unregelmäfsig zerstreut sind, und hier-in ist diese Pflanze hauptsächlich von den*

dont les vaisseaux propres sont régulièrement
placés sur une seule ligne, autour du liber.

Le suc propre du *nerium* est peu abondant,
visqueux, sans couleur. Les vaisseaux du bois
sont très-petits.

La coupe transversale des tiges du *vinca major*
L., du *minor* L., et du *rosea* L., offre les caractères réprésentés dans la figure 18.

Fig. 19. Coupe transversale d'une branche du
sapium laurocerasum Desf. plante très-
voisine de l'*hippomane biglandulosa*.

a b Ecorce. — *b c* Bois. — *c d* Moëlle. — *b e* Liber. — *f* vaisseaux propres très-fins.

Les vaisseaux propres de ce *sapium* sont, à
ce qu'il m'a paru, de petits tubes réunis en
faisceaux et semés, çà et là, dans le tissu cellulaire de l'écorce; je les considère donc com-

den vorigen verschieden, deren eigenthümliche Gefäße in einer einzigen Linie ringsum den Bast, regelmäßig geordnet sind.

Der eigenthümliche Saft des Nerium ist wenig, klebrig und farbenlos. Die Gefäße des Holzes sind sehr klein.

Der Querschnitt des Aestes der Vinca major L, *des* minor L, *und des* rosea L, *zeigt die Karaktere, in Figur* 18 *vorgestellt.*

Fig. 19. *Querschnitt eines Zweiges der* Sapium Laurocerasum Desf. *Pflanze die der* Hippomane biglandulosa *sehr nahe kommt.*

a b *Rinde.* — b c *Holz.* — c d *Mark.* — b e *Bast.* — f *Sehr feine eigenthümliche Gefäße.*

Die eigenthümlichen Gefäße dieses Sapium *sind, wie mir geschienen, kleine in Bündel vereinigte Röhren, hin und wieder im Zellengewebe der Rinde zerstreut. Ich betrachte sie also als eigenthümli-*

mé des vaisseaux propres fasciculaires. Leur finesse les soustrait souvent aux recherches de l'observateur. Il semblerait qu'à mesure qu'ils seraient repoussés vers la circonférence, il s'en produirait de nouveaux au voisinage du liber. Les gros vaisseaux du bois sont poreux. Les rayons médullaires sont très-visibles.

Fig. 20. Coupe transversale d'une tige d'*urtica urens* L.

a b Ecorce. — *b c* Bois. — *c d* Moëlle. — *b e* Liber. — *e f* Couche de vaisseaux qui donnent de la filasse. — *g* Vaisseaux poreux. — *h* Trachées, environnant la moëlle.

Je ne puis affirmer que l'*urtica urens* ait des vaisseaux propres; cependant, j'incline à croire que la couche vasculaire *e f*, est composée de tubes de cette nature. Ils forment des faisceaux séparés les uns des autres, par des lames minces de tissu cellulaire. La filasse que l'on extrait

che Bündelgefäße. Ihre Kleinheit entzieht sie
oft den Nachsuchungen des Beobachters. Und es
scheint, dafs, nach Mafse sie nach dem Umkreis
gedrängt werden, sie sich in der Nähe des Basts
erneuern. Die grofsen Gefäfse des Holzes sind
porig, und die Markstreifen sehr sichtbar.

Fig. 20. Querschnitt eines Stängels der Urtica
urens *L.*

a b *Rinde.* — b c *Holz.* — c d *Mark.* — b e *Bast.* —
e f *Gefäfsschichten, die eine Art von Flachs geben.* —
g *Porige Gefäfse.* — h *Trachéen, welche das Mark*
umringen.

Ich kann nicht bestimmen ob die Urtica urens
eigenthümliche Saftgefäfse habe. Ich bin jedoch
geneigt, es dafür zu halten, dafs die Gefäfsschich-
te e f aus solchen bestehe. Sie bilden Bündel, die
durch dünne Lagen Zellengewebes von einander
getrennt sind. Der Nesselflachs ist nichts an-

de l'ortie n'est autre chose que ces vaisseaux divisés dans leur longueur, en fils très-déliés. Je m'en suis assuré en observant séparément les trois couches *a f*, *f e* et *e b*, qui composent l'écorce.

La croissance des herbes s'opère par les mêmes moyens que celle des arbres. Il se forme successivement, à la partie intérieure de l'écorce, plusieurs couches de liber, qui se développent et se convertissent en bois ; cela est visible dans l'*urtica urens*, et dans le *cannabis sativa*.

Le *liber*, je l'ai dit ailleurs, *est dans le végétal ligneux, une véritable plante herbacée, qui se reproduit chaque année, à la superficie du bois dont les vaisseaux sont endurcis et la croissance est terminée* (*). Mais dans la plante annuelle, aux approches de l'hiver, le liber, si je puis ainsi m'exprimer, meurt sans postérité, les diverses parties se déssechent et deviennent incapables

---

(*) Mémoire sur les fluides contenus dans les végétaux, Ann. du Mus. d'H. Nat. Tom. 7, pag. 274.

ders als diese Gefäfse, die in ihrer Länge sich in sehr lose Fäden auflösen. Ich habe mich hievon überzeugt, indem ich die drei Schichten a f, f e *und* e b, *welche die Rinde bilden, jede einzeln beobachtet habe.*

Der Wachsthum der Kräuter wird auf denselben Art als bei den Bäumen zu wege gebracht. Nach und nach setzen sich mehrere Bastschichten an der inwendigen Seite der Rinde an, entfalten sich, und werden zu Holz; dieses ist in der Urtica urens *und in der* Cannabis sativa *sichtbar.*

Die Bastschichte ist, wie ich anderswo gesagt habe, im Holzgewächs eine wahre krautartige Pflanze, die sich jedes Jahr auf der Oberfläche desjenigen Holzes erneut, dessen Gefäfse verhartet sind, und deren Wachsthum vollendet ist (*). Allein in den jährlichen Planzen stirbt der Bast bei der Annäherung des Winters, um mich so auszudrücken, ohne Nachkommenschaft: die ver-

---

Memoir über die Flüssigkeiten in den Gewächsen Ann. du Mus. Th. 7 Pag. 274.

de toute espèce de mouvement organique, et la
force vitale s'éteint sans retour.

Fig. 21. Coupe transversale de la partie inférieure de la tige du *cannabis sativa* L.

a b Écorce. — *b c* Bois. — *c d* Moëlle. — *b e* Liber. — *f* Vaisseaux propres fasciculaires, qui donnent de la filasse. — *g* Vaisseaux poreux. — *h* Rayons
médullaires. — *i* Trachées environnant la moëlle.

L'écorce contient des paquets de vaisseaux
propres, disposés avec symétrie, et qui paraissent se multiplier à mesure que la plante se développe. Le suc propre est tant-soit-peu verdâtre, et d'une saveur acerbe. Les gros vaisseaux *g*, épars dans le bois, sont inégaux, tortueux et percés de pores. Il semblerait que ces vaisseaux seraient des lacunes produites par le resserrement du tissu environnant. Ce tissu est évidemment composé de cellules très-allon-

schiedenen Theile vertrocknen, werden für jede
organische Bewegung unfähig, und die Lebenskraft erlöscht auf immer.

Fig. 21. Querschnitt des inwendigen Theils
eines Stängels der Cannabis sa-
tiva L.

a b Rinde. — b c Holz. — c d Mark. — b e Bast. —
f Bündel eigenthümlicher Gefäße, aus denen der
Flachs entsteht. — h Markstreifen. — i Tracheen,
wie sie das Mark umringen.

Die Rinde enthält Bündel eigenthümlicher Gefäße, regelmäßig geordnet; und die sich zu
vermehren scheinen, nach Maße die Pflanze sich
entwickelt. Der eigenthümliche Saft geht etwas
ins grünliche, und hat einen herben Geschmack.
Die großen Gefäße g, im Holz zerstreut,
sind von ungleicher Größe, gewunden, und mit Poren durchschlagen. Es scheint beinahe als ob sie
den Dienst derjenigen Lücken leisten, welche
durch das Zusammenziehen des umliegenden

gées et durcies. Les rayons médullaires sont criblés de pores qui établissent la communication avec les gros vaisseaux et facilitent la marche des fluides. Il y a, autour de la moëlle, une grande quantité de trachées à triple et à quadruple spirales. Le tissu médullaire offre une large lacune centrale.

L'humulus lupulus L. a des vaisseaux propres, qui contiennent un suc un peu verdâtre comme celui du *cannabis*, et qui paraissent aussi de nature à donner de la filasse.

Les trachées, dans les plantes dicotylédones, sont constamment situées autour de la moëlle. Ce fait renverse à la fois, deux opinions opposées, qui partagent les physiologistes. Les uns soutiennent que la lame spirale des trachées, venant à se souder en plusieurs points de sa longueur, par l'effet de la nutrition, il en résulte de fausses-trachées et des vaisseaux poreux; les autres répondent que ce sont au contraire ces

Gewebes hervorgebracht werden. Dieses Gewebe
ist offenbar aus sehr verlängerten und verhärte-
ten Zellen gebildet. Die Markstreifen sind von
Poren durchlöchert, welche die Gemeinschaft mit
den großen Gefäßen öffnen, und den Gang der
Flüssigkeiten erleichtern. Um das Mark liegen
eine große Menge Trachéen, mit zwey- und drei-
fachen Spiralen. Das Markgewebe zeigt sich wie
eine breite centrale Lücke.

Die Humulus lupulus *L.* hat eigenthümliche
Gefäße, die einen etwas grünlichen Saft, wie
der in der Cannabis, enthalten, und welche auch
von einer flachsartigen Natur zu seyn scheinen.

Die Trachéen in den Pflanzen der Dicotyledons sind beständig um das Mark her geordnet.
Diese Thatsache widerlegt zugleich zwey streiti-
ge Meinungen, über welche die Physiologen sich
theilen. Die einen behaupten, daß, indem das
Spiralstreifchen der Trachéen durch den Erfolg
der Nährung, auf verschiedenen Punkten
seiner Länge sich zuklebe, die falschen
Trachéen und porigen Gefäße daraus ent-

derniers vaisseaux qui se changent en trachées, parceque les fentes dont ils sont coupés, s'aggrandissent à mesure que le végétal vieillit. Ni l'une, ni l'autre opinion n'est admissible. En effet, si les vaisseaux poreux f, fig 21, se transforment en trachées, il est clair qu'on devrait trouver des trachées dans le bois; et si ces mêmes vaisseaux poreux f étaient primitivement des trachées, il n'est pas moins évident qu'on devrait trouver des trachées dans le liber : et jamais le liber et le bois ne contiennent de trachées; ces vaisseaux sont toujours vers le centre du végétal, et l'âge et la nutrition ne changent point leur nature. J'ai déjà fait cette remarque autre part; mais dans les sciences aussi bien que dans la morale, il faut répéter les vérités fondamentales, jusqu'à ce qu'elles soient devenues vulgaires.

stehen; die andern erwiedern, daſs im Gegentheil diese leztern Gefäſse sich in Trachéen verwandeln, weil die Spalten von denen sie eingeschnitten sind, sich erweitern, nach Maſse das Gewächs älter wird. Weder die eine noch die andere Meinung ist annehmlich: denn, wenn die porigen Gefäſse f, Fig. 21, sich in Trachéen verwandelten, so ist klar, daſs man im Holz Trachéen finden müſste; und wenn diese nehmlichen porigen Gefäſse f ursprünglich Trachéen wären, so ist nicht minder deutlich, daſs man im Bast solche finden müſste. Allein nie enthalten weder der Bast noch das Holz Trachéen. Diese Gefäſse befinden sich immer im Centrum des Gewächses, und weder Alter noch Nährung verändern ihre Natur. Ich habe schon an einem andern Orte diese Bemerkung gemacht; allein, in den Wissenschaften sowohl als in der Moral, muſs man die Grundwahrheiten so oft wiederholen, bis sie sich von selbst darbieten.

Fig. 22. Coupe verticale de la tige de l'*asclepias syriaca*.

a b Ecorce. — b c Bois. — *c d* Moëlle. — *e* Vaisseaux propres fasciculaires. — *f* Lacunes de la moëlle
remplissant les fonctions de vaisseaux propres. — *g*
Trachées environnant la moëlle. — *h* Vaisseaux poreux. — *i* Tissu cellulaire ligneux criblé de pores.

Cette plante n'a point de rayons médullaires.
Je n'en ai pas observé non plus dans l'*euphorbia characias*, et dans le *platiphyllos*; mais le
tissu ligneux de ces *euphorbes*, aussi bien que
celui de l'*asclepias syriaca* est tout criblé de
pores.

On voit en *i*, fig. 22, la forme du tissu cellulaire ligneux. La lettre *k* indique les cloisons qui
séparent les cellules. Ce tissu est ici d'une
grande régularité, il ressemble à des séries de
petits tubes parallèles, placés les unes au-dessus des autres. En ne considérant que la coupe

Fig. 22. *Senkrechter Schnitt des Stängels der*
Asclepias syriaca.

a b *Rinde.* — b c *Holz.* — c d *Mark.* — e *Eigenthümliche Gefäße in Bündeln.* — f *Lücken des Markes, wie sie die Verrichtungen der eigenthümlichen
Gefäße leisten.* — g *Trachten, wie sie das Mark
umgeben.* — h *Porige Gefäße.* — i *Holziges Zellengewebe von Poren durchschlagen.*

*Diese Pflanze hat keine Markstreifen; auch
habe ich deren keine in der* Euphorbia *characias und der* platiphyllos *bemerkt; das Holzgewebe dieser* Euphorbia *aber, wie auch das
der* Asclepias syriaca, *ist ganz von Poren durchlöchert.*

Man sieht in i, *Fig.* 22, *die Form des holzigen
Zellengewebes, wo* k *die Zwischenwände anzeigt, welche die Zellen scheiden. Dieses
Gewebe ist hier sehr regelmäßig, und Reihen
kleiner parallel laufender und über einander
aufgebauter Röhren ähnlich. Indem man bloß den*

transversale de cet *asclepias*, on croirait peut-
être qu'il a des rayons médullaires ; mais je dois
prévenir que les rayons qu'on observe sur la
coupe transversale de la plupart des dicotylédons ne sont pas toujours formés par un tissu
cellulaire, alongé du centre à la circonférence.
Il suffit, pour que ces lignes se montrent, que
le tissu ligneux ait des veines de différentes
densités, ou que le plan de la coupe transversale passe au niveau de séries de cloisons, telles que celles que j'ai indiquées fig. 22, lettre *l*.

On peut conjecturer que cette grande quantité de pores qui couvrent le tissu, facilite le passage des fluides, autant que le feraient des
rayons médullaires.

Il est digne de remarque que plusieurs physiologistes, qui prétendent que je me suis trompé en décrivant des cellules et des vaisseaux
poreux, conviennent en même tems qu'on ne
peut nier l'existence des pores. Ils ajoutent,

Querschnitt dieser Asclepias betrachtet, könnte man vielleicht glauben, sie habe Markstreifen; allein ich muß erinnern, daß die Streifen, welche man auf dem Querschnitt der meisten
Dicotyledons bemerkt, nicht immer aus einem
Zellengewebe entstehen, welches sich aus dem Centrum nach dem Umkreis dehnt. Zur deutlichen
Ansicht dieser Linien ist es hinreichend, daß
das holzige Gewebe Adern von verschiedener Dich-
tigkeit hat, oder daß die Fläche des Quer-
schnittes mit der Oberfläche einer Reihe Schei-
dewänden gleichkomme, wie ich in I, Fig. 22, angezeigt habe.

Man kann annehmen daß diese große Menge
Poren, welche das Gewebe überdecken, den Gang
der Flüssigkeiten so gut befördern, als es die
Markstreifen thun würden.

Es verdient bemerkt zu werden, daß mehrere
Physiologen, welche behaupten daß ich mich
sollte betrogen haben, wenn ich porige Zellen
und porige Gefäße beschriebe, zu gleicher Zeit
eingestehen, daß man das Daseyn der Poren nicht

il est vrai, que ces pores ne sont pas visibles.
Singulier raisonnement que celui qui m'accorde
que ma théorie est juste, et soutient, cependant, que je n'ai pas vu les faits sur lesquels
je la fonde !

Si l'on réfléchit sur les descriptions anatomiques que je viens de donner, et que l'on con-
sulte les dessins que j'y joins, on jugera que
mon travail, tout resserré qu'il est en apparence,
ne se borne pas à quelques observations sur les
vaisseaux propres et le liber; mais qu'il embrasse
presque tout ce qui a rapport à l'organisation
des tiges des dicotylédons. En effet, je dé-
cris et je représente sous différents aspects, et
d'après des végétaux de familles bien distinctes,
la moëlle, le bois, l'écorce, et leurs modifications. On voit les lacunes qui se forment dans
la moëlle, et les trachées qui l'environnent
comme ferait un étui; les rayons médullaires
qui partant des couches les plus intérieures
du bois, se rendent dans le liber et s'évanouis-
sent en approchant de la partie cellulaire de

leugnen kann. Es ist wahr, sie fügen hinzu, diese
Poren seyen nicht sichtbar. Ein sonderbarer Wider-
spruch, der meine Theorie für wahr erkennt, und
doch zugleich behauptet, ich habe die Thatsachen
nicht gesehn auf die ich sie gründe!

Wenn man über die anatomischen Beschreibungen, welche ich gegeben, nachdenkt, und die
beigefügten Kupfer zu Rathe ziehet, so wird man
finden, dafs meine Arbeit, wie kurzgefafst auch,
nicht blos auf einige Wahrnehmungen über die
eigenthümlichen Saftgefäße und den Bast be-
schränkt ist; sondern dafs sie fast alles umfafst,
was auf die Organisation der Stämme der Dicotyledons Bezug hat. In der That umschreibe und
stelle ich in verschiedenen Ansichten, das Mark,
das Holz, und die Rinde, mit ihren Modificationen,
nach Gewächsen verschiedener Art und Familien,
vor. Ich zeige die Lücken die sich im Mark bilden, und die Trachéen, die es wie ein Futteral
umgeben; die Markstreifen die aus den inner-
sten Holzschichten in den Bast auslaufen, und
indem sie sich dem zelligen Theile der Rinde

l'écorce ; les vaisseaux poreux, d'un calibre plus ou moins grand, tantôt semés sans ordre, tantôt distribués avec symétrie et formant des zones circulaires qui partagent le bois en des couches concentriques ; les cellules, qui constituent la masse du corps ligneux, fermes, élastiques, opaques, semblables à de petits cubes, et quelquefois percées de pores ; l'aubier, qui ne diffère du bois qu'en ce que son tissu est un peu moins serré ; le liber, dont la trame est plus lâche ; enfin, l'écorce extérieure, où s'élaborent les sucs propres, où paraissent et disparaissent successivement les vaisseaux qui les contiennent, et qui détruite, sans cesse, à la circonférence, se renouvelle sans cesse intérieurement. Comme j'ai souvent représenté la branche à deux différentes époques de croissance, on apperçoit d'un coup d'œil, les changements produits par l'âge et la végétation.

Dans ce système d'organisation tout est sim-

*nähern, sich verlieren; die eigenthümlichen Saft-
gefäfse von mehr oder minderer Weite, bald
ohne Ordnung zerstreut, bald mit Symmetrie geordnet, und Gürtel daraus gebildet, welche das
Holz in concentrische Schichten abtheilen; die
Zellen, welche die Massa der holzigen Körper
ausmachen, und fest, elastisch, undurchsichtig,
kleinen Röhren gleich, und oft von Poren durchlöchert sind; der Splint (l'Aubier), welcher vom
Holz nur in so fern sich unterscheidet, dafs sein
Gewebe weniger dicht ist; der Bast, dessen Grund-
gewebe noch lockerer is; endlich die äussere
Rinde, in der sich die eigenthümlichen Säfte be-
arbeiten, worein die Gefäfse, welche sie enthalten, abwechselnd erscheinen und verschwinden,
und die auf dem Umkreis immer vernichtet,
sich im Innern immer aufs neue bildet. Da ich
den Zweig mehrmals in zwei verschiedenen Zeiten
des Wachsthums vorgestellt habe, so bemerkt man
mit einem einzigen Blick die Veränderungen, welche das Alter und die Wirkung der Vegetation
darin hervorbringen.*

In diesem Organisationssystem ist alles einfach,

ple, les modifications sont faciles à saisir, et
les faits sont étroitement liés les uns aux autres. Ce n'est cependant pas ainsi que l'on
considère communément l'anatomie végétale.
Plusieurs naturalistes cédant à l'envie d'établir des rapprochemens entre les animaux et
les plantes, ont imaginé, sur la foi de trom-
peuses analogies, des systèmes compliqués,
que réprouve une saine philosophie et que
renversent l'expérience et l'observation. Les
uns prétendent que les plantes ont des fibres,
un tissu cellulaire, et des vaisseaux distincts
comme les animaux, et ils supposent que
l'union des parties a lieu de la même manière,
dans l'une et l'autre classes du règne organique ; d'autres décident, contre l'expérience,
que la sève circule de même que le sang ; ils
décrivent les veines garnies de valvules, et
les artères, qui existent selon eux, dans l'intérieur du végétal ; d'autres encore veulent que
les plantes ayent des vaisseaux aériens, espèces
de poumons, à peu près semblables aux trachées des insectes, et ils se figurent que cette

die Modificationen sind äusserst fafslich, und
die Thatsachen greifen in ein ander. Indessen
betrachtet man gewöhnlich die Anatomie der Gewächse nicht so. Mehrere Naturforscher, ver-
führt durch eine Neigung um zwischen dem Thiere und Gewächse, Uebereinstimmungen und Gleich-
förmigkeiten zu finden, haben auf trügerische
Analogien hin, verwickelte Systeme erdacht, welche eine gesunde Philosophie verwirft, und die
durch Erfahrung und Wahrnehmung gestürzt
werden. Die einen behaupten, die Pflanzen haben Fibern, Zellengewebe, und auf sich-selbst
bestehende Gefäße wie die Thiere, und sie
setzen voraus, dafs die Vereinigung der Theile,
in beiden organischen Reichen auf gleiche Art
Statt finde; andere entscheiden, der Erfahrung
zuwider, der Baumanft habe den nehmlichen
Umlauf wie das Blut; sie beschreiben Adern mit
Klappen, und Schlagadern im Innern der Gewächse; noch andere wollen, dafs die Pflanzen
Luftgefäße, (eine Art Lungen), fast wie die
Lufträhren der Insecten, haben; und sie meinen,
dafs die ausserordehtliche Menge Baumsaft, welche

énorme quantité de sève, qui monte avec une
force si prodigieuse jusqu'au sommet des plus
grands arbres, fait son ascension dans l'intérieur d'un fil spiral, dont souvent l'épaisseur
n'égale pas la quatre-centième partie d'un millimètre, et qui, s'il faut les en croire, environne un tube membraneux rempli d'air. Mais
combien tous ces systêmes sont éloignés de la
Nature !

Avant de vouloir expliquer les phénomènes
physiologiques, il faut connaître l'organisation.
On croit qu'il est très-difficile de l'étudier ;
je le pense ainsi ; mais je ne doute pas que
la plupart des difficultés que l'on rencontre
ne vienne de la disposition d'esprit avec laquelle on fait les observations. On s'opiniâtre
à trouver dans les plantes, un systême organique très-composé, quand tout se réduit, en
dernière analyse, à un simple tissu cellulaire.

Le tissu cellulaire, dis-je, est l'organe essentiel des végétaux ; les autres organes ne sont

mit einer so erstaunenswerthen Kraft bis in den Gipfel der höchsten Bäume steigt, seine Aufsteigung im Innern eines Spiralröhrchen verrichte, dessen Weite oft keinen vierhundersten Theil eines Milimetres beträgt, und das, wenn man ihnen Glauben beimeſst, eine häutige, mit Luft angefüllte Röhre, umgeben soll. Allein wie sehr sind nicht alle diese Systeme von der Natur entfernt!

Ehe man Physiologische Erscheinungen erklären will, muſs man mit der Organisation bekannt seyn. Man glaubt es sey sehr schwer, diese zu ergründen; ich bin auch dieser Meinung; in dessen bin ich gewiſs, daſs die meisten Schwierigkeiten, welche uns aufstoſsen, aus der Geistesanlage entspringen, in der man Beobachtungen anstellt. Man hat sich einmahl in den Kopf gesezt, in den Pflanzen ein sehr zusammengeseztes System von Organen zu finden, wo doch alles auf ein einfaches Zellengewebe niederkommt.

Das Zellengewebe macht (und dieses ist, was ich sagen will) das wezentliche Organ der

que des modifications de celui-ci. Les petits tubes sont des cellules très-alongées; les grands tubes et les lacunes sont des cavités formées dans le tissu cellulaire; l'épiderme est le terme de ce tissu. Le végétal dont l'organisation est la plus compliquée, c'est-à-dire, celui dont l'organisation comprend toutes les modifications possibles du tissu cellulaire, est un être très-simple auprès de l'animal placé au plus bas dégré de l'échelle des êtres doués de sensibilité; et le végétal qui, tel que le champignon, le lichen, le fucus, n'offre dans son organisation qu'un tissu cellulaire plus ou moins alongé, est sans contredit, l'être le plus simple de tout le règne organique.

*Vegetabilien aus; die andern Organen sind nur
Modificationen dieses algemeinen Organs. Die
kleinen Röhren sind sehr verlängerte Zellen; die
grofsen Röhren und die Lücken sind, im Zellengewebe gebildete leere Räume oder Aushöh-
lungen; das Oberhäutchen (l'Epiderme) ist das
äusserste dieses Gewebes. Das Vegetal dessen
Organisation am zusamgescztesten ist, das
heifst, dessen Organisation alle nur mögliche
Modificationen des Zellengewebes enthält, ist
noch ein sehr einfaches Wesen, wenn man es dem
Thier auf der tiefsten Stufe der empfindsamen Geschöpfe zur Seite sezt; und das Gewächs, welches, wie der Pils oder Erdschwamm (Champignon), das Lungenmoos (Lichen), und das Meer-
gras (Fucus), nur aus einem mehr oder weniger
verlängerten Zellengewebe gebildet, ist un-
wiedersprechlich, das einfachste Wesen im Pflan-
zenreich.*

THÉORIE DE L'AUTEUR,

CONFIRMÉE PAR LES

OBSERVATIONS DE Mr. RUDOLPHI:

Lettre du Docteur BILDERDYK *à Mr.* MIRBEL.

THÉORIE DES VERFASSERS,

BESTÄTIGT

DURCH DIE BEOBACHTUNGEN DES Hr. RUDÓLPHI.

Brief des Doctor BILDERDYK *an Herrn* MIRBEL.

Le Docteur BILDERDYK *à Mr.* MIRBEL. (*)

De Leyde, ce 20 décembre 1807.

MONSIEUR!

Vous avez désiré que je vous fisse connaître l'ouvrage de Mr. Rudolphi; je me suis occupé sur le champ de le lire, et je vais vous en donner une analyse aussi fidéle qu'il me sera possible. Je regrette, Monsieur, que vous ne m'ayez pas également employé, lorsque vous avez voulu vous instruire de la manière dont Mrs. Tréviranus, Sprengel et Bernhardi ont considéré l'organisation végétale. Je m'assure que si vous eussiez été mieux informé de ce que contiennent les livres de ces savans, vous ne vous fussiez pas borné à la défensive, mais que vous eussiez voulu faire la guerre sur leur propre terrain et à leurs dépens. Au reste, il y a compensation; car si d'une part, vous n'attaquez pas directement leurs principes, de l'autre, vous affermissez mieux ceux qui font la base de votre théorie.

Vous ne connaissez encore, Monsieur, le livre de Mr. Rudolphi que par certains passages dans lesquels ce savant vous traite d'une manière peu polie; c'est pure inadvértance de sa part, et vous auriez tort d'y prendre garde. Il y a une chose qui doit vous intéresser d'avantage; c'est la suite d'observations que contient son ouvrage, et qui vient tellement à l'appui de ce que vous avez dit, qu'il est impos-

---

(*) Je donne la traduction de cette lettre, en langue allemande, afin de pouvoir rapporter le texte même de l'ouvrage du docteur Rudolphi. B.

Der Doctor BILDERDYK *an Herrn* MIRBEL. (*)

Leiden, 20 December 1807.

MEIN HERR!

*Sie wünschen die Rudolphische Abhandlung kennen zu
lernen: ich habe mich mit selbiger beschäftigt und will
Ihnen darüber getreu Bericht erstatten. Ich bedaure,
dass, wenn Sie sich über die Treviranischen, Sprengel-
schen, und Bernhardischen Meinungen in Ansicht der
Pflanzenorganisation benachrichtigen wollten, Sie sich
nicht gleichfalls an mich gewendet haben; und ich bin
gewiss, hätten Sie die Schriften dieser Gelehrten gehörig benuzt, so würden Sie, statt eine Vertheidigungs-
schrift zu entwerfen, vielleicht diesen Herrn mit einem
offensif-Kriege über den Hals gekommen seyn. Jedoch
es ist einerlei; angenommen, Sie bestreiten die Ihnen
entgegengesezten Principes nicht völlig richtig, so ge-
winnen die Ihrigen jedoch an Festigkeit und Unerschüt-
terlichkeit.*

*Bis jezt kennen Sie die Arbeit des Herrn Rudolphi
nur durch gewisse Stellen in denen er etwas ungezogen
mit Ihnen verfährt; dieses aber ist eine kleine Unbesonnenheit, worauf nicht zu achten. Allein etwas
ganz anderes muss Ihnen wichtiger seyn; dieses ist die
Reihe von Beobachtungen, welchen seine Arbeit darbietet, und die Ihre Theorie so kräftig bestätigen, dass*

(*) Ich gebe dieses Schreiben auch im Deutschen, damit ich
die eigenen Wörter des Herrn Rudolphi anbringen könne.

sible, à mon sens, de ne pas adopter vos principes, quand
on a lu l'ouvrage de Mr. Rudolphi avec attention. Il semble
que ce physiologiste ait eu pour but principal de faire
triompher votre doctrine; et s'il s'écarte quelquefois de
votre opinion, ce n'est guère que dans des faits de peu
d'importance ou dans des apperçus hypothétiques, que
l'on peut considérer comme la partie systématique de
la science. Les exemples ne nous manqueront pas, et
j'en négligerai beaucoup afin d'abréger; mais si vous le
désirez, Monsieur, je vous fournirai tous les renseignemens
nécessaires, non seulement pour que vous puissiez rendre
votre défense plus complète, dans vos notes justificatives;
mais encore, pour que vous jugiez par vous même, de l'état
présent de la science en Allemagne. Dans le parallèle que
je vais établir entre vos principes et ceux de Mr. Rudolphi,
je n'avancerai rien qui ne soit extrait textuellement de vos
ouvrages, ou qui n'en donne une analyse si rigoureuse que
votre censeur lui-même ne pourra se refuser à l'évidence.

Je distribue mon travail en deux colonnes; dans la colonne à gauche j'expose vos opinions; dans l'autre colonne
je donne celles de Mr. Rudolphi; je marque, des deux
côtés, (par un changement de caractères typographiques)
les points sur lesquels vous différez l'un de l'autre.

NB. *T.* signifie Traité d'Anatomie et de Physiologie végétales
ou Histoire générale et particulière des plantes. — *H.* Histoire générale et particulière des plantes. — *A.* Annales du Museum d'histoire naturelle. — *J. d. Ph.* Journal de Physique, tome 52. —
Th. G. (Théorie Générale.) Idées qui sont une conséquence de la
théorie, ou même qui sont évidemment contenus dans l'ouvrage,
quoique exprimées en d'autres termes.

es, meines Erachtens, unmöglich ist, Ihrem System
nicht bey zu treten, so bald man die Rudolphische Schrift
wohl durchdacht hat. Man sollte sagen, dieser Physio-
log habe keinen andern Zweck gehabt als Ihre Lehrsät-
ze hervorzuheben; und wenn er bisweilen hievon etwas
abweicht, so ist es nur in Nichtigkeiten oder in lauter
hypothetischen Begriffen, welche dem eigentlichen wis-
senschaftlichen Lehrgebäude zugehören. Die Beispiele,
welche ich hiezu anführen könnte, würden uns in's Un-
endliche führen, und ich wil ihrer hier nur einen Theil
angeben. Aber wenn Sie es wünschen, so will ich Ihnen
die nöthigen Anweisungen verschaffen, damit Sie Ihre
Vertheidigung in Ihren Notes justificatives nicht nur voll-
standiger machen, sondern auch aus eigener Kenntniß
über den jetzigen Zustand der Wissenschaft in Deutschland urtheilen können. In die Parallèle, welche ich zwischen Ihren und Herrn Rudolphs's Grundsätzen ziehe,
bringe ich nichts, was nicht entweder buchstäblich aus
Ihren Schriften gezogen, oder mit der pünktlichsten Genauigkeit daraus abzuleiten sey. Ihre beiderseitige
Meinung stelle ich in Kolumnen einander gegen über,
und in beiden unterscheide ich (durch Verschiedenheid der
Buchstaben) die Punkte, woruber Sie streitig mit
einander sind.

NB. Der Buchstabe T. bezeichnet Herrn Mirbels Traité, oder
Abhandlung über den Bau der Gewächse, oder allgemeine und besondere Naturgeschichte der Pflanzen. H. Histoire générale etc.
oder Allgemeine und besondere Naturgeschichte etc. A. Annales, oder
Annalen des Museums, die Naturgeschichte betreffend. J. d. Ph.
Journal de Physique, oder Journal der Naturwissenschaft, 58
Theil. Th. G. (Théorie Générale) Begriffe welche aus der Theorie
herfliessen oder in der Schrift deutlich enthalten sind, obgleich
etwa in andern Worten ausgedrükt.

MIRBEL.

Dans l'animal et dans la plante le tissu cellulaire est la base première de l'organisation. (A. tome 9.)

RUDOLPHI.

Le tissu cellulaire est la base de l'organisation végétale, de même que la tela mucosa est la base de l'organisation animale. (p. 2. § 2.)

Toutes les parties du végétal sont homogènes. (H. t. 2. p. 372. — Th. C.)

Ce qui frappe principalement dans les végétaux, c'est l'homogénéité extrême de toutes les parties. (§ 145. p. XIII.)

Pour donner une description plus complète de l'organisation végétale, on la divisera *systématiquement* en deux organes particuliers: le tissu cellulaire, et le tissu tubulaire ou les tubes. (Th. C.)

Tout, dans les plantes, à l'exception des vaisseaux, est formé de tissu cellulaire. (§ 28. 31.) Mirbel a rassemblé sous le nom de tubes, les choses les plus hétérogènes; savoir: les cellules alongées, (petits tubes, Mir.) les trachées, les fausses-trachées et les vaisseaux pneumatiques. (lacunes Mir.) (§ 40.) Aussi plusieurs tubes chez Mirbel ne sont-ils que des cellules alongées.

Les tubes ou vaisseaux des plantes ne sont que des cellules très-alongées. (Th. C.)

Les plantes ont des vaisseaux particuliers que Mirbel a tort de considérer comme des cellules très-alongées. (Th. C.)

Ici, Mr. Rudolphi vous accuse d'avoir *confondu les parties les plus hétérogènes sous le nom de tubes,* puis, il vous blâme d'avoir *considéré les tubes comme des cellules* ; autre part, il vous reproche d'avoir éta-

MIRBEL.

Im Thiere so wie im Gewächse ist das Zellengewebe die erste Grundlage der Organisation. (A. Th. 9.)

Alle Theile des Gewächses sind bezogen. (H. T. 2, S. 373. Th. G.)

Um eine vollkommene Beschreibung der Pflanzenorganisation zu geben, wollen wir sie systematischerweise in zwey verschiedene Organen eintheilen: in das Zellengewebe, und das Röhrgewebe oder die Röhren. (Th. G.)

Die Röhren oder Gefäße der Gewächse sind nur sehr lang gestrekte Zellen. (Th. G.)

RUDOLPHI.

Das Zellgewebe (*Contextus cellulosus*) ist die basis eines jeden Theils einer jeden Pflanze, und hat in so fern Aehnlichkeit mit dem Schleimstoff, Schleimgewebe, (*Tela mucosa*) der Thiere, welches ebenfalls die Grundlage aller thierischen Theile ausmacht. (S. 35. § 20.)

Was bei den Pflanzen vorzüglich auffällt, ist die grosse Homogenität aller Theile. (§ 134. S. XIII.)

Alles, mit einem Wort, ist aus Zellgewebe gebildet (§ 28—31) nur nicht die Gefäße § 45—50, 76, 83. S. VIII. — *Blos hat die heterogensten Theile bei Mirbel unter dem Namen Röhren vereinigt gesehen; theils die langgestrekten Zellen, theils die Spiralgefäße und Treppengänge, theils die Lufröhren. S. X. — Mehrere Röhren bey Mirbel sind auch nichts als gestrekte Zellen.* (§ 40. S. 46.)

Alle Pflanzen, bis auf die Tange (§ 35, 97), haben Gefäße (S. VIII); und Mirbel hat Unrecht, diese mit den langgestrekten Zellen zu verwechseln. (Th. G.)

Herr Rudolphi macht Ihnen den Vorwurf, die heterogensten Theile unter dem Namen Röhren vereinigt zu haben. Anderswo rükt er Ihnen vor, Sie hätten die Röhren für Zellen genommen § 40. S. 46. *Noch anderwärts tadelt*

bli que tout le végétal est un *simple tissu cellulaire*, *différemment modifié*. Cette dernière accusation est claire ; les deux autres ne sont que des disputes de mots, puisque, si celle-ci est fondée, peu importe le nom que vous donniez aux parties, l'idée principale étant que tout n'est que tissu cellulaire différemment modifié. La question se réduit donc à savoir si les trachées et les vaisseaux poreux doivent être réellement considérés comme bien distincts du tissu cellulaire, ou si ces tubes ne sont en effet, que des modifications particulières des cellules. Ceci même ne me paraîtrait qu'une question oiseuse, si pour soutenir vos opinions, vous n'alléguiez l'un et l'autre, des faits contraires. Mr. Rudolphi ne veut pas reconnaître dans les tubes poreux et les fausses-trachées, des *nuances* ou des *passages* établis par la Nature, entre les trachées et le tissu cellulaire, parceque, selon lui, les trachées se transforment en tubes poreux et en fausses-trachées ; et vous, Monsieur, vous affirmez que les trachées, les fausses-trachées et les tubes poreux, naissent dans cet état, et ne changent point de nature. Si la transformation admise par Mr. Rudolphi a lieu, il est certain qu'on ne peut guère dire que les tubes poreux et les fausses-trachées soient des *nuances* entre le tissu cellulaire et les trachées. Mais si la transformation n'a pas lieu, alors il est évident que la Nature passe insensiblement des cellules poreuses, qui forment les vaisseaux en chapelet, aux tubes poreux, aux fausses-trachées, et enfin, aux trachées ; et dans ce cas, c'est une opinion très-philosophique de considérer les trachées comme une modification du tissu cellulaire. La question se présente donc encore sous une nouvelle forme. Les vaisseaux poreux et les fausses-trachées sont-ils primitifs, ou bien ont-ils été d'abord des trachées? Nous savons à

*en Sie, festgesezt zu haben, das ganze Gewächs sey nur
ein einziges, auf verschiedene Art modificirtes Zellgewebe. Dieser lezte Vorwurf ist deutlich, die andern
sind nur ein blosser Wörterstreit; denn, ist der Begriff
richtig, so kommt es auf den Namen gar nicht an. Die
Sache ist, zu wissen: ob die Trachéen, die Scheintrachéen, und die porigen Gefäße, in Wahrheit und
ihrer Art nach, wie vom Zellengewebe gänzlich unterschieden anzusehen seyen? oder ob man diese Röhren
nur für besondere Modificationen des Zellengewebes zu
halten berechtigt sey? Dieses selbst würde, meines
Erachtens, eine ganz nutzlose Frage seyn, wenn man
einander keine Thatsachen entgegen sezte. Herr R. will
in den porigen Röhren und Scheintrachéen keine Zwischengattungen, Nuances, oder Uebergänge sehen,
welche die Natur zwischen die Trachéen und das Zellengewebe gelegt hat; weil, seiner Meinung zufolge, die
Trachéen sich in Scheintrachéen und porige Gefäße umwandeln: da Sie im Gegentheil behaupten, die Trachéen,
die Scheintrachéen, und porigen Röhren entstehen in
dieser Verschiedenheit, und wandeln ihre Gestalt nicht
um. Findet Herren Rudolphi's Verwandlung statt, so ist
gewiß, man kann nicht sagen, daß die Scheintrachéen
und porigen Gefäße Mittelgattungen zwischen dem Zellengewebe und den Trachéen sind. Findet sie aber nicht
statt, so ist handgreiflich daß die Natur unmerkbar
von den porigen Zellen, welche die rosenkranzförmigen
Gefäße ausmachen, zu den porigen Röhren, den Scheintrachéen, und endlich zu den Trachéen, (als wie von
Gattung zu Gattung) übergeht; und in diesem Fall ist
es eine sehr philosophische Ansicht, die Trachéen als
eine Modification des Zellengewebes zu betrachten. Die-*

R

quoi nous en tenir à cet égard; et j'ai vu avec surprise que Mr. Rudolphi nous fournit plus de faits décisifs en faveur de cette partie de votre théorie, que vous n'en avez recueilli vous même. Mais ce n'est pas le moment de traiter ce sujet. Je poursuis le parallèle.

MIRBEL	RUDOLPHE
Le tissu cellulaire offre une suite de poches membraneuses.... Ce ne sont pas de petites outres ou utricules séparées; c'est une membrane qui se dédouble en quelque sorte, pour former des vides contigus les uns aux autres (T. t. 1, p. 52.) Les parois de chaque cellule appartiennent également aux cellules contigues. (T. t. 1, p. 363.)	*Le tissu cellulaire consiste en un tissu membraneux de petites cellules attachées les unes aux autres en tout sens. (p. 55.) Link suppose que les cellules ont des parois doubles, mais il est entraîné dans cette erreur par une illusion d'optique. Les parois paraissent doublies quand la partie du tissu cellulaire que l'on observe, n'est pas coupée assez minces et qu'on voit à travers les membranes, d'autres parois de cellules. (p. 249, 250.)*
Souvent les cellules communiquent entre elles par des pores qui favorisent la nymphe des fluides. (T. t. 1, p. 57 et 363.) Quand les membranes parentes sont opposées à la lumière, chaque pore paraît comme un point lumineux, et le bourrelet qui l'environne, comme une zone obscure. Les	*Chaque cellule fait un réservoir à part; cependant, il faut que les cellules communiquent entre elles, puisque les liqueurs circulées vont de l'une à l'autre en tout sens, et avec beaucoup de vitesse. Mais la communication n'est pas visible et les pores décrits par Mirbel n'existent pas. Ce ne*

ze Frage tritt füglich noch unter einer neuen Gestalt hervor, nehmlich: Sind die Scheintrachëen und porigen Gefäße ursprünglich solche? oder sind sie anfänglich Trachëen gewesen? Wir wissen woran wir uns halten können; und mit Verwunderung habe ich gesehen, daß Herr R. uns mehrere entscheidende Thatsachen zur Bestätigung Ihrer Meinung darlegt, als Sie selbst gesammelt hatten.   Doch davon anderswo!

MIRBEL.	RUDOLPHI.
Das Zellengewebe bietet einen Zusammenhang häutiger Taschen oder Häutchen dar. — Es sind kleine abgesonderte (isolirte) Bläschen; es ist ein häutiges Wesen das sich zertheilt, und, so zu sagen, vereinzelt (um mit einander zusammengreifende Höhlungen zu machen. (T. S. 37.) Die Wände jedes Zellchen gehören gleichfalls zu dem nebenliegenden Zellchen. (T. S. 363.)	Immer besteht das Zellgewebe aus einem häutigen Gewebe, das kleine, nach allen Richungen in einander greifende, und zu sammen hangende Zellchen bildet. (§ 33. S. 35.) — Link nimmt an, daß die Wände der Zellen doppelt seyen, — allein ich muß gestehen, daß ich hierin eine optische Täuschung finde. — Nie finde ich die Zellen doppelt. Im Gegentheil erscheinen sie aber in dieser Art, wenn das abgeschnittene Stück nicht fein genug ist, und andere Zellenwände durchscheinen. *Zusätze.* S. 249, 250.
Oft haben die Zellen Gemeinschaft mit einander durch Mittel von Poren, welche den Gang der Flüssigkeiten befördern. (T. S. 87, 363.) Wenn die porigen Häutchen gegen das Licht gehalten werden, zeigt sich jede Pore wie ein leuchtender Punkt; und die Wände	Oft scheint es, als ob man eine Zelle deutlich in die andere münden sähe; und der Uebergang gefärbter Flüssigkeiten von einer Stelle in die andere (§ 133) beweiset den Zusammenhang sehr deutlich. *Eigentlich entzieht sich aber doch derselbe* gemein hin *dem Auge des Beobachters.*

MIRBEL.	RUDOLPHI.
pores ne sont pas toujours gar-	sont que des grains amilacés. (§
nis de bourrelets; ils sont ran-	138. p. 249—252.)
gés avec plus ou moins de symé-	
trie. (T. t. 1. p. 364.)	

Votre opinion et celle de Mr. Rudolphi ne s'accordent
pas sur ce qui concerne les pores. A la vérité, vous convenez tous deux que les fluides passent d'une cellule dans
l'autre, et conséquemment que les membranes sont poreuses; mais vous, Monsieur, vous prétendez avoir vus
souvent les petites ouvertures par lesquelles s'opère la
transfusion; tandisque Mr. Rudolphi assure qu'elles
sont invisibles, et que les corps que vous avez décrits
sous le nom de pores, ne sont que des grains amilacés renfermés dans les cellules, et qui n'adhèrent

MIRBEL.

welche sie umgiebt, wie ein festeres Cartel. Die Poren sind nicht immer mit Wällten umgeben, und sind mit mehr oder minder Ordnung gereihet. (T. S. 264.)

RUDOLPHI.

Die kleinen Poren, welche Mirbel im Zellgewebe, als in der Organisation begründet annimmt, hat Sprengel sehr richtig für Bläschen erklärt, die der Saft hie und da bildet. — (§ 33. S. 35.) — Ich habe ebenfalls behauptet, dass sich das Ineinandermünden der Zellen fast immer unserm Blick entzieht, — dass auch Mirbel's Poren sich nicht vertheidigen lassen; allein Zusammenhang muss da seyn, weil eine gefärbte Flüssigkeit aus einer Zelle in die andere tritt. Zu-Sätze, S. 230. — Die sogenannten Poren der Zellen bei Mirbel, oder die Bläschen, wie Sprengel sie nennt — sind nach Link nichts als Satzmehl. — In Hinsicht dieser trete ich seiner Meinung völlig bei. — Es ist diess eine bedeutende Verbesserung der bisherigen Ansichten. Aid. S. 251, 252.

Ihre Meinung und die des Herrn R. lauten über die Poren freilich sehr verschieden. Beide sind Sie zwar einig, dass sie existiren: allein, Sie versichern, Sie hätten sie gesehen; und Herr R. behauptet, sie seyen unsichtbar (am mindesten gemein hin, und fast immer: eine gute clausula salutaris, *wie der Jurist sagt, welche aber doch wegfallen muss, soll das folgende statt greifen). Auch will er, was Sie unter dem Namen Poren beschreiben, seyen nur Körnchen von Satzmehl, in den Zellchen enthalten, und ihren Wänden nicht eigen-*

point à leurs parois. Observez que Mr. Rudolphi parle ici d'après Mr. Link, lequel convient que vous ne
vous êtes pas trompé en indiquant des pores sur les tubes que
vous avez nommés vaisseaux poreux. Mais Mr. Bernhardi
a très - bien fait voir qu'il n'était pas possible que vous eussiez pris pour des pores, de petits grains errans dans les
cellules ; il a remarqué, comme vous, que les points dont
vous parlez, sont rangés avec symétrie ; qu'ils sont réellement fixés sur les membranes ; et qu'ils ne diffèrent pas
de ceux des tubes poreux. Or, si ces points sont des pores sur les tubes, comme l'avoue Mr. Link, ils ne seront
certainement pas à ses yeux, des grains similaires, dans les
cellules ; d'où il faut conclure que si Mr. Link ne veut
point reconnaître que les cellules sont quelquefois poreuses,
cela prouve, tout au plus, que le tissu qu'il a observé
n'avait point de pores. Quant à Mr. Rudolphi, qui
adopte si chaudement l'idée de Mr. Link, relativement
aux cellules ; il montre en cela beaucoup de jugement ;
car s'il convenait avec vous et Mr. Bernhardi, que les cellules sont couvertes de points semblables à ceux des tubes
poreux, il est de toute évidence que sa théorie de la transformation des trachées serait ruinée de fond en comble.

MIRBEL.	RUDOLPHI.
L'embryon n'est composé pres-	Tout le végétal ne consiste
que entièrement que de tissu cel-	d'abord en entier, et pour la sui-
lulaire. (T. I, p.59 et 62.) Toutes	te de sa durée en grande partie,
les parties qui le composent	qu'en tissu cellulaire. (§ 19, 18,
sont d'abord molles et mucilagi-	22, 23, 25, 34, 44.) Le tissu
neuses.(T. I, p.71 et 91.) Propor-	cellulaire est susceptible de diffé-
tion gardée, les cellules sont plus	rens degrés d'endurcissement. D'a-
abondantes dans les herbes que	bord, il est mou et membraneux ;

thümlich. Es ist der Mühe werth, anzumerken, daß Herr R. hier der Meinung des Herrn Link beitritt, der doch gestehet, daß Sie in den Poren der porigen Röhren sich nicht betrogen. Bernhardi aber hat sehr wohl dargethan, es sey nicht möglich, daß Sie kleine, innerhalb der Zellchen schwimmende Körnchen für Poren nähmen: und er hat, wie Sie, bemerkt, daß die Punkte von denen hier die Rede ist, mit Symmetrie geordnet, an den häutigen Wänden fest, und von denen der porigen Röhren gar nicht verschieden sind. Sind aber, nach Herrn Links System, diese Punkte Poren auf den Röhren, wie können sie in seinen Augen, in den Zellen Satzmehlkörnchen seyn? Wenn also Herr Link nicht zustimmt, daß die Zellchen bisweilen durchlöchert sind, so beweist dies höchstens, daß das Gewebe, welches er untersuchte, keine Poren hatte. Was aber Herrn R. betrifft, in dem er, in Ansicht der Poren, sich mit so viel Wärme Herrn Link anschließt, zeigt er eine gesunde Urtheilskraft; denn wenn er mit Ihnen und Bernhardi, auf den Zellenwänden, ähnliche Punkte wie auf den porigen Röhren anerkennte, so würde dieses seine Theorie von der Verwandlung der Trachéen, augenscheinlich ganz über den Haufen werfen.

MIRBEL.	RUDOLPHI.
Das Embryon ist fast gänzlich nur aus Zellengewebe gebildet. (T. S. 39, 60.) Alle die Theile welche es ausmachen, sind im Anfange weich und schleim- oder gallertartig. (T. S. 71, 91.) Die Zellen sind zahlreicher in den Kräutern als in den Bäu-	Jede Pflanze (§ 10—16) ohne Ausnahme, besteht im Anfange ganz (§ 22, 23—25), in jeder folgenden Periode ihres Lebens größtentheils (§ 34—44, § 130) aus Zellgewebe (§ 20, 21, 23), das verschiedene Grade der Här- te zeigt, anfangs weich und häu-

<table>
<tr><th>MIRBEL.</th><th>RUDOLPHI.</th></tr>
<tr><td>

dans les arbres, et dans les jeunes pousses que dans l'ancien bois. (T. t. 1. p. 59 et 60.) Les cellules fines et alongées (*petits tubes.*) qui constituent les couches ligneuses, forment d'abord un bois très-poreux, ou si l'on veut, une espèce d'aubier; puis insensiblement, il se resserre, se durcit et se transforme en bois parfait. (T. t. 1, p. 205 et 206 — A. t. 5.) Ces cellules se groupent autour des trachées et autres grands tubes, et forment les filets ligneux des monocotylédons et les couches ligneuses des dicotylédons. (T. t. 1, p. 71. — A. t. 5.)

</td><td>

ensuite, il se montre ligneux en grande partie, dans bien des plantes (§ 20, 21, 35.) Quelques parties du tissu cellulaire sont plus déliées, ce sont les cellules alongées (petits tubes de votre Traité.) situées à l'entour des trachées (§ 37, 41, 140, 157.) et qui avec les vaisseaux mêmes, forment le bois. (p. 37, 41.)

</td></tr>
<tr><td>

Le tissu qui forme la moëlle, presque en totalité, et en général, les parties molles des végétaux, est composé de cellules ordinairement hexagones. (T. t. 1, p. 57 et 58.)

</td><td>

Les autres parties du tissu cellulaire consistent toutes en cellules proprement dites, plus courtes et ordinairement, de forme hexagone. (§ 37, 21.)

</td></tr>
</table>

*men, und in den jungen Spröß-
lingen mehr als im alten Holze.
(T. S. 59, 60.) Die engeren und in
die Länge gestreckten Zellen
(kleine Röhren) welche die
Holzschichten ausmachen, bilden zuerst, ein sehr lockeres
Holz, oder wenn man will, eine
Art Splint. Nachher verengt
dieser sich allmählig, verhärtet,
und verwandelt sich in vollkommenes Holz (T. S. 205, 206. A.
Th. 5.) Die Zellen schicken sich
zwischen die Tracheen und andern großen Röhren, und bilden die holzigen Fasern der Mo-
nokotylédons und die Holzschichten der Dikotylédons (T. S. 71.
A. Th. 5.)*

*Das Gewebe welches meist
das ganze bildet, das Mark,
die Rinde, und überhaupt die
weichen Theile der Gewächse,
ist aus Zellchen zusammenge-*

tig ist, nachmals bei vielen Pflanzen größtentheils verholzt. — Einige Partien dieses Gewebes sind
mehr in die Länge gezogen, dicht
an einander gedrängt und fein,
das sind die sogenannten langge-
streckten Zellen (37, 41, 140,
157), welche um die Spiralgefäße liegen und den Bast ausmachen. — S. VII. — [Den Bast
bildenden § 140, S. 210.] Sie
haben mehr den Anschein von
Fasern, für die man sie aber
doch wegen ihrer Verbindung und
Theilung nicht halten kann, so
wie ich sie auch deswegen, obgleich sie Saft führen, für keine
Gefäße halten möchte. Vergl.
§ 157—160. S. 41. So wie jenes
Holz aus Zellgewebe und Gefässen besteht, so bildet sich auch
das junge Holz auf dieselbe Art
aus diesen Theilen. Es verlängert und vermehrt sich allmählig
das Zellgewebe des Bastes und
des Holzes, und formirt einen
neuen Jahrring, der erst nach und
nach seine Härte gewinnt, im
weichsten Zustande, Splint, Alburnum genannt wird, weiterhin
unreifes, endlich reifes Holz ist.
(§ 159. S. 227.)

An allen übrigen Stellen ist das
Zellgewebe härter und stellt ei-
gentlicher die Zellen dar, § 37. S.
41; welche mit ihrem Namen (Zellen) völlig übereinstimmen, auch

Les fucus ne sont qu'un tissu cellulaire. (T. t. 1, p. 58.)

Les rayons ou prolongemens médullaires sont formés de tissu cellulaire. (T. t. 1, p. 60—Th. G.)

Le réseau de vaisseaux (vaisseaux lymphatiques d'Hedwig.) observé par Dessaussure et Decandolle n'est autre chose que les restes du tissu cellulaire adhérent encore à l'épiderme. (H. t. 1, p. 258.)

L'épiderme est la membrane extérieure formée par les dernières parois des cellules. (T. t. 1, p. 49 et 57 - H. t. 2, p. 403 - Th. G.)

Les poils sont formés par de petites portions de tissu cellulaire prolongées à l'extérieur. (T. t. 1, p. 291.)

Les glandes ne sont également que du tissu cellulaire. (T. t. 1, p. 287.)

Les pores corticaux de Decandolle sont des cellules percées extérieurement. (H. t. 2, p. 403.)

Les fucus sont entièrement formés de tissu cellulaire. (p. 36.)

Les vaisseaux de la moelle de plusieurs auteurs, et les vaisseaux horizontaux de Leeuwenhoek (rayons médullaires.) appartiennent aussi au tissu cellulaire. (§ 49.) p. X.

Les vaisseaux lymphatiques d'Hedwig sont des restes de tissu cellulaire, qui demeurent fixés par l'épiderme que l'on a enlevé. (§ 46, 52.) p. XI.

La couche extérieure de tissu cellulaire constitue l'épiderme. (§ 45—70.)

Des prolongemens de cellules forment les poils. (§ 76.)

Le resserrement des cellules forme les glandes. (§ 83.)

Les pores de l'épiderme sont les bouches des cellules. (p. 64, 65.)

MIRBEL.

...zen, welche gewöhnlich sechseckig sind. (T. S. 57 - 58.)

Die Tangen sind blos Zellengewebe. (T. S. 58.)

Die Markverlängerungen oder Markstreifen [prolongemens ou rayons medullaires] bestehen aus Zellengewebe. (T. S. 60. Tb. G.)

Das Netz neu Gefässe [Hedwig's lymphatische Gefässe] von Desmoncure and Decandolle, ist nur nichts als die Ueberreste der Zellengewebes, das dem Oberhäutchen noch anhängt. (II. S. 358.)

Das Oberhäutchen ist das auswendige Häutchen, welches die äussersten Zellenwände aus machen. (T.S. 84.87. H.406.Tb.G.)

Die Haare sind nur kleinen nach aussen verlängerten Theilen Zellengewebe gebildet. (T.S. 391.)

Die Drüsen sind gleicherweise sonst nichts als Zellengewebe. (T. S. 287.)

Die Rindeporen (pores corticaux) der Decandolle, sind auswendig durchlöcherte Zellen. (II. S. 403.)

RUDOLPHI.

bei allen Pflanzen, gleich den Bienenzellen, scharfe, und wenn sie nicht zu sehr zusammengedrückt sind, eben so viele (sechs) Ecken bilden. (§ 21. S. 26.)

Bei den Tangen (Fuci) findet sich nichts als Zellgewebe, keine Spur von Gefässen. (§ 33. S. 39.)

Die Markgefässe mehrerer Schriftsteller, so wie Leeuwenhoek's horizontale Gefässe, gehören auch dem Zellgewebe an. (§ 40.) S. X.

Hedwig's lymphatischen Gefässe sind Ueberreste des Zellgewebes, an den abgestreiften Oberhäutchen. (46, 55.) S. IX.

Die äussere Schicht des Zellgewebes stellt die Oberhaut dar. § (43—50) S. VIII.

Verlängerungen einzelner Zellen bilden die Haare. (§ 76) Dasselbe.

Verdichtungen [einzelner Zellen, bilden] die Drüsen. (§ 83) Das.

Die Poren welche wie in der Oberhaut finden, sieht man deutlich gradezu in die Zellen einmünden. (§ 52) S. 64, 65.

Jusqu'ici on ne peut désirer une plus grande conformité d'opinion; mais voyons dans quelles erreurs tombe Mr. Rudolphi lorsqu'il cesse de marcher sur vos traces.

MIRBEL

Il se forme des lacunes dans les plantes. Ce sont des vides réguliers et symétriques, *occasionnés dans le végétal, par le déchirement de certaines parties plus faibles du tissu cellulaire.* Elles sont très-nombreuses dans les plantes aquatiques. (T. t. 1, p. 73 et suiv.)

Quelquefois les arbres les plus vigoureux offrent des lacunes. (T. t. 1, p. 73 et suiv.)

C'est dans la moëlle que s'ouvrent les lacunes des végétaux dicotylédons. (T.t.1, p.189.)

On n'apperçoit pas de lacune dans l'embryon; ce n'est qu'avec le temps qu'elles se forment (T. t. 1, p. 73 et suiv.)

RUDOLPHI.

Mirbel a vu les vaisseaux pneumatiques des plantes aquatiques. Il les nomme lacunes, et les regarde à tort comme des déchiremens du tissu. Leur fonction est de porter l'air dans toutes les parties du végétal. C'est ce qu'ont ignoré tous les physiologistes. (p. 144.) Ces tubes n'ont pas de paroi propre. Leur paroi est formée par le tissu cellulaire environnant. Aussi ne peut-on les extraire des plantes où ils se trouvent. (§ 98, p. 146.)

On peut observer ces tubes dans beaucoup d'arbres et d'arbrisseaux dicotylédons. (p. 152.)

On les voit aussi dans les herbes qui ont de la moëlle. (p. 152.)

Ils ne se montrent pas d'abord dans les jeunes tiges; mais ils se forment à mesure que la plante vieillit, premièrement à la base, et insensiblement jusque dans les parties supérieures. (p. 150.)

So weit läßt sich freilich keine größere Uebereinstimmung wünschen. Aber lassen sie uns sehen, in welche Irrthümer Herr R. verfällt, wenn er Ihre Fußstapfen verläßt.

MIRBEL.	RUDOLPHI.

Es bilden in den Pflanzen sich Lücken (lacunes) aus. Diese sind regelmäßige, und regelmäßig geordnete leere Räume, im Gewächse, durch das Zerreißen einiger zarten oder schwächern Theile des Zellengewebes verursacht. Sie sind in den Wassergewächsern sehr zahlreich. (T. S. 73. u. folg.)

Bisweilen findet man [solche] Lücken in den kräftigten Bäumen. (T. S. 73. u. folg.)

Es ist im Mark, daß die Lücken sich in den Dicotyledons zeigen. (T. S. 189.) — Man bemerkt im Embryon keine Lücken; sie bilden sich nur mit der Zeit. (T. S. 73. u. folg.)

Mirbel hat die großen Lufröhren der Wassergewächse auch beobachtet; allein — er glaubt daß diese Röhren oder Lücken, (lacunes) wie er sie zu nennen beliebt, durch ein Zerreißen des Zellengewebes entstehen. Er hat nicht gewußt, daß sie Luft führen. (§ 96. S. 144, 145.) Besondere Wände haben diese Luftröhren der Wasserpflanzen nicht; — sondern das Zellgewebe des Parenchyms läuft so, daß es freye Längszüge offen läßt, in welch die Luft tritt. Man kann sie noch nicht aus der Substanz der Pflanzen herausnehmen. (§ 99. S. 146.)

Bey den Bäumen und Sträuchen, welche Dicotyledonen sind, ist im ganzen derselbe Fall, u. s. w. § 103. S. 152.

Bey den Kräutern die Mark führen erscheint es gewöhnlich nicht in der ganzen Länge des Stengels; sondern der oberste Theil, so lange er zart und jung ist, hat keines, so wie auch der Stengel bey seynem ersten Hervorkeimen davon entblößt war. Dann ist nämlich überall in der Mitte ein saftiges Zellgewebe. — Weiterhin

MIRBEL.	RUDOLPHI.
Le tube central du chaume des graminées n'est autre chose qu'une lacune. (T. t. 1, p. 215.)	*Le tube central des graminées est un canal pneumatique.* (p. 98, 99.)

Rien de plus opposé que vos opinions et celles de Mr. Rudolphi sur l'origine et l'usage des lacunes. Vous n'y voyez que des déchiremens produits dans une partie du tissu cellulaire devenue inutile; Mr. Rudolphi les considère comme les poumons des plantes, et rejette bien loin toute idée de déchirement, qui lui paraît un blasphéme contre la Nature. Dans la chaleur de son indignation, il faut l'avouer, il s'oublie, et je n'aime pas sa tirade véhémente contre Mr. de Buffon, qui n'a jamais parlé de vos lacunes, et n'a rien à démêler dans cette querelle. Mais qu'importent de tels discours? Est il même au pouvoir de Mr. Rudolphi d'attenter à la gloire de Mr. de Buffon! Revenons au fait. Pour vous exprimer en un seul mot, la pensée du *Professeur de Berlin* touchant l'explication que vous donnez de l'origine des lacunes, vous saurez, Monsieur,

MIRBEL.   RUDOLPHI.

    weicht der Saft aus der Mitte der untern Gelenke, es tritt Luft hinein — Zuletzt trocknet das Mark in den untersten Theilen des Stengels ganz ein, und diese Gelenke bilden Lufthöhlen, u. s. w. § 102. S. 150, 151.

Die Mittelröhre in jedem Genre ist sonst nichts als eine Lücke. (T. S. 215.)   Bey vielen Pflanzen ist der ganze Stengel hohl und mit Luft angefüllt. (§ 95. S. 136.) So treffen wir bey mehrern Wassergewächsen eine große Zahl neben einander im Stengel aufsteigender Luftröhren. — Bey dem Equisetum palustre steht selbst in der Mitte des Stengels eine große Luftröhre, u. s. w. § 93, S. 142, 143, 144.

Nichts kann wohl gegenstreitiger seyn als Ihre und des Herrn R. Ansichten über den Ursprung und den Dienst der Lücken. Sie sehen darin nur Zerreißungen eines unnütz gewordenen Theils des Zellengewebes. Herr R. siehet sie, wie die Lungen der Gewächse an, und wirft allen Begriff von Zerreißung weit weg; welches ihm eine Lästerung der Natur dünkt. Im Feuer seiner Indignation vergißt er sich freilich und geht auf Büffon los, der doch, meines Wissens, nie von unsern Lücken geredet, und in diesem Streit keinen Theil hat. Aber was thut es, wenn auch Herr R. einem Büffon einen Nasenstüber geben zu wollen sich erkühnt. Um Ihnen mit einem Worte zu sagen was Herr R. von Ihrer Erklärung der Lücken und derselben Entstehungsweise zu kennen giebt: er hält sie für eine Art Markt-

qu'il la regarde comme un trait de pure charlatanerie. Pardonnez-moi cette expression ; ce n'est même pas celle dont se sert Mr. Rudolphi ; mais c'est le résumé le plus exact et le plus court des pages 145 et 146 de l'ouvrage de ce savant. Cependant, il auroit dû considérer qu'il ne s'attaquait pas à vous seul ; que le Docteur Grew, plus d'un siècle avant vous, avoit dit expressément, que le tissu cellulaire de la moëlle de certaines plantes, venant à se déchirer, formait des tubes, et que tout récemment, trois célèbres naturalistes d'Allemagne avaient affirmé que la partie de vos observations relative à ces déchiremens intérieurs, était très-exacte. L'un d'eux, Mr. Link, ne s'est pas borné à une stérile approbation ; il a fortifié ce que vous aviez dit, par d'excellentes observations qui lui sont propres.

Mr. Rudolphi au reste, n'est pas tellement entiché de ses idées qu'il n'en puisse revenir quelquefois ; et la petite discussion qu'il a eue avec Mr. Link me paraît l'avoir réconcilié avec les lacunes. Il souffre, si je ne me trompe, qu'il y en ait dans l'écorce, pour contenir les sucs propres ; ce premier pas décide des autres, et nous devons croire que Mr. Rudolphi n'écrirait pas aujourd'hui son chapitre sur les vaisseaux pneumatiques.

MIRBEL.	RUDOLPHI.
Les vaisseaux ne sont qu'une modification du tissu cellulaire. (Tb. G.)	*Tout, à l'exception des vaisseaux est formé de tissu cellulaire.* (§ 25, 31)
Les vaisseaux sont d'autant plus forts, plus apparens, et plus nombreux, qu'ils sont plus voisins du point d'union de la ra-	*Les végétaux ont des vaisseaux, c'est-à-dire, des canaux ou tubes (112, 116) qui contiennent des liqueurs particulières. (Par ce mot*

schreyerey. Verzeihen sie mir den Ausdruck; er ist nicht der des Herrn R. allein es ist der kurze und kraftvolle Inhalt der Seite 145 und 146 seiner Schrift. Indessen er hätte bedenken sollen daß er Sie nicht allein anfiele; daß ein Jahrhundert vorher, Grew ausdrücklich sagte: das Zellengewebe des Markes einiger Pflanzen zerreiße, und bilde auf diese Art Röhren. Und daß selbst ganz neuerlich, drei berühmte deutsche Naturforscher die Genauigkeit Ihrer Beobachtungen in Hinsicht dieser Zerreißungen bestätigt hatten. Einer dieser, Herr Link, hat es nicht bey einem blossen Gutachten bewenden lassen; er hat, was Sie gesagt, mit vortrefflichen Beobachtungen, die ihm angehören, bestärket.

Uebrigens ist Herr R. für seine Begriffe nicht so sehr eingenommen daß er nicht bisweilen davon zurückkommen sollte; und es scheint mir, als ob eine kleine Unterhandlung mit Herrn Link, ihn über die Lücken befriedigt habe. Er ist es zufrieden, (wenn ich nicht irre) daß sie sich in der Rinde vorfinden um eigenthümliche Säfte zu enthalten. Dieser erste Schritt thut etwas ab, und man kann glauben daß er seinen Paragraphen über die Luftröhren jetzt nicht schreiben würde. Zusätze S. 261.

MICHEL.	RUDOLPHI.
Die Gefäße sind nur eine Modification des Zellengewebes. (Th. G.)	Alles mit einem Wort, ist aus Zellgewebe gebildet, nur die Gefäße nicht. (§ 25—30) S. VIII.
Die Gefäße sind um so stärker, sichtbarer, und zahlreicher, je näher sie dem Vereinigungspunkt der Wurzel und der	Die Pflanzen haben Gefäße; das heißt Kanäle, die häufig einen ausgezeichneten Saft führen (§ 113—116) (durch welchen ausge-

MIRBEL.	RUDOLPHI.
cine et de la tige (J. d. Ph. a M.) Ils ne forment d'abord qu'un seul faisceau. (H. t-1, p. 356.) Si on les suit dans leur marche, on les voit s'élancer dans le tronc, s'élever parallèlement ; se diviser, se rejoindre ; se détourner de leur route verticale; se distribuer dans toutes les ramifications. (T. t. 1, p. 62, 63.) Ils se croisent, et s'anastomosent de telle sorte, que s'il était possible d'écarter les mailles qu'ils forment, ils ne présenteraient qu'un immense filet. (T. t. 1, p. 192.) Ils diminuent insensiblement en nombre et en grosseur à mesure qu'ils s'éloignent du point de départ. Enfin, à leur extrémité, on ne distingue plus qu'une glaire transparente. (A. t. 5.)	de liqueurs particulières. Mr. Rudolphi veut désigner à ce qui paraît, le suc propre), qui se laissant remplir de liqueurs colorées (119, 196) ; qui s'anastomosent comme les vaisseaux des animaux; qui serrent à la manière des nerfs, d'un filament, qui allant toujours en diminuant, jusqu'à ses extrémités, n'offre plus enfin qu'un vaisseau simple.
La lame de la trachée n'est pas creuse. (T. t. 1, p. 66.)	La lame de la trachée n'est pas creuse. (§ 133.)
Elle ne recouvre point un tube membraneux. (J. d. Ph. a M.)	Il n'y a pas de tube membraneux dans l'intérieur de la spirale. (§ 51, 73.)
Les trachées se trouvent tou-	Mr. Rudolphi a trouvé les tra-

MIRBEL.

Stängeln sind. (J. d. Ph. 2 Mem.) Sie bilden anfänglich nur einen einzigen Bündel. (H. 1. t. 2. p. 856.) Wenn man ihnen in ihrem Gange folgt, so sieht man wie sie im Stamme ausschiessen, gleichzeitig aufsteigen; sich vertheilen, dann wieder vereinigen; von ihrer senkrechten Richtung abweichen; sich in alle Verästelungen des Grundeisens ausbreiten. (T. 1. 1, p.62, 63.) Sie überkreuzen einander; Sie anastomosiren auf solche Art, daß wenn man die Maschen welche sie bilden, ausdehnen könnte, sie ein sehr grösses Netz darstellen würden. (T. 1. 1. p. 195.) Sie nehmen allmählig in Zahl und Grösse ab, nach Maaße sie von Punkte ihres Ausgangs sich entfernen. Endlich, an ihrem Aeussersten, läßt sich nur ein durchsichtiger Schleim erkennen. (A. 1. 2.)

Das Streifchen der Trachée ist nicht hohl. (T. 1. 1, p. 66.)

Es umfaßt keine häutige Röhre. (J. d. Ph. 2 M.)

Die Trachéen findet man in

RUDOLPHI.

zeichneten Saft, Herr R. wie es scheint, den allgemeinen Raumsaft zu verstehen giebt), sich mit gefärbten Flüssigkeiten künstlich anfüllen lassen (117—119), und anastomosiren (§ 119—136.); allein nicht wie thierische Gefäße zerästelt sind [§ 136], sondern nervenartig aus dem Bündel in immer geringer werdenden Haufen entspringen, bis zuletzt einzelne Gefäße in einen Theil gehen.

Nicht die Fibern selbst, welche durch ihre Windungen die Spiralröhre bilden, sind Gefäße. § 133. S. 195. und nicht selbst hohl. S. IX.

Eigne Kanäle, oder besondere häutige Gefäße innerhalb der Spiralfibern giebt es nicht. (§ 134.) S. IX, X.

Herr R. hat die Spiralgefäße in

<table>
<tr><td>

MIRBEL.

jours au centre des tiges dicoty-
lédons, dans l'anneau qui en-
toure la moëlle ; elles y sont
quelquefois mêlées avec les faus-
ses-trachées. (A. t. 5. T. t. 4, p. 106.)

Les trachées ne se dévelop-
pent que dans les parties molles
où la végétation est très-active,
telles que les jeunes rameaux
de l'année, les feuilles et les
fleurs. (A. t. 9.)

Formées au centre du végé-
tal dans les premiers tems de
son développement, les tra-
chées se trouvent encore au
centre, en état de trachées dans
l'âge le plus avancé. (J. d. Ph.
t Al.)

Il n'y a point de trachées
dans la seconde couche des ar-
bres qui s'organisent, mais des
fausses-trachées et des vais-
seaux poreux. Toute recher-
che a été vaine pour trouver
des trachées dans le bois; les
fausses-trachées au contraire,
y sont très-multipliées. (J. d. Ph.
t Al. — T. t. 1, p. 179.)

Les tubes poreux, les fausses-
trachées, se montrent dès leur
naissance, tels qu'ils paraissent
dans les bois les plus anciens.
Les fausses-trachées naissent
toutes formées dans les végé-
taux, et conséquemment, se

</td><td>

RUDOLPHI.

chées autour de la moëlle dans les
herbes et dans les arbres; il a
quelquefois remarqué les trachées
et les fausses-trachées réunies.
(p. 187, 188.)

Les jeunes rameaux des ar-
bres, les arbres et les arbrisseaux
dans leur premier développement,
les jeunes plantes herbacées, les
feuilles, renferment beaucoup de
trachées. (p. 185, 186, 187.)

Une tige de rotier âgée de 7
ans, et des branches d'arbres déjà
très-anciennes, offraient encore des
trachées autour de la moëlle.
(p. 187.)

Mr. Rudolphi n'a jamais vu de
trachées dans l'aubier ni dans les
couches annuelles du bois; mais
toujours des fausses-trachées.
(§ 159.)

Les fausses-trachées du bois
paraissent sous la forme de faus-
ses-trachées, dès qu'elles sont ren-
dues distinctes par le développement;
d'où l'on doit conclure que leurs
circonvolutions sont originairement
attachées l'une à l'autre, ou dé-

</td></tr>
</table>

MIRBEL.

den Dicotyledonen immer im Centrum der Stämme, in einem Ringe welcher das Mark umschliesst. Bisweilen findet man sie da mit falschen Trachéen zusammen. (A. S. T. t. 1. 186.)

Die Trachéen entwikkeln sich nicht, als bloss in den weichern Theilen, wo die Vegetation besonders thätig ist; so wie in den jungen Aesten oder Zweigen des laufenden Jahrs, den Blättern und den Blumen. (A. t 9.)

Im Centrum des Gewächses beim Anfang seiner Entwikkelung gebildet, finden sich die Trachéen noch um das Centrum als Trachéen, selbst im fortgerückteren Alter. (J. d. Ph. 2 M.)

Es giebt keine Trachéen in den zweiten Bastärröhren welche sich bilden, sondern falsche Trachéen und poreige Gefässe. Alle Mühe, um Trachéen im Holze zu finden war vergebens. Die falschen Trachéen im Gegentheil sind da sehr zahlreich. (J. d. Ph. 2 M. T. I. 179.)

Die porigen Gefässe und die falschen Trachéen zeigen sich von ihrem Entstehen ab, so wie sie sich im ältesten Holze zeigen. Die falschen Trachéen entstehen ganz vollkommen in den Gewächsen, und folglich sind

RUDOLPHI.

den Kräutern und Blumen um das Mark gefunden. § 126, 127. Er hat bisweilen Spiralgefässe und zugleich Treppengänge gesehen § 127. S. 187. 188.

Die Triebe des laufenden Jahrs aller unser Bäume und Sträuche, junger Kräuter und Bäume, die Rippen der Blätter, enthalten viele Spiralgefässe. § 125, 126. S 183, 186, 187.

In einem schon siebenjährigen Rosenstamme und in mehrjährigen Zweigen von ältern Bäumen findet man noch Spiralgefässe um das Mark. Daselbst S. 187, 186.

Niemals hat Herr R. im weichen Holze ähnliche freye Spiralgefässe finden können als in den Gefässen der jungen Trieben. § 150. S. 258. Nie im Spätjahr und in den spätern Jahrringen der Bäume, sagt er in seinen Zusätzen, S. 278, sondern stets Treppengänge.

Die Treppengängen des Holzes zeigen sich gleich ursprünglich, oder wenigstens schnell nach ihren Entstehen, wie Treppengänge. Auch bei den Gräsern müssen die Spiralgefässe fast immer schon im Entstehen so sehr verbundene Fi-

MIRBEL.

ne sont pas des trachées soudées. (J. d. Ph. à M. — A. t. 5.)

Les tubes poreux, les fausses-trachées et les trachées sont des tubes primitifs; mais ce qui a fait croire que les trachées se transformaient dans les deux autres espèces, c'est le phénomène suivant. Il se forme dans les gros vaisseaux, un enduit compacte qui diminue sensiblement le diamètre de leur ouverture; néanmoins, on distingue toujours les spires des trachées; mais on ne peut plus les dérouler. (J. d. Ph. à M.)

RUDOLPHI.

mais qu'elles se soudent bientôt (§ 125, 127.)

Insensiblement les fibres spirales des trachées deviennent ligneuser, comme le tissu cellulaire, et s'attachent l'une à l'autre. (p. 153.) *Les fausses-trachées et les vaisseaux poreux ne sont que des trachées soudées.* (p. 184.) „ J'ai „ peine à croire, dit Mr. Ru-„ dolphi, qu'une seule trachée „ reste trachée dans les parties „ qui ont de la durée." (§ 108.)

Il y a ici, Monsieur, une remarque piquante à faire, c'est qu'il est impossible d'être plus d'accord que vous et Mr. Rudolphi sur les faits; mais qu'on ne saurait en tirer une conclusion plus différente. Pourquoi cela? C'est que le nombre des données que vous aviez l'un et l'autre pour conclure, n'est pas égal. Mr. Rudolphi, ignorant qu'il existe dans les plantes, des cellules percées de pores sem-

MIRBEL.

sie keine verwachsene Trachéen. (*J. d. Ph. 2 M. A. 5.*)

Die porige Gefäße, die falschen Trachéen und die Trachéen sind ursprüngliche Röhren; *was aber zu dem Glauben, daß die Trachéen sich in die andern zwey Gefäßgattungen umwandelten, Anleitung gegeben hat, ist dieses. Es setzt sich in den großen Gefäßen ein dicker Ansatz an, welches den Durchmesser ihrer Oeffnung siehtlich verengt: jedoch lassen sich immer die Windungen der Trachéen unterscheiden, allein nicht mehr loswinden. (J. d. Ph. 2 M.)*

RUDOLPHI.

bern haben, daß sie Treppengängen nahe kommen. * 125, 127, 128. S. 183—190, und *Zweifel* S. 257. Insoferne hat Bernhardi recht, daß einige dieser Gefäße gleich als Treppengänge erscheinen. *Daselbst.*

Allmählig verholzen die Spiralfasern wie das Zellgewebe (* 139), *und verwachsen unter einander mehr und mehr,* u. s. w. §125. S. 183. Von dem ehmahligen fibrösen Bau bleibt aber doch einige Spur zurück. Kleine dunkle Querstriche und Punkte bezeichnen nämlich genau die Stellen, wo sonst die Faden an einander traten. *Daselbst.*

Auf diese Art werden die Spiralgefäße zu Treppengängen (und, welche Herr R. unter diesem Namen mit begreift,) zu porigen Röhren, §124. S. 184. Ich glaube kaum (sagt er in seinen *Zusätzen*) daß ein einziges Spiralgefäß bei ausdauernden Theilen ein solches bleibt. S. 257. (Herr R. hat hier wohl einige seiner Erfahrungen außer Acht gelassen.)

Es läßt sich hier eine sehr auffallende Bemerkung machen: daß es nehmlich nicht wohl möglich ist über die Thatsachen mehr im Einverständniß zu seyn als Sie es sind mit Herrn R. und daß man gleichwohl in seinen Schlußfolgerungen nicht verschiedener seyn kann. Woher das? Daher, daß Sie beiden in dem, worauf Sie sich gründen, nicht völlig einig sind. Da Herrn R. nicht be-

blables à ceux des tubes poreux, et sachant d'ailleurs qu'il
arrive après un certain tems, que beaucoup de trachées cessent de se dérouler, par croire avec Hedwig, que les fausses trachées et les tubes poreux étaient d'anciennes trachées soudées. Mais quant à vous, Monsieur, vous
n'eussiez pu adopter ce sentiment sans vous exposer à passer pour un observateur peu judicieux, car vous aviez vu et
décrit des cellules poreuses et même des cellules coupées de
fentes transversales, et s'il n'eut pas été raisonnable à vous,
de considérer le tissu cellulaire comme formé par d'anciennes trachées, de même aussi, il ne l'eut pas été de vouloir
que les pores des tubes poreux, dont l'identité avec ceux
des cellules est parfaite, fussent le résultat de la soudure
des lames spirales. Et je ne doute pas un moment, que
ce ne soit cette connaissance des cellules poreuses, qui
vous ait garanti de l'erreur d'Hedwig; car aucun des physiologistes qui concluent avec lui n'a reconnu l'existence
de ces cellules, et Mr. Bernhardi, le seul physiologiste qui
les ait observées, s'est rangé de votre opinion. Mais s'il
est démontré que les trachées ne se changent pas en fausses-trachées, en vaisseaux poreux, en cellules poreuses,
il est clair que, comme depuis la cellule criblée de pores
jusqu'au tube découpé en hélice, nous voyons une foule
de nuances intermédiaires qui ne nous permettent pas de
poser de limites entre les espèces; nous devons en inférer
que ces espèces ne sont réellement que des modifications.
D'où il suit, comme vous l'avez avancé, que tous les
vaisseaux, y compris les trachées, sont des modifications
du tissu cellulaire.

kannt ist, daſs es in den Gewächſen Zellen giebt, die
mit Poren, denen der porigen Gefäſse ähnlich, durchlöchert sind; und da er übrigens weiſs daſs der Fall
eintritt, daſs nach einer gewissen Zeit viele Trachéen
sich nicht mehr abwinden lassen, so konnte er mit Hedwig die falschen Trachéen und porigen Röhren für alte
verwachsene Trachéen halten. Sie aber, mein Herr,
würden dieser Meinung nicht beitreten können ohne ein
schlechter Logiker zu seyn, da sie porige und selbst mit
Querspalten durchschnittene Zellen gesehn und beschrieben haben; und so wie in Ihnen der Gedanke nicht aufkei-
men konnte, das Zellengewebe, wie aus alten Trachéen
zusammengewachsen anzusehen, so konnten Sie auch die
Poren der porigen Röhren, deren Einselbigheit (Identität)
mit denen der Zellen einleuchtend ist, nicht für die Folge
einer Zusammenwachsung der Spiralwindungen halten.
Und selbst glaube ich, daſs es diese Kenntniſs der porigen Zellen sey, welche Sie vor Hedwigs Irrthum bewahrt
hat; denn keiner der Physiologen, welche diesem folgen, haben das Daseyn jener Zellen erkannt; und Bernhardi, der sie erkannt hat, bestreitet so wie Sie selbst,
die angebliche Gefäſsverwandlung. Ist es aber erwiesen, daſs die Trachéen sich nicht in falsche Trachéen,
in porige Gefäſse, in porige Zellen, umwandeln, so ist
es sichtbar daſs, da wir von den durchlöcherten Zellen
bis zu den, in Spiralwindungen durchschnittenen Röhren, eine Menge Zwischengattungen und Nuancen sehen,
welche uns nicht erlauben, zwischen die Gattungen
Grenzen zu setzen, wir daraus ableiten dürfen, daſs
diese Gattungen, ihrem Wesen nach, nur bloſse Modificationen sind. Und es erhellet hieraus, daſs, gerade so
wie Sie es gesagt haben, die Gefäſse, mit Inbegriff der
Trachéen, nur Modificationen des Zellengewebes sind.

S 5

MIRBEL.

La sève monte par les gros vaisseaux du bois. (A. t. 7.)

Il n'y a point de sève descendante, à moins que, par abus de mots, l'on ne donne ce nom au cambium ou à la sève centrale, lorsque, par suite des variations de l'atmosphère, elle prend pour quelques instans seulement, une marche rétrograde dans les vaisseaux mêmes qui ont servi à son ascension. (A. t. 7.)

Les sucs propres sont renfermés dans des vaisseaux assez grands, placés en général dans l'écorce ou dans son voisinage. (T. 100, p.)

RUDOLPHI.

La sève ne monte pas principalement par l'écorce, mais par le bois. (§ 162.)

La sève qui monte par le bois ne redescend pas par l'écorce. (§ 162.) L'opinion du retour de la sève par l'écorce, est démentie par l'observation et l'expérience. (§ 160.)

„ J'avais tort [dit Mr. Rudolphi] de soutenir contre Mr. Sprengel et d'autres, que les sucs propres ne sont point contenus dans l'écorce, où il est certain qu'ils se montrent souvent.'' (§ 261 — 262.)

MIRBEL.

Der Saft steigt durch die großen Gefäße des Holzes auf. (A. 1.)

Es findet keine Zurückfließung des Saftes statt; man möchte dann, durch einen Mißbrauch des Wortes, diesen Namen dem Cambium oder dem mittelsten Safte beilegen, wenn er durch Abwechselung des Druckkreises einige Augenblicke nur, in seinen Gefäßen etwa herabsteigt. (A. 6.)

Die eigenthümlichen Säfte sind in ziemlich großen Gefäßen enthalten, welche überhaupt in der Rinde, oder deren Nähe, ihre Stelle einnehmen. (T. 100.)

RUDOLPHI.

Der Saft steigt nicht vorzüglich durch die Rinde, sondern durch das Holz auf. (§ 162. S. 231.)

Der im Holz aufsteigende Saft, fließt nicht durch die Rinde zurück. *Daselbst.*

Ich glaube (sagt Herr R.) daß ich großentheils Unrecht gehabt habe, wenn ich gegen Sprengel und andern behaupte, die gefärbten Flüssigkeiten seyen niemals in der Rinde, und ihm über die Weise solches zu beobachten seine Lection laß (§ 112, 113.) Hinterher sagte ich, daß die Milch häufig im Bast vorkomme. (140) Bin aber bis jezt nicht völlig ins Reine damit gekommen. *Zusätze. S.* 260. Und weiter: Mit Unrecht habe ich gegen Sprengel und andern (§ 113) behauptet, daß die gefärbte Flüssigkeit nicht in der Rinde enthalten wäre, wo sie allerdings öfters vorkommt. (*Daselbst S.* 262.)

Ich habe aufs Neue diesen Gegenstand untersucht und möchte bei den Fichten, Wachholdern, und Cypressen allerdings nicht wirkliche Gefäße annehmen, in

MIRBEL.   RUDOLPHI.

Ces sucs sont élaborés dans le parenchyme de l'écorce. (T. t. 1. p. 162.)

Les sucs propres s'élaborent dans le tissu cellulaire serré de l'écorce. (p. 261, 262.)

Mr. Rudolphi ne s'exprime pas assez nettement sur l'usage qu'il attribue aux sucs propres, pour que je puisse mettre votre opinion et la sienne en parallèle, mais il m'a semblé que ce qu'il dit à cet égard, se réduit en dernière analyse, à ce peu de mots que je trouve page 247 de votre Traité. „ Les fluides (la sève) puisés dans l'atmo-
„ sphère et la terre, se combinent dans les feuilles et les
„ racines avec les huiles, les gommes, et les résines, (les
„ sucs propres) déjà formées; portés ensuite, dans tout
„ le végétal, ils pénètrent insensiblement la substance mê-
„ me des membranes . . . . et produisent enfin le cam-
bium . . . . ." Au reste, Monsieur, je ne pense pas que ceci soit autre chose qu'une hypothèse à vos yeux, car il me semble qu'il n'existe ni observations ni expériences qui puissent donner à ce passage, la couleur d'une théorie.

MIRBEL.   RUDOLPHI.

Le liber et le bois communi-

Le liber n'est point une partie

MIRBEL.	RUDOLPHI.
	denen das Harz fliesst: es schei- nen nur zellige Behälter oder Zwi- schenräume im Zellgewebe zu seyn. Bey andern Pflanzen — sind die gefärbten Flüssigkeiten im langgestrekten Zellgewebe, oder im Bast enthalten.
Die Säfte werden in dem Parenchyma der Rinde bearbei- tet. (T. 162.)	Die Bearbeitung dieser Säfte muss doch in seinem Zellgewebe geschehen: diess sieht man be- sonders, u. s. w. *Daselbst S. 261, 262.*

Herr R. erklärt sich nicht deutlich genug über die Dienste welche er dem eigenthümlichen Safte beimesst, dass ich seine Meinung mit der Ihrigen in Parallel zu bringen mir zutrauen sollte.

Was er aber davon sagt, scheint mir am Ende sich auf diese wenigen Worte, welche ich Seite 247 Ihrer Abhandlung (Traité) finde, reduciren zu lassen. „ Die Flüssigkeiten (der Saft) aus dem Dunstkreis und aus der Erde eingesogen, vermengen sich in den Blättern und Wurzeln mit den Oelen, den Gummen, und den Har- zen (den eigenthümlichen Säften), welche schon ausge- arbeitet sind: Und nachher durch das ganze Gewächs ge- führt, durchdringen sie allmählig das Wesen selbst der Häute, und bringen endlich den Cambium hervor.'' Uebrigens glaube ich, mein Herr, dass dieses in Ihren Augen selbst, nur eine Hypothese ist; denn mir kommt es vor, als ob es weder Beobachtungen noch Erfahrun- gen gäbe, welche im Stande sind, diese Stelle zu dem Namen einer Theorie zu berechtigen.

MIRBEL.	RUDOLPHI.
Der Bast und das Holz sind	*Es ist eine verwerfliche Idee,*

MIRBEL.	RUDOLPHI.

quant ensemble par une multitude de faisseaux tubulaires [pe-
tits tubes, tissu cellulaire ligneux,
Mir. *Cellules alongées*, Rud.]
croisés et anastomosés. (T. p. 195.)

*trolia. Les fibres du liber et cel-
lules alongées passent dans le bois
et s'y attachent partout.* (§ 158,
159.)

Le liber et le bois sont organisés de la même manière.

*Le liber a la même structure
que le bois.* (p. 158.)

Le cambium qui suinte à travers le bois et qui *descend* des
parties supérieures de l'arbre,
reproduit des couches de liber. Le liber, nourri par le
cambium, s'alonge, se durcit
et se transforme en aubier,
bois mou et spongieux. L'aubier plus développé forme le
bois parfait. (T. t. 1, p. 163 et suiv.
A. t. 7.)

*Comme tout bois consiste en ti-
su cellulaire et vaisseaux, de même le jeune bois se forme de ces
parties. La tissu cellulaire du
liber et du bois s'alonge, se mul-
tiplie peu à peu et forme une
nouvelle couche annuelle. Encore
jeune, il prend le nom d'aubier*
[alburnum] *plus développé, il se
durcit et devient un bois mûr*
[maturum lignum.] Ni le liber
ni le bois ne forme donc l'aubier, mais tous les deux le font
en commun. *Le cambium qui
monte en si grande quantité entre le bois et le liber, donne à
l'un et à l'autre, une abondance
de matière pour prolonger ou former le tissu cellulaire.* (169., 170.)

MIRBEL.

mit einander verbunden, durch eine Menge röhriger Bündel (kleiner Röhren, holzigen Zellengewebes, bey Mirbel gestreckte Zellen, bey Rudolphi) welche sich durchkreuzen; und einwanden. (T. 195.)

Der Bast und das Holz sind auf einerlei Art organisirt. (Von gleichem Bau.)

Das Cambium, das aus dem Holz steiget, und von den obersten Theilen der Bäume absteiget, erzeugt Baströhrchen. Der Bast durch das Cambium genährt, verlängert sich, verhärtet, und wird Splint, welches und lockeriges Holz. — Der Splint, wenn er sich mehr entwickelt hat, macht das vollkommene Holz aus. (T. 1. 1, 163 u. folg. A. 7.)

RUDOLPHI.

wenn man sich den Bast als einen isolirten Theil denkt. — Man sieht deutlich die Bastfasern oder gestrekten Zellen in das weiche Holz übergehen und sich überall damit verbinden. (§ 158. S. 226, 227.)

Das Mikroskop zeigt, daß die in einander übergehenden Theile (des Bastes und des Holzes) von gleichem Bau sind. (§ 158. S. 227.)

So wie jedes Holz aus Zellgewebe und Gefäßen besteht, so bildet sich auch das junge Holz auf dieselbe Art aus diesen Theilen. Es verlängert und vermehrt sich allmählig das Zellgewebe des Bastes und des Holzes, und formiret einen neuen Jahrring, der im weichsten Zustande, Splint, Alburnum, genannt wird, weiterhin unreifes, endlich reifes Holz ist. *Weder das Holz noch der Bast allein bilden also den Splint, sondern beide gemeinschaftlich. —* Der Saft (Cambium) der zwischen dem Holz und dem Bast in so großer Menge aufsteigt, giebt beiden reichlichen Stoff zur Verlängerung oder zur Bildung des Zellgewebes. (§ 159. S. 227, 228.)

Il y a peut-être beaucoup de ressemblance entre l'opinion de Mr. Rudolphi et la vôtre, mais il se pourrait aussi qu'elles fussent très-différentes. Selon vous le cambium est l'origine du liber; le liber est le bois dans son enfance; avec le tems, il devient aubier, puis bois parfait. Selon Mr. Rudolphi c'est le tissu cellulaire du liber et du bois qui, en s'alongeant, produit l'aubier et le jeune bois. Je ne conçois pas bien nettement l'idée de Mr. Rudolphi. S'il croit que le chyle végétal que vous avez nommé cambium d'après Grew et Duhamel, reproduit un nouveau liber à mesure que le tissu de l'ancien s'alonge et se métamorphose en bois, alors tout est éclairci, et Mr. Rudolphi a adopté votre opinion comme l'a fait Mr. Tréviranus. Mais s'il pense que le liber n'est pas le passage ou la transition d'une partie plus molle à l'état de bois; s'il s'imagine que c'est un organe particulier doué d'une faculté génératrice, et qui produit du bois sans que sa nature propre change; alors il s'éloigne absolument de vos principes, et il adopte un système qui n'est pas soutenable; car en bonne philosophie, tout corps générateur reproduit un être semblable à lui, ou, pour parler plus énergiquement, *continue l'espèce*.

Quant à cette opinion que *le cambium monte*; les bourrelets qui se forment au dessus des ligatures, prouvent le contraire; et c'est en montrant que le cambium vient, particulièrement, des sommités du végétal, que vous avez expliqué la formation de ces bourrelets qu'on attribuait avant, à une sève descendante qui n'existe pas.

Je pourrais, Monsieur, poursuivre ce parallèle; mais les points que j'ai traités sont les plus importans, et ils

Es herrscht vielleicht eine große Aehnlichkeit zwischen Herrn Rudolphi's Meinung und der Ihrigen, und doch sind sie vielleicht sehr verschieden. Nach Ihrer Meinung, ist das Cambium der Ursprung des Bastes; der Bast ist das Holz in seiner Kindheit; mit der Zeit wird derselbe zu Splint; nachher vollkommenes Holz. Herrn Rudolphi zufolge, verlängert sich das Zellengewebe des Bastes und des Holzes und erzeugt so den Splint und das junge Holz. Ich fasse die Idee des Herrn R. nicht ganz. Wenn er meint, daß der Chylus der Gewächse, den Sie nach Grew und Duhamel Cambium nennen, Bast erzeugen, nach Maaße das Zellengewebe in diesem sich verlängere, und in Holz verwandle, so ist alles klar, und Herr R. hat, so wie Herr Treviranus, sich Ihrer Meinung zugesellt. Wenn er aber meint, der Bast sey nicht der Uebergang oder Zwischenstand eines weichern Theils, der zu Holz wird; wenn er meint, daß der Bast ein besonderes Organ sey, mit einer erzeugenden Kraft begabt, welches Holz erzeuge, ohne sein eigenes Wesen zu verändern, dann ist er weit von Ihren Grundsätzen entfernt; allein dann nimmt er auch ein nicht zu vertheidigendes System an: denn jedes erzeugende Wesen, erzeugt was ihm selbst ähnlich ist, oder, wie man sagt, erhält die Gattung.

Im Betreff der Meinung daß das Cambium aufsteige, beweisen die Wülste, welche sich über der Bindung formiren, das Gegentheil: und Sie haben die Bildung dieser Wülste, welche man einem absteigenden Safte zuschrieb (der aber nicht existirt) dadurch erklärt, daß das Cambium besonders aus den obersten Theilen der Gewächse fortkommt.

Ich könnte die Parallelle fortsetzen. Allein, dieses sind wohl die wichtigsten Punkte, und hinreichend, Sie

suffisent pour vous faire connoître les opinions de Mr. Rudolphi. Si vous voulez savoir, maintenant, ce que je
pense de son ouvrage, je vous dirai qu'il contient une
multitude de faits précieux et d'excellentes descriptions
anatomiques; qu'il prouve que son auteur est un observateur habile, et que l'on voit clairement, après une lecture
réfléchie, que si Mr. Rudolphi, au lieu de vouloir renverser des principes évidens, qu'il pouvait défendre avec plus
d'avantage que qui que ce soit, se fut borné à tirer les
conséquences qui dérivent naturellement de ses observations, il eût fait un fort bon livre, digne à tous égards,
de l'approbation de la Société Royale de Gottingue.

Il me semble, Monsieur, que votre théorie emprunte
une singulière confirmation des critiques qu'on a dirigées
contr'elle; car alors même que chacun l'attaque, chacun
reconnoît la vérité de quelques points importans, et si nous
réunissons en corps de doctrine tout ce qu'on vous concé-
de, vos opinions reparaissent appuyées des autorités
les plus respectables. Ainsi, faut-il prouver l'union et l'identité du tissu cellulaire qui constitue la masse du végétal,
et qui, véritable Protée, se représente, sans cesse, sous
des formes diverses, et trompe l'œil de l'observateur par
ses infinies variétés? Mr. Rudolphi vous prête son secours;
il étaye cette vérité, de bonnes observations, et dit
comme vous, que les illusions d'optique, ont abusé
la plupart des naturalistes, qui ont examiné la structure
du tissu cellulaire.

Faut-il démontrer que les gros vaisseaux séveux ne sont
que des modifications d'un type unique; mais que ces mo-

mit den Meinungen des Herrn R. bekannt zu machen.
Wollen Sie jetzt wissen was ich von seiner Arbeit denke?
Sie enthält eine Menge schätzbare Thatsachen, und
vortreffliche anatomische Beschreibungen; sie legt Pro-
ben der Geschicklichkeit des Physiotomen und Beobachters ab; und wenn Herr R. sich nicht vorgenommen hätte
gewisse unumstößliche Grundsätze zu bestreiten, die
doch durch seine Beobachtungen selbst bestätigt werden,
so würde er ein sehr gutes Buch geschrieben haben, das
in jeder Hinsicht, des Beyfalls der Königlich Göttingi-
schen Societät würdig gewesen wäre.

Ich finde, mein Herr, daß Ihre Theorie von den
Anfällen selber welche man auf sie macht, eine besondere Kraft erhält. Denn wenn auch jeder sie bestreitet, so erkennt doch jeder die Wahrheit einiger wichtigen
Punkte; und wenn man alles, was Ihnen zugestanden
wird, in ein Corps de doctrine vereinigt, so sind Ihre
Meinungen von den achtbarsten Autoritäten gestützt.
Auf diese Art findet man, daß, wenn die Einheit
und das Einerlei des Zellengewebes (welches die Massa
des Gewächses ausmacht, und, wie ein Proteus, sich
immer unter andern formen zeigt, und durch seine un-
endlichen Verschiedenheiten das Auge des Beobachters
täuscht) muß dargethan werden, Herr Rudolphi Ihnen
zu Hülfe kommt. Er unterstützt diese Wahrheit mit
tüchtigen Wahrnehmungen, und erkennt, gleich Ihnen,
daß optische Täuschungen die Irrthümer veranlaßten,
in welche die meisten Naturforscher gefallen sind, wann
sie vom Zellengewebe handelten.

Gleichfalls, wenn es zu beweisen ist, daß die großen
Saftgefäße nur Modificationen eines einzigen Typus,

difications sont primitives, et non, comme voulait Hedwig, des transformations, ouvrages du tems? Mr. Bernhardi embrasse cette opinion; il prouve par la forme même des fausses-trachées annulaires, que jamais ces vaisseaux n'ont eu la forme spirale des véritables trachées, et montre que les points réguliers qui caractérisent les vaisseaux poreux, et que l'on regardait comme les vestiges encore subsistans, des circonvolutions des trachées, se retrouvent sur les membranes des cellules.

Faut-il confirmer la découverte des pores, sans laquelle il est impossible que le physicien conçoive la marche rapide de la séve? Mr. Link, en adoptant les opinions d'Hedwig, reconnaît que ces ouvertures existent sur la membrane des tubes poreux; et Mr. Bernhardi, en convenant qu'il a trouvé sur les parois des cellules, les points que vous regardez comme des pores, fait voir que les cellules sont poreuses aussi bien que les tubes.

Faut-il lever tous les doutes relativement à la nature du liber? Mr. Tréviranus se charge de cette tâche délicate, et donne un nouveau poids à vos observations et à vos expériences, en montrant, comme vous l'aviez déjà fait, le passage insensible des cellules molles, tendres et transparentes du liber, à l'état des cellules fermes, dures et opaques qui composent la partie la plus considérable du corps ligneux.

Il ne me serait pas difficile de vous citer une foule d'autres exemples; mais les traductions fidèles que je me

*oder einer einzelnen Hauptform sind; welche Modifica-
tionen jedoch ursprünglich, und nicht, wie Hedwig
wollte, durch die Zeit bewirkte Verwandlungen sind, so
ist es Bernhardi der diese Meinung annimmt. Durch
die Beschaffenheit der ringförmigen Scheintracheen
selbst, beweist er, daß diese Gefäße niemahls die
Schraubenwindungen der wahren Tracheen hatten, und
eben so zeigt er, daß die regelmäßigen Punkte welche
die porigen Gefäße auszeichnen, und welche man als
übrig gebliebene Spuren der schraubenartigen Windungen verwandelter Tracheen anmerkte, sich auch auf
den Zellenhäuten entdecken lassen.*

*Hat man die Entdeckung der Poren, ohne welche der
schleunige Fortgang des Baumsaftes in den höchsten Bäumen unbegreiflich bleibt, zu bestätigen; Herr Link,
indem er Hedwigs Meinung zur seinigen macht, gestehet, daß diese Oeffnungen auf den Häuten der porigen
Röhren existiren; und Herr Bernhardi, in dem er ein-
gesteht, daß er auf den Zellenwänden die Punkte gefunden, welche Sie und Herr Link für Poren halten,
zeiget die Porosität der Zellen so wohl, als der Röhren.*

*Ist es nöthig in Ansehung des Bastes und seiner Be-
wandniß alle Zweifel zu heben, Herr Treviranus nimmt
diese bedenkliche Arbeit auf sich, und ertheilt Ihren
Beobachtungen und Experimenten ein neues Gewicht,
in dem er, wie Sie zuvorgethan hatten, den allmähli-
gen Uebergang der zarten, weichen, und durchsichtigen Bastzellen in den Stand der festen, harten und
undurchsichtigen Zellen, welche den anmerklichsten
Theil der Holzmasse bilden, darthut.*

*Eine Menge anderer Beispiele könnte ich Ihnen an-
führen; allein Sie haben sie gewißlich, so wohl als ich,*

T 3

propose de vous adresser, vous les feront mieux connaître que tout ce que je pourrais dire, et ceux que je viens de rapporter, sont assez remarquables pour qu'à l'avenir, le lecteur éclairé fasse de lui-même de pareils rapprochemens.

Vous n'avez pas à vous plaindre de la critique, Monsieur; elle imprime le sceau de la vérité à votre théorie; et si l'un de vos censeurs, au lieu d'imiter les autres, dans leur ton plein de decence, s'est abandonné à des expressions que réprouvent le bon goût et la politesse, vous ne devez pas vous en affecter; cet écart est dû, sans doute, à l'effervescence d'une vive jeunesse; le tems et l'exemple corrigeront Mr. Rudolphi; et je me plais à croire qu'un jour, ce savant, moins enclin à la satire, et plus soigneux de sa propre réputation, joindra l'urbanité qui lui manque, aux vastes connaissances qu'il possède déjà.

J'ai l'honneur d'être etc.

NB. En traduisant en allemand, cette lettre, que j'ai composée en français et que l'auteur de cet ouvrage a désiré que je publiasse, je n'ai pas cru devoir m'astreindre à suivre mot à mot l'original; quelquefois, je me suis simplement borné à conserver la nature des argumens et leur ordre logique; étant d'opinion qu'une imitation faite par celui qui est bien pénétré du sujet, est souvent beaucoup plus fidèle qu'une traduction littérale, dans laquelle il n'est pas rare que l'on ne néglige la pensée pour le mot.   B.

selbst bemerkt; und diese sind auffallend genug, um einem aufgeklärten Leser zu weiterer Ausstellung ähnlicher Vergleichungen Anlaß zu geben.

Sie, mein Herr, haben Ihren Krittickern nichts zu verargen; diese selbst drucken das Siegel der Wahrheit auf Ihre Theorie. Und wenn einer dieser Herrn (damit er sich etwa mehr Ansehn gebe, und was er Ihnen zu verdanken hat, um so besser verberge,) sich vom höflichen Ton so weit entfernt, daß er sich Ausdrücke erlaubt, die der guten Lebensart zuwieder sind, und so gar ins ungezogene fällt; so muß man glauben, daß dies einer jugendlichen Unbesonnenheit beizumessen sey; Zeit und mehr Bildung werden Herrn Rudolphi gesitteter machen; und es ist zu erwarten, daß dieser Gelehrte sich einst seiner eigenen Achtung genug angelegen seyn lassen wird, um denen gründlichen Kenntnissen, welche er schon gesammelt, die Urbanität beizufügen, welche ihm noch fehlt.

Ich habe die Ehre etc.

NB. Ich habe nicht vermeynt in diesem Briefe, der in Französischer Sprache geschrieben wurde, und von welchem der Verfasser wünschte, daß ich eine Uebersetzung liefern möchte, mich wörtlich an das Original binden zu müssen; indem ich zuweilen bloß das Wesentliche der Argumente und ihre logische Ordnung als Hauptsache beibehielt. Ich bin überdies der Meinung, daß eine freye Uebersetzung, wenn man anders vom Geiste des Gegenstandes gehörig durchdrungen ist, den Sinn des Verfassers getreuer liefert, als eine ängstliche, in welcher die Gedanken öfters denen Worten aufgeopfert werden.   B.

NOTES JUSTIFICATIVES,

SERVANT DE SUPPLÉMENT À MA LETTRE

AU

DOCTEUR TRÉVIRANUS.

NOTES JUSTIFICATIVES,

SERVANT DE SUPPLÉMENT À MA LETTRE

AU DOCTEUR TRÉVIRANUS.

(*a*)

Question proposée par la classe de Physique de la Société
Royale de Gottingue, pour le mois de Novembre 1805.

„ Comme la structure particuliére des vaisseaux des plantes,
„ est rejetée par quelques uns des nouveaux physiologistes, tan-
„ disqu'elle est reçue par d'autres, nommément par les plus
„ anciens, on demande de nouvelles recherches microscopi-
„ ques, afin de confirmer ou les observations de Malpighi,
„ Grew, Duhamel, Mustel, Hedwig; ou bien l'organi-
„ sation particuliere des végétaux, moins compliquée et
„ qui s'écarte plus du règne animal; qu'on fait résulter
„ ou de simples fibres et fibrilles propres; (*Médicus.*) ou de
„ tissu cellulaire et tubulaire. (*Mirbel.*)

„ On recommande d'avoir égard aux questions secondaires
„ qui suivent: *a*) Combien d'espéces de vaisseaux peut-on
„ supposer avec certitude, dès la premiète époque du dé-
„ veloppement? Et supposé que ceux ci existent effective-
„ ment; *b*) les fibres roulées qu'on nomme trachées, sont-
„ elles creuses elles-mêmes, de manière à former de petits
„ tubes, ou servent-elles seulement à former des tubes par
„ leurs propres circonvolutions? et *c*) comment les fluides

„ et les gaz sont-ils unis dans ces tubes? d) Les trachées
„ se transforment-elles en fausses-trachées, (*Sprengel.*) ou
„ les fausses-trachées en trachées. (*Mirbel.*) e) L'aubier et
„ les fibres ligneuses se forment-ils des fausses-trachées, ou
„ de vaisseaux propres et primitifs ou bien du tissu tubulei-
„ re?" (*)

On m'assure que cette traduction est exacte; j'avoue que
j'y trouve quelque obscurité, et je présume que l'original
est plus clair. Quoiqu'il en soit, ma théorie est absolument

(*) Voici la copie littérale de ce programme, tel qu'on le
trouve dans l'ouvrage de Mr. Rudolphi.

„ *Da der eigentliche Gefäßbau der Grundichfe von einigen
neuen Phyfiologen geläugnet, von andern, zumal ältern, angenommen wird: fo wären neue mikroskopifche Unterfuchungen
anzuftellen, welche entweder die Beobachtungen Malphigi's,
Grew's, Du Hamel's, Mustel's, Hedwig's, oder die befondere
von dem Thierreich abweichende, einfachere Organifation der
Grundichfe, die man entweder aus einfachen eigenthümlichen
Fibern und Fafern, (Médicus.) oder aus zelligem und röhri-
gem Gewebe (tissu tubulaire, Mirbel.) hat entftehen laffen, be-
ftätigen müfsen. — Dabey wären nachfolgende untergeordnete
Fragen zu berückfichtigen a) wie vielerley Gefäfsarten laffen
fich von der erften Entwickelungsperiode derfelben mit Ge-
wifsheit annehmen? und wenn diefe wirklich exiftiren: b) find
jene gewundenen Fafern, welche man Spiralgefäfs (vafa fpira-
lia) nennt, felbst hohl, und bilden fie alfe Gefäfse, oder dienen fie durch ihre Windungen zur Bildung eigener Kapfeln?
und wie c) bewegen fich in diefen Kapfeln, die tropfbaren
Flüfsigkeiten fowohl als Luftarten? d) entftehen durch Ver-
wachfung diefer gewundenen Fafern, die Treppengänge, (Sprengel.) oder umgekehrt diefe aus jenen? (Mirbel.) entftehen von
den Treppengängen Splint (alburnum, aubier,) und Holzfafern,
oder diefe aus urfprünglich eigenthümlichen Gefäfsen oder dem
übrigen Gewebe.*"

désigurée dans ce programme. Dire que je considère les végétaux comme étant composés de cellules et de tubes c'est négliger une idée principale pour s'attacher à une idée secondaire. Mon opinion n'a jamais varié. J'ai établi, dès que j'ai réuni en corps de doctrine, les faits que j'ai observés, que les végétaux sont formés d'un tissu membraneux, lequel offre des vacuosités plus ou moins grandes, composant des cellules et des tubes; ce qui signifie, en d'autres termes, que la structure végétale est entièrement celluleuse. On se trompe d'une manière non moins forte et plus frappante, quand on me fait dire que les fausses-trachées se transforment en trachées, puisque, non seulement je n'ai jamais eu cette pensée, mais que j'ai indiqué très-clairement, que je considérais les trachées et les fausses-trachées comme des tubes primitifs, lorsque je les ai rangées dans les organes élémentaires. Je ne conçois pas comment Mr. Sprengel a pu s'y méprendre. Il est le premier qui m'ait attribué cette opinion, et je pense que son ouvrage aura égaré les auteurs du programme. Depuis, quelques savans ont suivi l'exemple de Mr. Sprengel et m'ont censuré sans se mettre en peine qu'il eut tort ou raison. Mais leur réfutation est venue trop tard; avant qu'elle ne parût j'avais publié un mémoire dans lequel je prouvais, par une suite d'observations très-détaillées, que les trachées, les fausses-trachées, les vaisseaux poreux et les vaisseaux en chapelet, naissent tels et conservent toujours leurs formes primitives. (*Voyez la note 2.*)

(*b*) Il est vrai que les trachées (*) développées ne

(*) Ce que nous appelons en allemand du nom latin ou français de *trachée*, se nomme maintenant, plus ordinairement,

tiennent au tissu que par leurs extrémités, mais dans l'origine, elles y adhèrent par tous les points, puisqu'elles s'orga-

---

du nom de *Spiralgefäß*, ou *vaisseau en forme spirale*. D'autres préfèrent le nom de *Schraubengänge* ce qui indique la *co-
chlea femina* des latins. Il est vrai que le nom de vaisseau
spiral exprime mieux la chose que celui de trachée. Mais
malgré l'erreur qui a donné lieu à cette dénomination lorsqu'on
voulait trouver une ressemblance entre ces vaisseaux et l'*as-
pera arteria* ou la *trachée* des insectes, Mr. Mirbel a conservé ce nom parcequ'il était reçu: et quiconque sait combien il
importe aux sciences que les termes une fois adoptés, ne
soient pas changés sans nécessité, lui en saura gré. Assurément, personne ne se trompe à ce nom, non plus qu'à celui
d'*artère* qu'on à conservé dans l'anatomie animale quoiqu'on
soit bien revenu de l'idée des anciens, que ces vaisseaux contiennent de l'air; ce qu'exprime leur nom. Pour ce qui regarde le nom de *Treppengänge* ou *escaliers creux*, que les
phytotomes allemands donnent souvent aux *fausses-trachées*;
plusieurs d'entre eux en ont remarqué l'impropriété, et nous
sommes bien en droit d'y préférer avec ceux-ci, le nom de
falsche ou de *Scheintrachten*; ou bien de *Querspaltgefäße*,
vaisseaux à fentes transversales. Moins propre est le nom
de *fausse Spiralgefäße* que Mr. Trévtranus leur donne en
traduisant *trachée* par *Spiralgefäß*; quoiqu'en ceci il ne veuille qu'adopter le nom que Mr. Mirbel a employé. ,, Il con-
,, vient à cet auteur, dit-il, (p. 48 et 49) de nommer com-
,, me bon lui semble, la chose qu'il a découverte le premier."
Maintenant, on commence aussi à disputer cette découverte;
et pourquoi? parceque d'autres observateurs avaient vu la chose.
C'est très-simple; tout observateur l'a dû voir; mais personne
ne l'avait distinguée, n'en avait saisi les caractères, et ne les
avait fait connaître. J'observerai (sans prétendre établir aucune
comparaison entre deux découvertes qui sont loin d'avoir une
égale importance) que c'est de la même manière qu'on a disputé
à Harvey la découverte de la circulation du sang. *Blldardt*,

nisent dans le tissu même. La différence dans la forme, la consistance et la croissance des parties, en a dû nécessiter la séparation, et cette différence sans doute, ne s'est manifestée que peu à peu, en sorte qu'il est facile de concevoir que les trachées n'aient été d'abord, que de simples cellules, de même que les fausses-trachées et les tubes poreux. Les vaisseaux en chapelet me paraissent être les intermédiaires entre le tissu cellulaire proprement dit, et les tubes. Cette idée se trouve dans mes premiers écrits, et elle a suggéré à Mr. Tréviranus, son système sur le développement des vaisseaux. Toute fois, la nuance qui sépare nos opinions est très-marquée. Selon Mr. Tréviranus, l'organisation serait sans cesse modifiée, et les cellules changeraient de forme, jusqu'à ce qu'elles fussent arrivées à l'état de trachée, terme de toutes ces métamorphoses ; tandisque suivant ma pensée, la plupart de ces opérations n'ont lieu que dans l'origine des parties, et à cette époque où la Nature se plaît à couvrir son travail, d'un voile impénétrable. Si Mr. Tréviranus se trompe, il affecte toutes ses recherches du vice de son système ; si mon hypothèse est sans fondement, comme je ne l'élève qu'à l'extrême limite de l'observation, elle ne compromet pas ma théorie qui repose sur des faits évidens. (*Voyez la note* 1.)

(1) L'intervention de fibres pour lier les différentes parties internes du végétal, a été imaginée par Grew. Il établit que toutes les parties organiques de la plante sont composées de fibres ; que les fibres qui forment les vaisseaux, s'étendent en longueur ; que celles qui forment la moëlle, les insertions, (*rayons médullaires*,) et le parenchyme de l'écorce, s'étendent en largeur ou horizontalement ; et il ajoute que les vaisseaux étant placés transversalement entre les inser-

tions, quelques fibres s'entortillent autour d'eux et les unissent en faisceaux. Il compare l'entrelacement des fibres au tissu d'un panier d'osier. *Anatomy of plants, Book* 3, *Chapt.* 3, *p.* 101, *Pl.* 40. La planche 40, citée ici, représente une coupe horizontale, séparée en fragmens écartés les uns des autres, et l'on voit que les divers fragmens sont attachés par quelques fibres horizontales. Grew se contredit d'une manière bien manifeste, lorsque, dans un autre endroit, il compare le tissu cellulaire à l'écume du vin qui fermente.

Ludwig et Böhmer ont cru voir aussi des fibres transversales dans les végétaux.

Mr. Sprengel, si l'on en juge par le passage suivant, se figure également que l'union des vaisseaux se fait par le moyen de fibres. „ L'œil armé, dit-il, page 196, n'observe presque, dans un morceau mince d'aubier, que des „ trachées et des fausses-trachées très-proches les unes des „ autres, et qui ne sont réunies çà et là, que par des fibres „ transversales, etc."

Mr. Tréviranus a conçu d'une toute autre manière, l'union des diverses parties du végétal. Pour entendre son système, il est nécessaire d'entrer dans quelques développemens. Mr. Sprengel avait remarqué qu'il existe souvent, dans les cavités du tissu cellulaire, des grains tantôt isolés, tantôt réunis. Ces grains sont des particules amilacées, salines ou résineuses. Mais, Mr. Sprengel y vit toute autre chose. „ Il y a, dit-il, page 98, une formation organique, lorsque „ dans les fluides des végétaux, il se produit presque partout, des globules ou vésicules; et cette formation prend „ d'autant plus la forme propre au tissu cellulaire que les „ vésicules se rapprochent d'avantage les unes des autres". Ce peu de mots contient les fondemens de la doctrine de

Mr. Tréviranus. D'après lui, les vésicules sont l'origine de toute l'organisation végétale. D'abord, elles n'ont entre-elles aucune adhérence; insensiblement elles se développent; puis, elles se touchent par quelques points; enfin, elles s'unissent, se collent les unes aux autres, et forment un tissu commun, qui laisse cependant, certains vides, auxquels l'auteur donne le nom de *meatus intercellulares*. Ces méatus ou conduits servent de canaux à la séve, et représentent les vaisseaux transversaux que Leeuwenhoek, Hedwig et plusieurs autres ont imaginés. Les vésicules qui se développent à peu près également dans tous les sens, forment le tissu cellulaire parenchymateux de l'écorce, de la moëlle etc.; celles qui croissent beaucoup en longueur et peu en largeur, forment le tissu cellulaire des parties dures et ligneuses. (*fibres, Tré-viranus.*) Ces derniéres prenant quelque extension en largeur, deviennent des vaisseaux en chapelet. (*corps vermiculaires, Tréviranus.*) Dans cet état, ce ne sont encore que des cellules placées bout à bout; mais la dilatation continuant, les cloisons se rompent, et l'on trouve au lieu de cellules, des vaisseaux poreux, (*vaisseaux ponctués, Tréviranus.*) des fausses-trachées et des trachées, suivant le dégré de développement auquel est parvenu le tissu. Les points des vaisseaux en chapelet et des vaisseaux poreux, sont de nouvelles vésicules qui s'attachent sur les membranes. Les fentes des fausses-trachées et les lames des trachées sont l'ouvrage des vésicules qui découpent les membranes par des moyens inconnus. (*Voyez la note s.*) Il arrive de tems en tems, que quelques unes de ces vésicules, qui ne se développent ordinairement que dans le tissu cellulaire, se transforment en cellules dans l'intérieur même des tubes, delà vient qu'on trouve des tubes fermés çà et là, par le tissu cellulaire. Quand les vésicules sont arrivées à l'état de cellules et qu'

elles se sont soudées les unes aux autres, elles se remplissent à leur tour, de petites vésicules qui sont de même
nature qu'elles, et qui sont appelées à jouer un rôle semblable dans l'organisation. C'est ainsi que toute plante croît
et se développe. Envisagée de cette manière, l'organisation végétale est très simple, et l'on peut se faire une idée
du premier germe d'une plante. Ce doit être, si j'ai bien
saisi les conséquences du système, une vésicule unique;
elle se développe, et dans sa cavité paraissent bientôt d'autres vésicules qui croissent insensiblement en nombre et en
volume; de nouvelles vésicules viennent encore remplir
celles-ci, et cette multiplication ne cesse qu'avec la vie de
la plante.

Il suffit des plus légères notions sur l'organisation végétale, pour sentir que cette théorie toute entière, est l'ouvrage
de l'imagination de l'auteur, et qu'elle est en opposition
avec les faits connus. Selon la remarque de Mr. Link, dès
que l'on peut distinguer quelques traces d'organisation, on
reconnaît que le tissu cellulaire a déjà la continuité qui lui
est propre; et les observations de Mr. Rudolphi et les
miennes, confirment cette remarque. D'ailleurs, le fait sur
lequel s'élève le système, est absolument faux. Ces vésicules qu'on nous offre comme les premiers élémens de l'organisation, ne sont que des agglomérations de matières con-
crètes, déposées par les fluides, dans les cavités des cellules.
Mais lors même que cela ne serait pas démontré, il serait
difficile de croire que le développement d'un végétal pût s'opérer par la réunion fortuite de petites vessies qui s'attacheraient
les unes aux autres. Cette idée, toute contraire aux lois
de l'organisation, doit son existence à de prétendus rapports
que certains naturalistes ont trouvés entre les deux règnes de
la Nature. Ces savans disent que les corps organisés nais-

sent et se développent de même qu'un cristal se forme et
s'accroît, et qu'ils ne sont dans l'origine, que de simples
molécules qui s'attirent et se joignent comme les élémens
brutes que le chimiste tient en dissolution. Qu'il en soit
ainsi pour les molécules constituantes des corps organisés,
c'est ce que l'observateur ne saurait décider puisque l'observation ne pénètre pas si avant; et le métaphysicien qui a
considéré cette question comme étant de son ressort, n'y a
trouvé constamment, qu'un sujet de doute, d'incertitude
et d'erreur.

(*d*) Leeuwenhoek apperçut le premier, que la membrane
de certains tubes est couverte de petites élévations, et il en
donna une description et une figure. (*Voyez la note f.*) Il
vit bien, à la vérité, la disposition régulière de ces parties
saillantes; mais il ne reconnut pas qu'au centre de chaqu'-
une d'elles, il existe une ouverture.

Hedwig distingua les pores qui couvrent les tubes, mais
ne les observa qu'imparfaitement; et ce fait devint pour lui,
une source d'erreurs; car il se figura que ces vaisseaux couverts de pores, n'étaient autre chose que des trachées dont
les circonvolutions venant à se souder de distance en distance, laissaient subsister des ouvertures régulières. (*Voyez
la note v.*) Hedwig ne fit pas attention qu'une telle soudure, qui serait le résultat de la nutrition, ne pourrait guère
s'opérer avec l'extrême régularité qu'on observe dans l'arrangement des pores; il ne remarqua point que la forme du
tube poreux, n'est pas celle d'une lame épaisse, roulée en
hélice, et dont les bords s'uniraient entre eux : mais que
c'est une simple membrane, formant un tube percé tout au
tour, de petits trous distincts, rangés en anneaux; il ne vit
pas enfin, ces cellules en chapelet, qui sont couvertes de

pores absolument comme les tubes; et il est bon de remarquer que ce fait est de nature à terminer toute discussion,
car celui qui voudrait admettre maintenant, la transformation
des trachées en vaisseaux poreux, devrait, par la même raison, croire à la transformation des tubes poreux en cellules,
ce qui, sans doute, n'entrera jamais dans l'esprit d'aucun naturaliste. L'opinion d'Hedwig a beaucoup de partisans en
allemagne; elle en a quelques uns en france; mais elle tombera dès l'instant que l'on fera plus de cas du témoignage
des faits que de l'opinion d'un homme.

J'ai examiné ces prétendues trachées et j'ai découvert en
elles, une espèce de vaisseaux toute particulière. J'ai reconnu que, dans maintes circonstances, le tissu cellulaire
est poreux comme ces tubes; j'ai vu qu'autour de chaque
pore, il existe un petit bourrelet saillant, et je me suis convaincu que ces caractères sont primitifs.

Mr. Sprengel est venu après moi et n'a vu ni les cellules,
ni les tubes poreux; mais il a trouvé dans le tissu cellulaire,
de petits grains qui n'avaient aucune adhérence avec les
membranes et nageaient dans les fluides. Il a cru, je ne
sais pourquoi, que ces grains étaient ce que j'avais pris
pour des pores.

Mr. Bernhardi ne s'y est pas trompé; il a combattu à la
fois, l'erreur d'Hedwig et celle de Sprengel; il a montré,
d'une part, que les trachées ne se changent pas en tubes
poreux, et de l'autre, que les points rangés sur les membranes des tubes et des cellules, sont fixes, et que leur
disposition symétrique ne permet pas de douter que leur
existence ne soit liée à l'organisation des membranes. Mais
il ne pense pas qu'il y ait un pore au centre de chaque
élévation, et comme il ne peut se dissimuler la ressemblance
extrême des tubes poreux avec les fausses-trachées, il sou-

che la difficulté et décide que la membrane de ces dernières n'est pas percée de fentes. (*Voyez la note r.*) Ici tous les observateurs s'élèvent contre lui.

Mr. Trévirinus adopte l'opinion de Mr. Sprengel, mais comme il a observé les tubes poreux et les veines de tissu cellulaire qui forment les vaisseaux en chapelet, il la présente sous un nouveau point de vue. Les pores que Mirbel a décrits, dit-il, sont les vésicules ou les grains contenus dans les cellules. Ils se placent et s'attachent sur les membranes avec régularité. Ils y forment de petites élévations que Mirbel a pris pour des trous. Il faut convenir cependant, que leur présence occasionne des déchiremens ou des ouvertures dans les membranes, d'où résulte la formation des tubes poreux, des fausses-trachées et des trachées. (*Voyez la note s.*)

Je réponds: 1°. que je n'ai pas confondu les grains ou vésicules indiqués par Mr. Sprengel, avec les pores des membranes, puisque je parle des uns et des autres dans un même écrit, en des termes bien différens; (*Voyez mon second Mémoire sur l'organisation végétale, Journ. de Phys. T. 58.*) 2°. que je ne me suis pas abusé au point de prendre des élévations pour des trous, mais que j'ai dit qu'au milieu de chaque élévation on pouvait observer un trou; 3°. qu'il n'est nullement probable que des grains libres dans les cellules et nageant dans les fluides, soit qu'ils fussent organisés ou non, se rangeassent jamais sur les membranes, avec la régularité des pores que j'ai décrits; 4°. que s'il est prouvé que les trachées ne deviennent point de fausses-trachées, puis des tubes poreux, puis des vaisseaux en chapelet, il ne l'est pas moins que les vaisseaux en chapelet ne se transforment pas en vaisseaux poreux, en fausses-trachées et en trachées; 5°. qu'en retranchant de l'opinion de Mr. Treviranus toutes les hypothèses démenties par l'observation et l'expérience. Il reste un fait, savoir: qu'il y a des cellules et des tubes poreux.

Suivant Mr. Link, les tubes poreux sont de même nature que les fausses-trachées, et l'une et l'autre espèces de vaisseaux sont d'anciennes trachées dont la lame s'est soudée en divers endroits; ainsi, quoi que Mr. Link ne se prononce pas, il est clair qu'il pense avec Hedwig que les tubes poreux sont réellement criblés de trous. Mais il dit très-positivement, que les pores que je prétends avoir observés sur les cellules, ne sont que des grains amilacés, en quoi il montre, ce semble, qu'il a lu avec peu d'attention la remarque tout-à-fait décisive de Mr. Bernhardi, (*Voyez la note i.*)

(*i*) „ Les parois membraneuses des cellules sont ordi„ nairement criblées de pores dont l'ouverture n'a certai„ nement pas la trois-centième partie d'un millimètre. „ Ces pores sont *bordés de petits bourrelets inégaux et* „ *glanduleux*, qui interceptent la lumière et la réfractent „ avec force lorsqu'ils en reçoivent les rayons". (*Mirbel,* „ *Traité d'Anat. et de Physiol. végét. T. I. p.57.*)

„ Quand les membranes sont opposées à la lumière, „ comme on le suppose en *a*, *chaque pore paraît comme* „ *un point lumineux, et son bourrelet paraît autour de* „ *lui, comme une zone obscure.* Quand les membranes ont „ derrière elles quelques corps qui s'opposent à leur trans„ parence, comme on les représente en *b*, *les pores sont* „ *très-obscurs; mais les bourrelets glanduleux forment des* „ *zones brillantes.* C'est ce qu'on a voulu faire sentir dans „ la gravure, en forçant le contour du pore. *Tous les pores* „ *ne sont pas munis d'une zone glanduleuse* comme on „ l'observe en *c*". (*Mirb. Tr. T. I. p. 364.*)

Je ne multiplierai pas les citations. Celles-ci sont bien
suffisantes pour prouver, que je n'ai pas pris les grains ou
les élévations pour des pores, comme le prétend Mr. Tréviranus. (*Voyez la note d.*)

(*f*) Leeuwenhoek a trouvé ces élévations sur le bois
de chataignier, de saule et d'aulne, comme on le voit dans
l'explication des figures 8, 9, 10, 11 *et* 12, de la II partie
de son tome 1er *Oper. omn.*

„ La lettre *k*, dit-il, en parlant de l'organisation du cha-
„ taignier, désigne les plus grands vaisseaux ascendans,
„ disséqués dans leur longueur. Je les ai trouvés presque
„ tout couverts de petits corps ayant, sous le microscope,
„ l'aspect de globules".

Il s'exprime à peu près dans les mêmes termes relativement au saule. Il ajoute à l'article de l'aulne, qu'aucun nom
ne convient à ces petits corps si ce n'est celui de globules.
Nullum nisi globulorum nomen competit.

(*g*) „ Lorsqu'on observe au microscope les vaisseaux
„ ponctués, (*vaisseaux poreux,*) et qu'indépendamment
„ de la lumière ordinaire d'en bas, il tombe encore
„ une lumière vive de côté, sur l'objet, les points pa-
„ raissent toujours comme de petits corps ronds et lui-
„ sans . . . . S'ils sont très-gros, et qu'il tombe
„ beaucoup de lumière de côté, ils peuvent même jeter une
„ ombre . . . . . Lorsque, dans une coupe mince et trans-
„ versale, on examine l'intérieur de ces vaisseaux, on voit
„ sur leur paroi, des inégalités et des points avancés . . . . .
„ Je trouve dans le bois du tilleul, des vaisseaux ponctués
„ qui se changent en fausses-trachées, et cela, de manière
„ que *les grains transparens deviennent des points opaques,*

„ tandisque les lignes transversales de ces vaisseaux devien-
„ nent des fentes . . . ." (*Tréviranus, p.* 59, 60 *et* 61.)

Les grains transparens qui deviennent des points opaques, sont très-certainement, les bourrelets que j'ai décrits. Mais Mr. Tréviranus croit que ces bourrelets occasionnent le développement des fentes, et si l'on jugeait de son opinion par le passage que je viens de rapporter, on penserait qu'il s'imagine que les fentes sont placées entre les bourrelets, et non pas qu'elles en sont entourées. En partant de ces suppositions, on conçoit qu'il pourrait exister des vaisseaux ponctués qui ne fussent pas poreux. Mais si en examinant avec attention les fentes des fausses-trachées dont le bourrelet est bien saillant, on reconnaît que ce bord calleux entoure parfaitement chaque fente, alors il sera démontré que le pore n'est ni au-dessus ni au-dessous du bourrelet, mais au milieu; et si l'on passe des fentes très-apparentes, à des ouvertures de plus en plus petites et que le bourrelet marque toujours complétement la périphérie du pore, alors on devra conclure que cette règle est générale; et s'il se rencontre des bourrelets tellement petits que le microscope ordinaire ne grossisse pas assez pour faire appercevoir un pore qui serait au centre, alors l'analogie devra faire soupçonner son existence; et si les fluides colorés qui montent dans les vaisseaux ou dans les cellules chargés de ces petits points saillans, se répandent facilement et promptement de tous côtés, comme ils le font par les fentes des fausses-trachées, alors le soupçon de l'existence des pores se changera en certitude; et si toutes les observations s'accordent à prouver que les trachées et les fausses-trachées ont présenté leurs caractères distinctifs, c'est-à-dire, des fentes et des bourrelets, dès que l'œil a pu les discerner, alors on jugera qu'il est raisonnable de croire que dans les vaisseaux poreux, lepores ne sont pas moins anciens que les bourrelets. Ce raisonnement qui est péremptoire, n'est point fondé sur de simples suppositions, mais sur une suite de faits que déjà l'on ne peut plus nier bien qu'on n'en admette pas encore toutes les conséquences.

Au reste, quand Mr. Tréviranus parle des pores, son discours est presque toujours obscur et embarrassé, comme il arrive d'ordinaire, lorsque les observations que l'on a faites démentent le système que l'on adopte. On a vu par le passage cité plus haut, que Mr. Tréviranus semble croire que les fentes sont situées entre les bourrelets de telle manière, qu'on aurait alternativement une fente et un bourrelet; mais lorsque ce savant veut expliquer l'origine de ces ouvertures pratiquées dans les vaisseaux, il change d'opinion. Ce sont, dit-il, les bourrelets qui disparaissent pour faire place à des trous; et ce qui le prouve, c'est que *dans les fentes déjà formées, on rencontre encore très-souvent des vestiges de la substance granuleuse*, (*Tréviranus, pag. 87.*) ce qui signifie, je crois, qu'on y trouve des renflemens formant un petit bourrelet autour de chaque ouverture. Ainsi, en procédant comme je l'ai fait dans la note *d*, c'est-à-dire, en supprimant de l'opinion de Mr. Tréviranus, ce qu'elle contient d'évidemment contraire aux faits, il en reste un, savoir: que le bord des fentes est granuleux.

(*h*) „ Pour rendre à la vérité ce qui lui est dû, dit „ Mr. Tréviranus, page 60, j'observerai que si les points „ ne sont pas des pores, ils occasionnent leur forma-„ tion. Je puis me fonder, par rapport à ceci, sur ce „ que j'ai remarqué dans les parois membraneuses et opaques „ des faisceaux de fibres des fougères. Ces parois m'ont offert „ une fois, dans le *polypodium filix mas*, un grand nombre

„ de pores bien visibles, tandisqu'ordinairement je ne les
„ ai trouvées que chargées de petits points, comme, par
„ exemple, dans le *polypodium aureum*."

Si Mr. Tréviranus eût été dégagé de tout esprit de système, il ne se fût pas imaginé que les cellules de telle
fougère sont poreuses, et celles de telle autre, seulement
ponctuées; il eût jugé que la grandeur des pores et celle des
bourrelets qui les entourent, sont variables; ce qui fait, que
dans certaines espèces on distingue très-clairement les pores, tandisque dans d'autres, les bourrelets seuls sont très-
apparens.

(1) Mr. Sprengel est le premier qui ait nié l'existence des
pores que j'ai décrits. Selon lui, (*page* 99.) les pores des
parois des cellules sont de petites vésicules qui n'ont dans
l'origine, aucun lien entre elles, qui sont organisées, et
qui, par leur réunion, doivent former du tissu cellulaire
(*Voyez la note k*.). Autre part, (*page* 196.) il veut que
les pores des tubes ne soient que des cristallisations et des
encroutemens que les fluides auraient déposés sur les parties
solides. A cela Mr. Bernhardi répond: „ Sprengel pense
„ que Mirbel a pris les globules et les vésicules qui se
„ trouvent dans les cellules, pour des ouvertures, ou des
„ pores: ceci pourrait avoir eu lieu çà et là, mais il est
„ bien difficile de supposer qu'un observateur aussi exact, se
„ soit trompé perpétuellement, sur un fait de cette nature.
„ Au contraire, on peut observer distinctement dans les
„ plantes, des points fixés sur la membrane des cellules,
„ et rangés quelquefois très-régulièrement, qui n'ont rien
„ de commun avec les globules détachés." (*Berhardi*, *page*
36.) Plus loin, Mr. Bernhardi affirme que les grains fixés
sur les membranes des cellules, sont de même espèce que

ceux des tubes poreux.   Ce nonobstant, Mr. Tréviranus
adopte le sentiment de Mr. Sprengel relativement aux pores
des cellules.   „ Mirbel, dit ce naturaliste, a décrit des
„ trous ou des pores dans les membranes des cellules, et
„ quoique Bernhardi croie que Mirbel, par ces pores, n'a
„ pas eu en vue les grains, (*c'est-à-dire, les vésicules de Mr.
Sprengel*) „ il me semble pourtant, qu'on n'en peut douter,
„ puisqu'il ne parle pas davantage des grains dans les cel-
„ lules.   Sprengel qui représente fort bien les cellules avec
„ leurs grains, observe que ces vessies nagent isolément
„ dans le tissu cellulaire du *piper blandum*, et que par-
„ conséquent, ce ne peut être des pores". (*Tréviranus, p. 5.*)
Je n'ai pas gardé le silence sur ces grains, comme se l'imagine à tort Mr. Tréviranus.   „ Les cellules du tissu des
„ cotylédons du haricot, dis-je, dans mon second Mémoire
imprimé dans le Journal de Physique, „ sont remplies d'une
„ fécule composée de petits grains arondis, blanchâtres, à
„ demi-opaques.   On ne trouve cette substance que dans le
„ tissu cellulaire.   Les cotylédons charnus de quelque
„ plante que ce soit, offrent une fécule analogue . . . . . .
„ Cette fécule est la première nourriture de l'embryon;
„ elle diminue sensiblement à mesure que celui-ci s'alon-
„ ge, et j'ai retrouvé à la base de la tige de plusieurs
„ jeunes haricots, dans le tissu cellulaire de l'écorce et de
„ la moëlle, une fécule semblable à celle des cotylédons".
Ne sont-ce pas là ces *vésicules* de Mr. Sprengel, *que l'on
trouve dans les cotylédons et dans les cavités du tissu cellulaire déjà formé?* (*Sprengel, page* 98.)   Mr. Tréviranus
est également dans l'erreur lorsqu'il croit que les vésicules
de Mr. Sprengel sont les pores dont j'ai parlé.   A la vérité, je n'ai rien dit touchant ces petits corps, en traitant
des organes élémentaires des végétaux, mais cela ne doit

pas surprendre, puisque je rejette absolument l'opinion de Mrs.
Sprengel et Tréviranus, sur l'origine du tissu cellulaire,
et que je ne vois dans les corps qu'ils décrivent comme des
vésicules organisées, que des concrétions de matières non-or-
ganisées.

Quant aux pores des vaisseaux poreux, Mr. Tréviranus
les considère comme des grains ou des globules saillans,
fixés sur les membranes, et sous ce point de vue, il se
rapproche de moi et s'éloigne de Mr. Sprengel qui, comme
il l'observe avec raison, n'a pas vu les vaisseaux poreux.
Mais Mr. Tréviranus lui-même, n'a pas apperçu le trou
placé au centre de chacun des petits globules, et il s'imagine
que j'ai pris ces globules pour des pores. Partant de cette
Idée, il s'attache à prouver que les globules sont saillans,
chose que j'ai démontrée avant lui; et parceque les raisons
qu'il donne sont péremptoires à cet égard, il croit avoir renversé mon opinion, tandisqu'il en a réellement affermi une
partie et n'a pas touché à l'autre.

Il est certain que Mr. Tréviranus lui-même, a reconnu
l'existence de mes cellules poreuses, non, à la vérité, comme étant réellement percées de pores, mais comme étant
couvertes de points semblables à ceux des tubes poreux;
et s'il persiste à dire, malgré la remarque de Mr. Bernhardi,
que j'ai pris les vésicules de Mr. Sprengel pour des pores,
c'est qu'il n'a pas saisi ma pensée. Voici ce que j'ai écrit
et ce que Mr. Tréviranus a lu: „ Dans la racine, à la place
„ de tubes on trouve de longues cellules (*vaisseaux en
„ chapelet*) assez larges, placées bout à bout, et formant
„ au milieu du tissu cellulaire, des veines qui se ramifient.
„ Les membranes de ces cellules sont moins transparentes
„ que celles du tissu cellulaire, et sont criblées d'une mul-
„ titude infinie de petits pores. Leur disposition relative

„ en font de véritables tubes coupés de diaphragmes percés
„ à la manière d'un crible. Je pense qu'ils ne doivent
„ guére retarder la marche des fluides. Ces vaisseaux sem-
„ blent, par leur organisation, tenir le milieu entre le tis-
„ su cellulaire et les tubes . . . . . ." (*Voyez le Journal
de Physique, T. 58, *page* 291, *et les Annales du Muséum
d'histoire naturelle*, T. 5.) „ Mirbel, dit Mr. Treviranus,
„ pages 69 et 70, est je crois, le premier qui ait représenté
„ les vaisseaux en chapelet . . . . . ce sont des utricules alongées . . . . . Ces utricules se distinguent par leur opacité
„ des utricules tantôt fibreuses (*petits tubes, tissu cellulaire ligneux de Mirbel, cellules alongées de Rudolphi*) „ tantôt
„ cellulaires (*cellules régulières, tissu parenchymateux de
Mirbel*) „ qui les environnent; mais là où la grandeur de ces
„ corps permet qu'on reconnaisse distinctement ce qui les
„ rend opaques, on voit que ce sont *quantité de petits
„ points qui souvent, sont rangés en séries horizontales,*
„ comme Mirbel les a représentés . . . ."

Mr. Treviranus a très-bien vu que ces veines de tissu cellulaire
avaient la plus grande analogie avec mes tubes poreux; qu'-
elles se trouvaient ordinairement à la jonction des tiges et des
branches et qu'elles établissaient la communication entre les
gros vaisseaux séveux des unes et des autres et servaient à
la marche de la séve; ce qui, suivant le cours d'une logique ordinaire, aurait dû l'induire à penser que mes observations relatives à l'existence des pores des cellules, sont fondées; que les cellules qu'il avait sous les yeux, sont au
nombre de celles que je nomme poreuses, et que Mr.
Bernhardi avait bien raison de soutenir que les petites ouvertures dont je parle, ne sont pas les vésicules décrites par
Mr. Sprengel.

(*I*)   Il existe dans chaque science, certains principes généraux, sur lesquels s'élève l'édifice de nos connaissances. Ils sont la clef des théories. Tant qu'on les ignore, l'imagination crée des systèmes plus ou moins ingénieux, mais toujours insuffisans; car la vérité est une, et quelque séduisante que soit l'erreur qui la remplace, elle laisse appercevoir je ne sais quoi de défectueux que reconnaissent bientôt, les hommes d'un solide jugement. Si les meilleurs esprits ne s'accordent point sur la manière d'envisager la série des faits qui composent une science, nous pouvons en conclure hardiment que les vérités premières ne sont pas encore découvertes. En prenant ceci pour règle, nous jugerons que les bases de la physiologie végétale sont inconnues. Aucune autre branche de l'histoire naturelle n'offre autant de doutes, d'incertitudes et même de contradictions. A peine existe-t-il un phénomène sur lequel tous les savans soient d'accord. Mais si l'on parvenoit à découvrir les principes de la science, en un moment les discussions seraient terminées, chaque fait viendroit, comme de lui-même, se placer dans son véritable jour, et toutes les opinions se rapprocheraient.

La connaissance parfaite de la structure du tissu cellulaire me paroît être le trait de lumière, qui doit enfin éclairer la physiologie végétale, et lui donner ce dégré de certitude sans lequel on peut dire qu'il n'existe point de science.

Les anciens n'ont pas eu d'idée nette de la structure du tissu cellulaire; et quoi que Grew le compare à l'écume du vin qui fermente, on reconnoit par plusieurs passages de son livre et par ses gravures, qu'il n'admettait pas le genre de continuité et de liaison qui existent dans l'écume d'un liquide. D'ailleurs l'idée qu'il s'était faite de l'organisation végétale exclut nécessairement cette comparaison. Tout le

tissu n'est à ses yeux, qu'un entrelacement de fibres horizontales et verticales, d'où résultent des utricules et des tubes.
(*Voyez la note c.*)

La manière dont s'exprime Malpighi est variable et par
conséquent, très-équivoque; mais ses gravures ne le sont
pas. Les utricules (*utriculi, vasa utriculiformia.*) y sont
représentées presque toujours séparées et distinctes les unes
des autres, et sous la forme de vessies arrondies.

Duhamel a tenté d'éclaircir le travail des anciens, mais il
a fait naître de nouveaux doutes, et n'a laissé sur le tissu
cellulaire, aucune observation importante.

Hedwig et Mayer semblent avoir voulu mettre la dernière main à la doctrine de Malpighi, en supposant entre
les cellules, des vaisseaux, ou même un réseau vasculaire.
(*vasa revehentia, ductus revehentis, reta vasculorum, vasa
tela cellulosae.*) Je dis que ce n'est au fond que la doctrine
de Malpighi; car les vaisseaux d'Hedwig sont les *meatus intercellulares* de Mr. Tréviranus, et les *meatus cellulares* de
Mr. Link, lesquels, sous quelques noms divers qu'on veuille
les désigner, sont les vides qu'il faut nécessairement admettre entre des utricules ou de petites vessies arrondies,
placées les unes à côté des autres.

Mr. Médicus épris du système de Grew, ne trouve dans
le végétal, qu'un assemblage de fibres qui laissent des interstices entre-elles.

Pour moi, je rejette toute idée de tissu cellulaire qui
ne serait pas membraneux et continu; dont les parois ne
seraient pas communes à plusieurs cellules à la fois; en un
mot, qui ne serait pas comparable, quant à la forme, à
l'écume d'un liquide. Et le tissu cellulaire ne compose pas
seulement dans ma théorie, l'écorce, la moelle, les fruits
pulpeux, les cotylédons épais, etc.; il constitue même la

masse la plus dure du bois, et les gros vaisseaux qui la parcourent; enfin, il forme tout le végétal.

Je pense que l'union complète du tissu a existé dés l'origine; ainsi je suis bien loin de partager le sentiment de Mr. Sprengel. Ce savant considère de petits grains *nageant librement ou presqu'librement* dans les cavités du tissu cellulaire déjà formé, comme des vésicules organisées qui prennent d'autant plus l'aspect du tissu cellulaire qu'elles se rapprochent d'avantage les unes des autres. (*Sprengel, p. 98.*) Mais si Mr. Sprengel s'éloigne de ma manière de voir quand il traite de l'origine du tissu cellulaire, il me semble qu'il s'en rapproche, quand il le décrit dans son développement parfait. Il reconnaît page 118 et suivantes, la continuité et la liaison de ce tissu, et confirme ce que j'ai dit dans le Journal de Physique de l'an 9, relativement au réseau vasculaire que Dessaussure et Mr. Decandolle, à l'exemple d'Hedwig, indiquent sous l'épiderme des végétaux; savoir: que ce prétendu réseau vasculaire n'est autre chose que les restes du tissu cellulaire attachés à la surface interne de l'épiderme.

Mr. Tréviranus adopte absolument le sentiment de Mr. Sprengel sur l'origine du tissu cellulaire; mais il veut qu'il existe après le développement complet, des espaces ou conduits intercellulaires. (*meatus intercellulares.*) ,, La forme
,, générale des cellules ou vésicules, dit-il, pages 9, 10,
,, 11 et 12, est plus ou moins sphérique ou globuleuse;
,, ainsi, lorsqu'elles s'attachent les unes aux autres, elles ne
,, peuvent se toucher dans tous les points; il faut néces-
,, sairement qu'il reste quelques petits intervalles entr'ou-
,, verts, et c'est ce que l'observation exacte nous démon-
,, tre. . . . Puisque la forme et la liaison des vessies sont
,, partout semblables, les interstices qu'elles laissent entre-

„ elles peuvent partout communiquer et former une infinité
„ de canaux qui rentrent les uns dans les autres, et que je
„ me plais à nommer des *conduits intercellulaires.* . . .
„ Mirbel est obligé de nier ces conduits puisque, dans son
„ système, chaque paroi entre deux cellules, est simple et
„ commune à toutes les deux".

On voit par le Journal d'Hartenkeils, que Mr. Link, dans
sa réponse aux questions de la Société Royale de Gottingue, avance que le tissu cellulaire est composé de cellules
qui forment chacune un *vaisseau distinct et fermé*, en sorte qu'il y a de *doubles parois*; mais la discussion que
Mr. Link a eue à ce sujet, avec Mr. Rudolphi, lui a fait
appercevoir son erreur qu'il a corrigée en partie, ainsi qu'on
en jugera par les passages suivans.

„ Le tissu cellulaire consiste en cellules membraneuses qui
„ sont d'une forme cylindrique ou prismatique, rarement
„ sphérique; et qui ordinairement, sont rangées les unes à
„ côté des autres. (*p.* 11.) Là où les cellules se tou-
„ chent, on apperçoit souvent une double raie, qu'on
„ prendroit pour un intervalle entre les cellules. Cela se
„ voit clairement dans la coupe transversale de la moëlle du
„ *Datura tatula.* . . . Les fibres du tissu cellulaire dont
„ Böhmer, Ludwig et autres parlent pourraient bien être
„ ces intervalles. Les *vasa revehentia* et *exhalantia* qu'
„ Hedwig pense avoir découverts sont incontestablement
„ ces intervalles. . . . (*p.* 13.) Mayer prend aussi ces
„ espaces pour des vaisseaux et les nomme *vasa tela cel-
„ lulosa.* Trévinanus en parle le plus positivement; il
„ croit qu'ils résultent des vides que laissent les cellules,
„ qui, n'étant d'abord que des grains, se dilatent ensuite
„ et se rapprochent. Il paraîtrait même qu'il transporte
„ toute la sève du tissu cellulaire dans ces vides. Selon sa

„ théorie les parois des cellules devraient être doubles par-
„ tout. *Moi-même, j'ai longtems considéré la paroi entre*
„ *les cellules, comme double parceque les bords le sont;*
„ *mais des observations plus exactes ne m'ont pas fait trou-*
„ *ver de doubles membranes,* lors même que les cellules
„ sont desséchées ou pourries. Il est évident que *les bords*
„ *des cellules forment des canaux* que je nommerai des
„ *conduits cellulaires. . . ."* (*p.* 14.) Suivant le même auteur, le tissu cellulaire est régulier ou irrégulier. Le tissu
cellulaire régulier est simple ou composé. Dans le simple
les parois des cellules sont formées d'une simple membrane,
et non de petites cellules comme il arrive dans le composé.

Un seul physiologiste parmi les modernes, a adopté mon
sentiment touchant la continuité parfaite du tissu; c'est
Mr. Rudolphi. „ Link, dit-il, page 249, suppose des pa-
„ rois doubles; je suis obligé d'avouer qu'en cela je trou-
„ ve une illusion d'optique, car dans une coupe égale et
„ suffisamment déliée, (qu'elle soit horizontale ou vertica-
„ le, il n'importe,) je ne rencontre jamais de doubles pa-
„ rois; mais elles paraissent ainsi quand la partie coupée
„ n'est pas assez mince et qu'on voit à travers, d'autres
„ parois de cellules."

Voici, je pense, à quoi se réduisent ces diverses opinions
sur le tissu cellulaire si on les dépouille de toute idée nécessaire. Il forme, disent les uns, un tissu continu dès
son origine. C'est l'opinion de Mrs. Link et Rudolphi;
c'est aussi la mienne. Il est, disent les autres, composé
d'utricules distinctes qui venant à s'unir, produisent un tissu.
C'est le sentiment de Mrs. Sprengel et Treviranus.

La première opinion se soudivise. Mr. Link admet
bien la continuité du tissu; mais selon lui, elle est incomplète, c'est-à-dire qu'elle n'a lieu que dans certaines parties

des parois des cellules. Mr. Rudolphi et moi, nous soutenons au contraire, qu'elle est complète; que la paroi d'une cellule est en même tems la paroi de la cellule contigue, qu'il n'y a jamais de parois ou même de portions de parois doubles.

La seconde opinion se soudivise également. Mr. Sprengel admet la continuité complète du tissu quand il est entièrement développé; mais Mr. Tréviranus ne reconnait jamais qu'une continuité incomplète.

Il serait difficile de dire à quel système rapporter l'opinion des anciens, et si l'on pèse leurs paroles, on sera tenté de croire qu'ils n'en ont admis aucun d'une manière absolue, mais qu'ils ont flotté entre tous.

L'origine du tissu cellulaire par la réunion d'utricules distinctes, est démentie par l'observation et le raisonnement; (*Voyez la note c.*) et quant aux méatus ou conduits cellulaires, Mr. Rudolphi a très-bien vu qu'ils n'existaient pas, et que l'erreur provenait d'une illusion d'optique, comme il est dit dans le Journal de Physique de l'an 9.

Ceux qui croyent à l'existence des interstices, pensent qu'ils sont nécessaires pour la marche des fluides ; et c'est à ce sujet que Mr. Link dit si judicieusement de Mr. Tréviranus, que ce savant déplace toute la sève du tissu cellulaire pour la transporter dans les interstices que son imagination a créées. Mais Mr. Link lui-même tombe dans une erreur non moins répréhensible lorsqu'il décrit ses conduits cellulaires qui ne diffèrent des interstices que par l'origine qu'il leur attribue, ou pour parler plus juste, qui n'en diffèrent point, car les uns et les autres sont de pures inventions de l'esprit qui n'ont aucun modèle dans la Nature.

Suivant Mr. Sprengel, les fluides circuleraient dans le tissu cellulaire, à la faveur de certaines percées produites çà et là, par l'absence des diaphragmes des cellules. Si ce fait a lieu il n'est pas ordinaire, suivant la remarque de Mr. Bernhardi. (*p.* 73.)

Mr. Rudolphi veut avec moi, que le fluide séveux passe directement d'une cellule dans l'autre. ,, Ce passage, dit ,, Mr. Rudolphi, ne se fait pas par transudation, au moyen ,, d'ouvertures invisibles, mais par une décompostion du ,, fluide qui, par suite d'une opération propre au tissu cellu- ,, laire, est conduit à travers ses parois". Je ne comprends pas cette explication, et elle me paraît plus inintelligible encore, quand je me rappele que Mr. Rudolphi convient que les fluides colorés peuvent passer d'une cellule dans une autre. Que penser, en effet, de la décomposition d'un fluide dans une membrane organisée, décomposition qui n'empêche pas que le fluide ne reste coloré? et qu'est-ce que *cette opération qui est propre au tissu cellulaire*, et que Mr. Rudolphi prétend substituer à l'idée incomparablement, plus simple de la porosité des membranes? J'en demande pardon à ce savant, mais je ne puis me dispenser de lui observer que les propriétés occultes, ne sauraient être admises aujourd'hui, dans l'explication des phénomènes de la Nature.

Je ne balance pas à dire que les cellules sont poreuses. Beaucoup ont seulement des pores invisibles; mais dont l'existence est prouvée par le fait. Les fluides marchent lentement à travers ces cellules, et ils y subissent une élaboration souvent très-marquée, comme on le voit par les sucs propres et la matière verte, qui sont des sécrétions de la sève. Beaucoup de cellules aussi ont des pores visibles, et dans ces dernières la marche des fluides est très-rapide. C'est ce qu'on remarque dans les vaisseaux en chapelet, qui servent ordinairement à établir la communication entre les gros vaisseaux séveux, et qui ne sont en effet, que des veines de cellules poreuses.

(*f*) La découverte des vaisseaux en chapelet, (*) lesquels ne sont très-certainement que des cellules poreuses placées bout à bout, doit terminer les discussions sur la transformation des tubes, si l'on s'en tient aux faits recueillis par les observateurs et qu'on néglige leurs hypothèses. Je vois, par exemple, que Mr. Tréviranus place les vaisseaux en chapelet dans les parties les plus jeunes, et que Mr. Link soutient qu'ils existent dans les anciennes: ces deux opinions n'ont rien de contradictoire, et je suis à la fois de l'avis de Mr. Tréviranus et de celui de Mr. Link; car j'ai trouvé les vaisseaux dont il s'agit, dans l'une et l'autre situation. J'en ai conclu qu'ils naissaient sous la forme noueuse que nous leur connaissons, et qu'ils ne la perdaient pas en vieillissant. Telle est la conséquence naturelle que l'on doit tirer des faits. Mais admirons ce que produit un penchant déterminé pour un système quelconque. Mr. Tréviranus qui croit que les cellules se transforment en trachées, ayant observé les vaisseaux en chapelet dans les parties tendres, y voit un commencement de métamorphose. Selon lui, les diaphragmes qui séparent chaque cellule, ne doivent pas tar-

---

(*) Mr. Bernhardi nomme ces vaisseaux *halsbandförmige*, en forme de collier; mais ce nom n'est point caractéristique puisqu'il y a des colliers unis. L'idée de Mr. Bernhardi revient au nom de *Korallen* ou de *perlenfchnurförmige*. Mr. Tréviranus les nomme (à cause de leur plus grande ressemblance, dit-il,) *wurmförmige* vermiculaires. Je préférerais *infect-förmige*, ou bien *eingeschnittene Gefässe*, vaisseaux entre-coupés. B.

der à se rompre; plus tard, les pores se prolongeront et formeront les fentes des fausses-trachées; plus tard encore, les fentes agrandies produiront la spirale des véritables trachées. (*Tréviranus, pag. 82 et suivantes.*) Mais Mr. Link, qui a trouvé les vaisseaux en chapelet dans les parties du végétal anciennement formées, les considère comme une preuve déterminante en faveur de la théorie d'Hedwig. Ces vaisseaux, dit-il, ont été primitivement des trachées; ils sont devenus de fausses-trachées, puis des vaisseaux poreux; et les parties qui les avoisinent s'étant dilatées, ils se sont courbés en plusieurs directions, et il s'est formé des étranglemens dans leur longueur. Il me semble que ces deux savans, qui d'ailleurs montrent beaucoup d'exactitude dans leurs observations, renversent par deux faits également admissibles, les deux hypothèses contradictoires qu'ils élèvent. Car on conçoit très-bien que suivant les opinions réunies de Messieurs Tréviranus et Link, les vaisseaux en chapelet puissent exister en même tems, dans les parties jeunes et dans les parties vieilles; mais si ces vaisseaux ne se trouvent que dans les parties jeunes, ce ne sont pas de vieilles trachées comme le voudrait Mr. Link; et s'ils ne se rencontrent que dans les parties vieilles, ce ne sont pas de jeunes cellules comme se l'imagine Mr. Tréviranus. Convenons donc avec Mr. Bernhardi, que les vaisseaux poreux, les fausses-trachées et les trachées naissent et demeurent tels.

(*) Les anciens physiologistes ont considéré le tissu cellulaire ligneux, comme étant composé de petits tubes placés les uns à côté des autres et servant à conduire la sève.

Cette opinion n'est pas confirmée par les nouvelles observations. La partie la plus solide du liber, de l'aubier et du bois n'est réellement qu'un amas de tissu cellulaire dont chaque cellule, au lieu de se dilater dans tous les sens, ainsi qu'on l'observe dans le tissu de la moëlle et de l'écorce, croît uniquement en longueur; ensorte que la masse totale ressemble, au premier apperçu, à une quantité innombrable de petits tubes soudés longitudinalement les uns aux autres. On conçoit que ces cellules alongées ne peuvent être les canaux par lesquels la séve monte au sommet des arbres. Les cloisons qui séparent les cavités de ces cellules ne permettraient pas que le fluide s'élevât avec cette prodigieuse rapidité que Hales a remarquée le premier, et qui depuis a été constatée par d'autres physiciens également dignes de foi. (*) Mr. Tréviranus, (*page 29 et suivantes.*) ne croit pas non plus que les cellules du bois, auxquelles il donne le nom de *fibres*, quoiqu'il reconnaisse qu'elles sont creuses, soient les canaux de la séve, et il réfute Mr. Bernhardi, qui, à l'exemple d'Hedwig, a adopté cette dernière opinion. Les observations que Mr. Tréviranus a faites sur le développement et la transformation du liber sont très-intéressantes. Ce savant remarque que les longues cellules (*fibres*) du liber sont d'abord tendres, membraneuses,

---

(*) J'oserais dire que Hales est resté bien au-dessous de la vérité dans ses calculs sur la marche rapide de la séve. Ce grand physicien ne connaissait de l'anatomie végétale que ce qu'on en avait écrit à l'époque où il vivait, et il supposait que la diminution que subit le diamètre d'une tige herbacée en se desséchant, pouvait donner une idée juste de l'espace par lequel monte la séve, ce qui est assurément bien faux. Si jamais j'en ai le loisir, je veux reprendre les expériences de Hales, sur la marche de la séve, en m'aidant des connaissances modernes touchant l'anatomie végétale. *M.*

verdâtres, *en un mot*, *herbacées*; à mesure que le liber passe à l'état d'aubier, elles se resserrent; cependant, on voit encore bien distinctement leur cavité intérieure; mais lorsque l'aubier est converti en bois, l'épaississement des membranes est tel, que la cavité de chaque cellule n'est plus qu'un point que l'œil, aidé des verres, peut à peine discerner. J'observerai relativement à ce phénomène, qu'il est étonnant que Mr. Tréviranus, qui ne veut pas croire ce que j'ai dit de l'obstruction des vaisseaux, adopte mon sentiment touchant l'obstruction des cellules ligneuses; il est indubitable cependant, que ces deux effets sont analogues et dépendent d'une même cause. (*Voyez la lettre à Mr. Tréviranus, page 92 et suivantes.*)

Les observations de Mr. Rudolphi confirment celles de Mr. Tréviranus et les miennes. Mais Mr. Rudolphi substitue à la dénomination de *petits tubes*, de *tissu cellulaire ligneux*, de *fibres*, celle de *cellules alongées*, et j'adopte ce nom qui est plus exact.

(*) Malpighi et Grew ont observé les rayons ou prolongemens médullaires, et ont reconnu que leur tissu était semblable à celui de la moëlle et de l'écorce; mais Leeuwenhoek a pensé que ces rayons étaient des vaisseaux qui s'étendaient du centre à la circonférence. Cette erreur ne s'est point propagée, ainsi je ne m'arrêterai pas à la combattre.

Le célèbre Professeur Desfontaines, dans un Mémoire qui passe avec raison pour le travail le plus important que l'on ait publié sur l'organisation végétale, depuis les immortels ouvrages de Grew et de Malpighi, prouve que les rayons médullaires appartiennent exclusivement à la classe des végétaux dicotylédons, et qu'ainsi on ne les trouve jamais dans les monocotylédons.

Ces différences dans l'organisation exercent, comme on peut le croire, une grande influence sur les développemens.

„ Il existe dans les dicotylédons, un mouvement direct des „ fluides du centre à la circonférence. Les gros vaisseaux „ du bois rencontrent de distance en distance, les rayons „ médullaires, et versent dans leurs cellules, une partie de „ la sève qu'ils contiennent; cette sève se change en cam- „ bium qui suinte dessous l'écorce. Lorsqu'on étête un „ arbre, le mouvement latéral des fluides devient indispen- „ sable pour la reproduction des branches; et si les pal- „ miers et la plupart des autres arbres monocotylédons ne „ produisent pas de branches, quand on coupe leur cime, „ c'est parcequ'ils ne peuvent avoir de sève latérale, n'ayant „ pas de rayons médullaires". *(Mirbel, Mémoire sur les fluides contenus dans les végétaux; Ann. du Mus. T. 7.)* L'absence des rayons fait encore que le tronc des arbres monocotylédons n'a point de couches ligneuses concentriques.

Je ne connais aucune plante où l'organisation des rayons médullaires soit plus apparente que dans *l'urtica arborea.* On peut voir dans le grand tableau, placé à la fin du Ier volume de mon Traité, l'anatomie d'une tige de cette plante.

(*d*) Voici comme je m'exprime touchant le développement des vaisseaux: „ Les vaisseaux sont d'abord fort „ petits, et leur superficie paraît marquée de stries trans- „ versales très-rapprochées; insensiblement ils se dilatent et „ l'on apperçoit au lieu de stries, des rangées de pores et „ de fentes transversales. Ces pores et ces fentes plus ou „ moins prolongées, constituent les vaisseaux poreux, les „ trachées, les fausses-trachées, et les vaisseaux mixtes". *(Second Mémoire sur l'organisation végétale; Journal de Physique, Tome 58, page 291.)*

C

Mr. Tréviranus qui veut avec Mr. Bernhardi, que j'aie pris pour des ouvertures, les bourrelets qui entourent les pores des vaisseaux poreux, combat cette opinion précisément par le fait que je viens de citer. (*Tréviranus*, p. 59.) Voici son argument, non tel qu'il le présente, mais comme on peut le développer: Si les *pains* des vaisseaux (c'est ainsi qu'il nomme les bords saillans, les bourrelets, dont les plus petits pores sont environnés,) sont des trous, que penser de trous qui se touchent d'abord, et s'éloignent ensuite pour former des ouvertures séparées? Quelle distinction prétend-t-on établir entre plusieurs ouvertures qui se confondent en une seule? De pareilles idées ne sauraient avoir de modèles dans la nature, puisqu'elles sont absurdes; et cependant, comme il est certain, de l'aveu même de Michel, que les points se touchent en premier lieu et se séparent insensiblement, il faut en conclure que ce ne sont pas des trous, mais des parties solides.... Excellent raisonnement; mais à quoi bon, si personne ne dit que les points soient des trous?

(*p*) On sait que le bois des végétaux dicotylédons, se forme par couches concentriques. Chaque couche est le produit d'une forte végétation, qui d'ordinaire est suivie d'un repos plus ou-moins absolu, plus ou moins prolongé. Dans les bois durs, les feuillets ligneux sont appliqués immédiatement les uns sur les autres, de manière que l'œil peut à peine les distinguer; dans les bois mous au contraire, les feuillets sont placés à quelque distance les uns des autres, et par conséquent, sont très-distincts. Le tissu qui les sépare est lâche et même, quelquefois, d'une nature semblable au tissu cellulaire de la moëlle ou de l'écorce, ainsi que je l'ai remarqué dans *l'urtica arborea*. C'est dans ces couches intermédiaires que se forment les lacunes dont je parle. On peut les observer dans le pin du Lord, où elles sont disposées en séries circulaires, et contiennent une sève résineuse. Ce sont bien-certainement, des files longitudinales de cellules dont les cloisons se sont déchirées. Ici, les lacunes tiennent lieu de vaisseaux; mais dans le tissu cellulaire de beaucoup d'autres plantes il se produit çà et là des vides semblables, où les fluides ne pénètrent jamais. Ces déchiremens internes ne nuisent pas à la végétation.

Voici le sentiment de quelques physiologistes touchant les lacunes.

Grew les a observé dans la moëlle; il remarque que leur existence ne date pas de l'origine du végétal, mais qu'elles surviennent pendant l'accroissement; que le desséchement des parties et la dilatation du bois, occasionnent le déchirement des vessies et des fibres dont la moëlle est composée, etc. (*Voyez Anatomy of plants, Book* 3, *Chapt.* 2, § 36, *p.* 112.)

Mr. Bernhardi se contente de dire, page 75, que l'on trouve dans certaines plantes des intervalles vides, quelquefois très-réguliers; que Mirbel leur a donné le nom de lacunes; qu'il faut les distinguer des vraies cellules.

„ Lorsque quelques cellules se dilatent trop, (c'est Mr. Trévirانus qui parle) „ et que les autres ne se dilatent point, „ il se forme dans le tissu cellulaire, des vides, que Mirbel „ nomme des lacunes et qui, suivant sa remarque judicieuse, „ se rencontrent principalement dans les plantes aquatiques „ et dans les monocotylédons; etc. . . . .” (*Tréviranus, pag.* 5 *et* 6.)

Mr. Rudolphi s'exprime de la manière suivante: „ Mir- „ bel a aussi observé les vaisseaux pneumatiques, mais il „ ne s'est pas douté qu'ils portent de l'air, et l'idée qu'il „ s'est formée de ces tubes ou *lacunes*, comme il lui plaît

_„ de les nommer, est tellement bizarre, qu'on a peine à lire
„ sérieusement jusqu'à la fin, le chapitre dans lequel il
„ en traite.   Il s'imagine que ces tubes sont produits par
„ un déchirement du tissu cellulaire, etc. . . ." „ Sans
„ doute Mirbel a voulu suivre les traces de Buffon, qui
„ souvent aussi accusait la Nature de manquer d'habileté
„ dans ses travaux. Il n'est pas rare, qu'en voulant expli-
„ quer les phénomènes de la Nature, on _affecte_ bien des
„ choses; mais certainement la Nature _n'affecte_ rien; elle
„ qui, dans ses œuvres les plus compliquées, montre une
„ extrême simplicité, et ne prend pas un extérieur trompeur
„ pour obtenir les applaudissemens des hommes". (_Rudolphi_, _pag._ 145 _et_ 146.)

Opinion de Mr Link. „ Quand il ne _se_ développe plus
„ de nouvelles cellules entre les anciennes, et que les par-
„ ties environnantes s'étendent et s'accroissent, le tissu cel-
„ lulaire se déchire, et il se forme des cavités qui ne sont
„ remplies que d'air. Mirbel leur donne le nom de lacu-
„ nes, et il en traite très-clairement et très-exactement,
„ etc. . . .   Rudolphi considère ces lacunes comme les
„ vaisseaux pneumatiques des végétaux; il est vrai qu'elles
„ contiennent de l'air atmosphérique, mais elles ne méritent
„ pas le nom de vaisseaux pneumatiques; car 1°, elles n'ont
„ aucune communication directe avec l'air extérieur et par-
„ conséquent, ne peuvent pas l'aspirer; 2°, elles ne péné-
„ trent point dans toutes les parties, et ne se distribuent pas
„ par des ramifications dans les plantes, mais elles n'offrent
„ qu'un simple canal dans telle ou telle partie; 3°, elles
„ manquent dans la jeunesse et ne se forment que plus tard,
„ par un déchirement visible du tissu cellulaire; 4°, la plu-
„ part des plantes en sont privées, etc. . . ." Mr. Link nomme
les lacunes des _réservoirs d'air accidentels_. (_Voy. p._ 96 _et suiv._)

(y) On a vu page 20 et suivantes, que Mr. Tréviranus veut que j'aie pris les bourrelets qui entourent les pores pour les pores mêmes. Mais ce savant pense avec moi, que les fausses-trachées sont coupées de fentes transversales.

Mr. Bernhardi ne partage pas cette dernière opinion. Selon lui, les fausses-trachées, qu'il nomme des *vaisseaux à escaliers*, sont des tubes tout-à-fait entiers; et les fentes que je crois y voir, ne sont autre chose que des bourrelets, ou de petites élévations.

Ce sentiment n'est celui d'aucun autre physiologiste. Tous conviennent que les fausses-trachées sont coupées de fentes. Mais n'est-il pas singulier que Mr. Bernhardi me fasse, au sujet de ces vaisseaux, la même objection que Mr. Tréviranus m'oppose relativement aux vaisseaux poreux? Et si, de l'aveu de tous les physiologistes, cette objection est sans force pour les fausses-trachées, est-il probable qu'elle doive détruire ce que j'ai dit touchant les vaisseaux poreux? Il me semble plutôt qu'il est naturel de penser que Mr. Tréviranus se trompe sur la nature de ces derniers vaisseaux, comme Mr. Bernhardi, sur celle des fausses-trachées. Voyons sur quels faits Mr. Bernhardi établit sa critique.

1°, dit-il, on reconnaît que les fausses-trachées sont couvertes d'élévations.

Et qui soutient le contraire? Je ne nie pas plus les bourrelets des fausses-trachées, que je ne nie ceux des tubes poreux. L'existence des bourrelets n'exclut pas celle des fentes, et loin que j'aie pris les uns pour les autres, comme le veut Mr. Bernhardi, je les ai distingués exactement, soit dans mes dessins, soit dans mes descriptions. Ainsi, ce premier point de critique, non seulement ne détruit pas ma théorie, mais même, confirme mes observations sur l'existence des bourrelets.

2°, dit, Mr. Bernhardi, un même tube offre à la fois, des portions de trachées et de fausses-trachées; or, il serait bizarre d'imaginer que la spirale de la trachée fût remplacée dans une partie de sa longueur, par des fentes plus ou moins prolongées et situées dans la même direction que cette spirale; puis, qu'elle recommençât; puis, qu'elle s'arrêtât encore; et ainsi de suite.

Je sais qu'il paraît plus raisonnable à Mr. Bernhardi d'admettre un tube membraneux parfaitement entier, dans l'intérieur duquel serait un bourrelet tantôt prolongé en fil spiral, tantôt divisé en petites portions plus ou moins longues; et je l'avoue, je ne vois point ce que ce bourrelet interrompu, a de moins bizarre que les ouvertures que j'ai décrites. L'utilité des bourrelets, telle que Mr. Bernhardi la conçoit, (*Voyez la note r.*) n'est pas encore bien démontrée à mes yeux; tandis que j'ai prouvé par des expériences, que les ouvertures servent à la marche des fluides. (*Voyez mon Mémoire: Ann. du Mus. T. 7, p. 274.*)

3°. Enfin, ajoute Mr. Bernhardi, comme les fausses-trachées sont souvent couvertes de bourrelets qui se touchent, si ces bourrelets étaient des fentes, *les tubes entiers seraient des trous;* et cependant, on voit *clairement*, sous le microscope, monter les fluides dans les fausses-trachées, sans qu'ils se répandent jamais au dehors par ces prétendues fentes.

D'abord, je le répète, je ne dis point que les *bourrelets soient des fentes;* je dis que les *fentes sont environnées de bourrelets;* ce qui ne laisse pas que d'être différent. Ensuite, je demande à Mr. Bernhardi ce qu'il entend, quand il affirme qu'il a vu *clairement*, par le moyen du microscope,

monter les fluides dans les fausses-trachées, et qu'il s'est
apperçu que ces fluides ne sortaient point par les prétendues
fentes.   Je ne saurais imaginer comment il est parvenu à
observer ce fait;   car pour voir les fausses-trachées, il est
de toute nécessité de les mettre à découvert et de les appliquer sur le porte-objet du microscope; or, dans cet état,
les fausses-trachées n'aspirent pas les fluides, et par conséquent, on ne saurait voir comment ils s'élèvent dans ces
tubes, et s'ils se répandent ou non par les fentes.

Conclusion. Tous les anatomistes sont d'accord avec
moi, que les fausses-trachées sont couvertes de bourrelets;
la plupart conviennent que ces tubes sont coupés de fentes
transversales; cette opinion se fortifie par l'analogie, et les
raisons que Mr. Bernhardi allègue pour la combattre sont
insuffisantes.

(x) Les vaisseaux annulaires de Mr. Bernhardi sont évidemment des fausses-trachées. (*) Si l'on donne des noms
particuliers à toutes les modifications intermédiaires entre un
vaisseau poreux et une trachée, on n'en finira pas. Tout
vaisseau coupé dans sa longeur, par des fentes horizontales,
est une fausse trachée. Peu importe que les fentes soient
plus ou moins prolongées. La forme annulaire qu'on remarque souvent dans cette espèce de tube ne m'avait pas
échappé, comme on le voit par la gravure placée à la fin

(*) ,, Comme ces vaisseaux (*les vaisseaux annulaires*,) ont
,, cela de commun avec les fausses-trachées, dit Mr. Tréviranus, pages 34 et 55, ,, qu'ils paraissent de vraies trachées,
,, quoiqu'ils ne soient que des anneaux horizontaux, qui
,, ne tiennent point les uns aux autres, je ne trouve pas de
,, raison suffisante pour les distinguer des fausses-trachées." B.

du 1er volume de mon Traité d'anatomie et de physiologie
végétales, et par la description que je donne des fausses-
trachées, page 64. „ Ces tubes, dis-je, sont coupés trans-
„ versalement, de fentes parallèles, ce qui feroit croire, si
„ l'on s'en tenoit à l'apparence, qu'ils sont formés d'anneaux
„ placés au-dessus les uns des autres ou de filets couronnés
„ en spirale; etc."

Quoiqu'il en soit, lorsque j'écrivis le passage qui donne
lieu à cette note, je n'avais qu'une idée très-imparfaite du
système de Mr. Bernhardi. Je ne connaissais son ouvrage
que par quelques lignes d'un journaliste qui ne l'avait pas
entendu, et par un petit nombre d'extraits courts et inexacts.
Aussi ma critique porte-t-elle à faux. Ce n'est pas que
j'approuve les idées de Mr. Bernhardi; elles sont au contraire, plus fécondes que je ne me l'étais d'abord imaginé,
mais elles offrent un ensemble que je n'avais pas apperçu.

Mr. Bernhardi rapporte à deux espèces tous les vaisseaux
des plantes: les *pneumatiques* et les *propres*. Je ne parlerai
ici que des premiers. Ils comprennent les trachées, les fausses trachées, et les vaisseaux poreux. Ces vaisseaux, (faites
attention que c'est le sentiment de Mr. Bernhardi que j'expose;)
ces vaisseaux sont formés par une membrane qui n'a ni pores
ni ouvertures visibles; mais qui est garnie de bourrelets dont
la fonction consiste à tenir les tubes dilatés, pour que l'air
et les fluides y puissent pénétrer. Ces bourrelets sont quelquefois attachés à la membrane, d'autres fois ils sont libres. Dans ce dernier cas, ils forment soit des filets roulés en
hélice, voilà les trachées; soit des anneaux placés les uns
au-dessus des autres, voilà les vaisseaux annulaires. Lorsque les bourrelets adhèrent aux tubes membraneux, ils sont
divisés en portions plus ou moins longues, cela les vaisseaux nommés poreux et les fausses-trachées. Il arrive aussi

que les bourrelets d'un même tube se montrent alternativement en petites portions fixées sur la membrane, et en fil
continu et détaché; ce sont les vaisseaux mixtes de Mirbel.
Les bourrelets ne forment donc pas de vaisseaux par eux
mêmes, comme on pourrait le croire par l'inspection de la
lame de la trachée. Ils ne sont que des parties accessoires, et
les véritables vaisseaux sont des tubes membraneux parfaitement entiers. Tous les physiologistes ont pensé, depuis
que Mirbel a appelé leur attention sur la structure des
fausses-trachées, que ces vaisseaux étaient coupés de fentes:
c'est une erreur. Les fausses-trachées sont des tubes re-
levés de bourrelets saillans, et ces bourrelets ont été pris
généralement pour des ouvertures. Si ces tubes étaient
fendus, ainsi qu'on le suppose, les fluides se répandraient
de tous côtés, et les moyens pour l'œuvre de la végétation, ne seraient plus en harmonie avec les résultats, ce
qui implique contradiction.

Jusqu'ici tout va bien, et quoique l'observation démente
le système de Mr. Bernhardi, on ne peut disconvenir que
ce savant ne soit d'accord avec lui-même. Mais que penser
des tubes continus qui, selon lui, constituent les vaisseaux
dont les bourrelets ne sont que des parties accessoires,
lorsqu'il pose la question suivante et demeure indécis: *Les
tubes auraient-ils une membrane propre, ou seraient-ils formés par les parois mêmes des cellules environnantes?* (*Bernhardi, pag. 41.*) Ce doute ébranle tout le système. Comment Mr. Bernhardi peut-il nous parler d'un tube membraneux, lorsqu'il n'est pas convaincu que ce tube soit autre
chose que les dernières parois des cellules? Son opinion
n'ajoute rien à ce qu'on savait déjà, et elle roule sur un
jeu de mots, qui n'est propre qu'à obscurcir la vérité.

Toutefois, il reste à savoir si les tubes, de quelque na-

ture qu'on les tienne, ont ou n'ont point d'ouvertures latérales. Ceci est une chose d'observation où les autorités
peuvent faire loi. Le témoignage de Mr. Bernhardi, quelque
respectable qu'il me paraisse, ne doit pas l'emporter à mes
yeux, sur celui de tous les autres physiologistes, qui d'un
commun accord, soutiennent un sentiment contraire. D'ailleurs, que prétend Mr. Bernhardi? Que les bourrelets ne
sont pas des fentes: tout le monde en convient; mais on
dit qu'à côté des bourrelets il y a des fentes, et cette proposition généralement admise, n'a pas été examinée par la critique, et reste entière jusqu'à présent.

(s) Pour comprendre ce passage de ma lettre il faut se
faire une juste idée des fausses-trachées et des trachées. Ce
sont essentiellement des tubes membraneux; mais il existe
dans la substance même de la membrane qui les constitue,
de petits renflemens ou bourrelets semblables à un fil inégal
et noueux. La membrane est toujours interrompue au bord
de ces bourrelets, soit d'un côté soit de l'autre, et quelquefois, des deux côtés. Les bourrelets étant prolongés en
fil spiral dans les trachées, il s'en suit que les tubes sont
découpés en spirale. Les bourrelets se portant horizontalement dans les fausses-trachées, les tubes sont découpés en
anneaux plus ou moins complets; et lorsque les anneaux
sont bien distincts et bien séparés, on a les fausses-trachées
de formes annulaires, indiquées par Mr. Bernhardi, comme
une espèce particulière de vaisseaux. Les bourrelets formant de petits cercles placés à quelques distances les uns
des autres sur la membrane des tubes poreux, il arrive, qu'
au lieu de lames spirales ou de fentes, on a seulement, autant de petites ouvertures rondes qu'il y a de cercles, et
il est clair que chaque ouverture est au centre de chacun

des bourrelets circulaires. Dans les trachées, lorsque les circonvolutions du fil que forme le bourrelet, sont très-rapprochées les unes des autres, la membrane du tube disparaît, et l'on ne voit plus qu'un fil roulé en hélice, dont la coupe transversale est elliptique ou ronde; mais quand les circonvolutions au contraire, sont très-éloignées, la lame spirale ayant une largeur notable, ses deux bords offrent deux bourrelets qui marchent sur deux lignes parallèles, et sont séparés par la membrane qui fait comme la base du tube; et la coupe transversale de cette lame présente, sous le microscope, une ligne courte ayant à l'un et l'autre bout, une petite surface circulaire. Quand sur la membrane placée entre les deux bourrelets de cette dernière variété de trachées, il se trouve des bourrelets courts, comme ceux des fausses-trachées, ou circulaires, comme ceux des tubes poreux, alors la partie membraneuse de la lame est coupée de fentes courtes ou percées de pores très-petits. Lorsque dans un même tube, le bourrelet varie dans sa forme, tantôt se prolongeant en hélice, tantôt n'offrant que des portions très-courtes, tantôt formant de petits cercles, les ouvertures qui accompagnent toujours les bourrelets, subissent les mêmes variations, et le tube présente à la fois, les caractères propres aux vaisseaux poreux, aux fausses-trachées et aux trachées. Voilà mes tubes mixtes que Mrs. Trévirauus et Bernhardi ont observés, mais à l'existence desquels Mr. Rudolphi ne croit pas. (*Voyez la note* y.) Il est évident que tous ces vaisseaux ne sont que des modifications les uns des autres.

Maintenant, quelle est l'origine des bourrelets semés sur les membranes? Sont-ils primitifs de même que les fentes qui les accompagnent? Si nous ne poussons pas la théorie au-delà des limites de l'observation microscopique, nous répondrons affirmativement à ces deux questions. Car dès

l'instant que les vaisseaux commencent à se développer, et
à une époque où leur tissu sort à peine de cet état de mol-
lesse ou même de fluidité que nous nommons mucilagineux,
on distingue à leur superficie, des lignes transversales et opaques, qui indiquent, dans les parties ou elles se trouvent,
un renflement et un épaississement de la membrane.   Ces
lignes se marquent d'avantage à mesure que les tubes gran-
dissent et se dilatent; et elles se montrent enfin, comme
le double bord d'ouvertures plus ou moins prolongées.   En
nous arrêtant à ces faits, les modifications des différens tubes nous paraîtront de formation originaire.   Mais si nous considérons la marche graduelle de la Nature, nous serons portés à croire que lorsque les contours de ces vaisseaux échap-
paient à nos recherches, et que leur substance n'était encore
qu'un mucilage à nos yeux, ils consistaient en des tubes
parfaitement simples et continus; nous penserons qu'alors,
par suite de développemens propres à chaque espèce de
plantes ou à chaque partie d'un même individu, la membrane
des tubes s'est entr'ouverte, ici, en découpant les tubes
en hélice, là, en les partageant par des fentes transversales,
et ailleurs, en les perçant de trous rangés circulairement;
nous penserons que les vaisseaux imperceptibles dont est
formée la membrane elle-même, et qui aboutissent aux bords
des ouvertures des tubes, ayant été incisés et rompus par
la solution de continuité opérée dans la membrane, se sont
ramollis inégalement à leur orifice, et qu'il en est résulté
une sorte de calus qui borde maintenant les pores et les
fentes des tubes, et se montre, sous le microscope, comme de petits bourrelets saillans.

Quelques fondées que semblent ces conjectures, puisque
les faits hypothétiques qui leur servent de base, ont la plus
étroite liaison métaphysique avec ceux que l'observation

vrones; je ne dois pas négliger de faire connaître un système bien différent, qui nous est fourni par Mr. Tréviranus. Ce système est d'un genre tout particulier, et je ne doute pas que sa singularité n'attire l'attention des physiologistes français.

Il existe selon Mr. Tréviranus, des vésicules organisées, qui nagent librement dans l'intérieur de chaque cellule et n'ont aucune liaison entre elles; mais qui quelquefois, viennent à s'unir et forment, en s'attachant l'une à l'autre, un tissu cellulaire ligneux ou parenchymateux, suivant qu'elles s'alongent plus ou moins. (*Voyez la note c.*) Ces vésicules ou ces grains (le nom est fort indifférent à la chose) ne prennent pas toujours la forme cellulaire. Quelquefois ils s'attachent à la paroi intérieure des cellules, alongées, et se placent d'eux-mêmes en rangées circulaires, d'une régularité parfaite. (*Tréviranus, page 84 et suivantes.*) Dire pourquoi de petites vésicules, libres dans les cellules, prennent des places fixes et symétriques, sans confusion, sans erreur, c'est ce que Mr. Tréviranus ne saurait faire: il l'avoue et il admire, comme cela est juste, ce phénomène qui rappelle la construction des madrépores. Mais observons que des vers, doués d'un instinct particulier, construisent les madrépores, tandis que les vésicules de Mr. Tréviranus ne sont dirigées par aucun instinct qui leur soit propre. C'est sans le savoir qu'elles font tant de choses extraordinaires, en quoi je les trouve beaucoup plus remarquables. Quand chacune a pris sa place, toutes travaillent de concert à percer les membranes. Mr. Tréviranus soupçonne que durant qu'elles sont occupées à cette besogne, une substance gélatineuse se promène entre leur rang, et forme les anneaux des fausses-trachées, et les lames élastiques des trachées. Une fois la membrane percée, une partie des grains se retire;

l'auteur ne nous dit pas ce que deviennent ces grains; mais j'ai quelque soupçon qu'ils vont percer d'autres membranes. L'autre partie reste attachée sur le bord des fentes ou des trous, et c'est ce qui fait que ces ouvertures sont ordinairement granuleuses. On serait porté à croire d'après cet exposé, que les vaisseaux poreux, les fausses-trachées et les trachées sont toujours distinctes, et que leur caractère particulier, qui provient du nombre et de la disposition des grains attachés à leurs parois, ne change point. Cependant Mr. Tréviranus nous apprend autre part, que les vaisseaux poreux se transforment insensiblement en fausses-trachées, et celles-ci en trachées; (*Tréviranus, page* 105.) d'où j'infère qu'il serait possible que les grains, qui auraient travaillé aux pores des tubes poreux, se portassent sur les côtés, et découpassent peu à peu la membrane, de manière à en former une lame spirale.

Tel est en abrégé, le système de Mr. Tréviranus, sur la formation des pores et des fentes des gros vaisseaux. On expliquera difficilement comment de pareilles idées se trouvent réunies dans un même ouvrage, avec d'excellentes observations et des vues parfaitement sages.

(*t*) Mr. Bernhardi, ainsi qu'il a été dit dans la note *r*, parle d'un tube membraneux dans l'intérieur duquel serait roulée la lame spirale. On a vu que cette opinion était sans fondement. Mr. Link avait avancé, dans sa réponse aux questions de la Société Royale de Gottingue, que les spires étaient attachées les unes aux autres, par une membrane mince; depuis il a reconnu son erreur. Hedwig, avant Mrs. Link et Bernhardi, avait dit qu'il existait un tube membraneux, autour duquel était roulée la lame de la trachée. (*Voyez la note v.*) On a lieu de s'étonner que ce fût n'ait pas été remarqué par d'autres anatomistes, car il n'est pas du nombre de ceux qui échappent par la difficulté de l'observation.

Supposons un moment que ce tube soit tel qu' Hedwig l'a décrit; il est probable qu'on l'appercevra quand on déchirera une feuille pour voir les trachées; car ce tube ne peut toujours se diviser précisément au point, où les deux morceaux de la feuille se séparent, et par conséquent, une portion du tube devra quelquefois se montrer au dehors, soit en haut, soit en bas. C'est cependant ce qui n'a jamais lieu, comme tout le monde peut le vérifier.

Il m'est arrivé souvent d'écarter une trachée du reste du tissu, de façon qu'elle n'y tenait que par ses deux bouts. Dans cet état, on conçoit que les circonvolutions de la lame étaient très-alongées, et que l'on pourrait facilement voir dans l'intérieur de la trachée. Je n'y ai jamais rien apperçu qui ressemblât à un tube membraneux.

Lorsque le tissu est desséché, le tube membraneux devrait naturellement s'écarter de la lame de la trachée et se froncer, ce qui le rendrait plus facile à découvrir. Cependant, quoique j'aie observé beaucoup de branches sèches, et qui contenaient un grand nombre de trachées, je le répète, je n'ai rien apperçu qui put autoriser le sentiment d'Hedwig. Je recherche dans la note *gg*, ce qui a donné lieu à cette opinion.

(*n*) „ Mirbel et autres, dit Mr. Tréviranus, pages 148 et 149, „ n'ont jamais vu les vraies trachées, que dans la „ proximité immédiate de la moëlle. Il est vrai que le „ critique, qui annonce l'ouvrage de Mirbel dans l'*algemei-* „ *ne Litteratur*, remarque, qu'il pourrait nommer beaucoup „ de témoins, auxquels il montre chaque année l'existence

„ des trachées dans le jeune bois ou dans l'aubier, sous le
„ microscope, mais la première chose qui devrait être
„ mise hors de doute, ce serait la compétence de ces té-
„ moins".

Je savais bien que les personnes qui se contentent de briser de jeunes branches pour examiner les trachées, se trom-
pent ordinairement sur leur véritable situation; mais je m'apperçois, en relisant ce passage de Mr. Trevíranus, que le
savant qui a donné l'analyse de mon ouvrage, prétend avoir
vu des trachées dans l'aubier, à l'aide du microscope. C'est
une erreur, qui ne trouve pas beaucoup de partisans aujourd'hui.

(v) Passage d'Hedwig sur l'organisation des trachées et
sur les changemens qu'elles subissent.

„ D'où proviennent ces fibres si multipliées ? . . . . Je
„ le dirai, et d'abord, je ferai connaître le changement qui
„ arrive et doit arriver aux vaisseaux chymifères et hydro-
„ gères, et par quelle cause et comment ce changement a
„ lieu".

„ Comme ceux-ci, joints aux pneumatophores, tantôt
„ droits, tantôt en spirale, commencent cette suite de phé-
„ nomènes, et que ce sont ces vaisseaux qui pompent la
„ liqueur colorée et montrent plus facilement et plus évi-
„ demment, par la teinte qu'ils prennent, les diverses for-
„ mes auxquelles ils sont soumis, je raconterai en peu de
„ mots, ce qu'ils m'ont offert dans une même pièce d'un
„ faisceau de tubes, à différentes places. Dans la partie
„ jeune et tendre, ces canaux filiformes, légèrement colo-
„ rés, entourent le tube à air, sans rien offrir de remarqua-
„ ble. Un peu plus bas, déjà les parois de quelques uns
„ de ces canaux paraissent peintes d'une innombrable quan-

„ tité de petits points élégamment colorés, et situés dans
„ une même direction. Encore plus bas, elles se montrent
„ comme atteintes d'anévrismes, et delà résulte, particuliè-
„ rement dans les espèces pourvues de spirales plus lâches,
„ l'union par petits intervalles, de chaque spire avec la
„ suivante, de façon que le vaisseau pneumatophore semble
„ avoir une paroi réticulée. Ensuite, la superficie externe
„ et interne paraît inégale et crevassée; puis enfin, le vais-
„ seau épaissi en dehors, par des fibres superposées, n'offre
„ plus qu'un filet vasculeux, alors presque ligneux, même
„ dans les jets flexibles et succulens du *cucurbita pepo*, du
„ *cucumis sativa*, la tige du *portulaca oleracea*, de l'*impa-
„ tiens balsamina*, du *noli tangere*, etc., résistant opiniâ-
„ trément à la macération et à la putréfaction; mais pou-
„ vant être détaché en fils d'un bois fibreux. Je possède
„ beaucoup d'objets préparés de cette manière". (*Hedwig,
de fibræ vegetabilis et animalis ortu, p. 25.*)

Je n'examine point ici la partie systématique de ce passa
ge; je ne considère que la partie descriptive, et je n'y reconnais pas la Nature. D'abord, ces *points innombrables;*
ensuite, ces *anévrismes*, ces parois qui semblent *réticulées;*
puis, cette superficie *inégale* et *crevassée;* enfin, ces vaisseaux *épaissis en dehors* par des fibres qui les recouvrent;
tout cela ne peut donner l'idée des vaisseaux annulaires,
des fausses-trachées, des tubes poreux, et des vaisseaux en
chapelet. C'est néanmoins, ce qu'on a écrit de plus po-
sitif et de plus clair touchant ces vaisseaux, jusqu'à ces
derniers tems; et voilà, je crois, ce que Mr. Rudolphi
veut opposer au jugement que Mr. Desfontaines a porté
sur mon premier Mémoire. Cependant, je le demande;
suffit-il pour être l'auteur d'une découverte en histoire naturelle, d'avoir acquis quelques notions confuses de certains

faits, de les avoir décrits d'une manière méconnaissable, et d'en avoir composé un système? S'il en est ainsi, combien peu de découvertes appartiennent aux modernes, puisqu'il n'en est presqu'aucune dont on ne trouve des indices chez les anciens! Mais qu'importe, au fond, de qui vienne la vérité? La question est de savoir si, maintenant que des définitions exactes et précises nous instruisent des faits qu'Hedwig n'avait apperçus que confusément; nous devons adopter ou rejeter son système sur l'usage des trachées, et sur leurs métamorphoses. Je ne pense pas que l'on demeure indécis dès l'instant que l'on aura examiné avec attention les raisons pour et contre. (*Voyez les notes x et gg.*)

Il est remarquable que Mr. Link, le plus attaché de tous les physiologistes à la doctrine d'Hedwig, a successivement abandonné plusieurs des faits imaginés par ce savant. Le Journal d'Hartenkeils nous apprend que Mr. Link, dans sa réponse couronnée par la Société Royale de Gottingue, dit que les spires de la trachée sont unies les unes aux autres par une fine membrane, et que la lame est un petit tube; et nous voyons dans cette même réponse revue, corrigée et publiée par l'auteur, qu'il rejette d'une part, cette fine membrane qui représente le vaisseau à air, le *pneumatophore*; et de l'autre, le tube de la lame, le *élytriffère* ou *l'hydragogue*, qui aspire la liqueur colorée. Ce petit tube ne paraît plus à Mr. Link, qu'une gouttière creusée à la superficie de la lame, ainsi que Mr. Schrader l'avait dit dans son journal, ce qui désigne assez bien les trachées dont la lame est garnie de deux bourrelets parallèles. Je ne crains pas de dire que si l'ingénieux Hedwig n'avait publié que ses opinions sur l'origine de la fibre végétale, son système et son nom auraient peu de célébrité aujourd'hui, mais ce savent a des titres plus solides à la gloire, et la brillante réputation qu'il s'est acquise donne une sorte de vogue à ses erreurs mêmes.

(*) „ Lorsque l'on rompt peu à peu des branches ou des „ tiges encore vertes, il subsiste des portions de trachées dé„ chirées et brisées. Elles conservent quelquefois, pendant „ longtems, un mouvement semblable au mouvement péristal„ tique". *Anat. plant. Idea, p. 3.* C'est, sans doute, ce passage de Malpighi qui a donné naissance à cette opinion, que l'irritabilité des gros vaisseaux séveux des tiges est la cause de l'ascension de la sève.

On sait que Mr. de Saussure père, qui a si puissamment contribué aux progrès de la minéralogie, de la géologie et de la physique, s'est occupé quelques instans, de l'anatomie végétale. Tout en rendant hommage au mérite éminent de cet homme à jamais célèbre, je crois devoir à la vérité, de dire que le travail que nous connaissons de lui, sur les végétaux, est au-dessous de ses autres ouvrages. Il n'a pas eu d'idée nette de l'organisation, et son système sur l'ascension de la sève est purement idéal. Il veut que les gros vaisseaux séveux se contractent et se dilatent alternativement; et que ces mouvemens d'irritabilité soient la cause de la marche des fluides; mais il suffit pour se convaincre que ce savant était dans l'erreur à cet égard, de considérer que la sève monte souvent par les couches centrales des arbres, dans des tubes attachés de telle manière au reste du tissu, qu'il est de toute impossibilité qu'ils se contractent ou se dilatent.

Tout physicien qui voudra expliquer les phénomènes de la végétation, sans connaître la structure interne des plantes, tombera nécessairement dans les plus graves erreurs. L'homme ne devine point les secrets de la Nature; il les découvre à force de travail et de patience.

Grew, bien avant Mr. de Saussure, avait imaginé que l'ascension de la sève résultait d'une contraction organique; mais il ne plaçait point cette force contractile, dans les vaisseaux; il la supposait dans le tissu cellulaire, ou, comme il s'exprime, dans les *utricules du parenchyme* dont les *tuyaux* de la plante sont entourés. Les utricules sont, dit-il, de petites vessies qui servent de réservoirs à la sève. Ces utricules se contractent et se serrent autour des tuyaux, et il en résulte, d'une part, qu'elles y versent le suc séveux qu'elles contiennent, et de l'autre, qu'elles les pressent et font monter la sève. (*Anatomy of plants*, *Book* 3, *Chapt.* 2, *p.* 112.)

Cette opinion n'avait rien d'étrange à l'époque où Grew écrivait, mais les admirables expériences de Hales, et les nouvelles découvertes anatomiques, la rendent insoutenable; et je ne la rapporte que parceque les opinions d'un homme célèbre, de quelque nature qu'elles soient, méritent toujours notre attention.

(x) L'opinion que j'énonce page 64, touchant le développement des trachées, se présente souvent dans mes écrits sur l'organisation végétale; mais nulle part, elle n'est plus formellement exprimée que dans le précis que Mr. Desfontaines a donné de mon Mémoire sur l'anatomie de la fleur, dans le 9eme tome des Annales du Muséum d'histoire naturelle.

„ Le plus grand nombre des vaisseaux de cet organe, dit Mr. Desfontaines en parlant du pédoncule, „ sont des tra- „ chées qui ne se développent que dans les parties molles „ où la végétation est très-active, telles que les jeunes ra-

„ meaux de l'année, les feuilles, les fleurs, etc. La lar-
„ geur et la forme de ces tubes coupés en hélice facilitent
„ singulièrement la marche des fluides. Delà les dévelop-
„ pemens rapides des parties où les trachées s'organisent".

Tous les physiologistes se rangent maintenant de mon
opinion pour ce qui regarde la situation des trachées. Cependant, Mr. Link pense, contre ce que j'ai avancé, qu'on
en trouve quelquefois dans les racines. Soit; mais il » tort
de regarder ce fait (en supposant même qu'il soit mis hors
de doute,) comme un argument en faveur de la transformation des tubes à laquelle on revient toujours.

Mr. Link me fait une objection plus solide en apparence,
quand il montra qu'un tube qui a la forme d'une trachée
vers les sommités de la plante, se termine inférieurement
dans le bois, en fausse-trachée ou en vaisseau poreux.
Mais cette objection, qui n'est pas nouvelle, est aussi faible que la première. Que la partie supérieure d'un tube
se déroule en spirale, que la partie inférieure ne présente
que des fentes, on n'en peut rien conclure en faveur de la
transformation. Il reste à savoir si ces deux portions d'un
même tube ont toujours été ce qu'elles sont. Or, tous les
physiologistes, et Mr. Rudolphi notamment, disent que les
couches annuelles du bois ne contiennent jamais de trachées,
et que les gros vaisseaux qui les parcourent sont des fausses-trachées ou des vaisseaux poreux: voici donc la partie
inférieure du tube qui n'a pas eu primitivement la forme de
trachée; et pour ce qui regarde la partie supérieure qui est
la plus jeune, et qui en s'élevant se rapproche insensiblement de la moëlle et finit par l'environner immédiatement,
Mr. Rudolphi, que je trouve toujours quand il s'agit d'appuyer ma théorie par de bonnes observations, répond qu'il
a vu des trachées autour de la moëlle, sous leur forme pri-

mitive, dans des tiges et des branches fort anciennes. Cette
partie supérieure du tube semble donc constamment devoir
rester trachée.

Ceci nous mène à un résultat précieux : c'est qu'indépendamment des expériences physiologiques, les connaissances anatomiques démontrent que la sève entre dans les trachées pour se porter au sommet du végétal. En effet,
personne ne doute que les fausses-trachées et les tubes poreux ne soient des vaisseaux séveux ; et comme ces vaisseaux, distribués dans les corps ligneux, s'appliquent contre
la moëlle à leur extrémité supérieure, et que là, ils prennent pour la plupart la forme de trachées, il est incontestable que la sève qui aura parcouru le tube là où il est
fausse trachée ou vaisseau poreux, continuera son ascension
dans la partie découpée en trachée. Ajoutons que souvent
il n'y a pas d'autres gros tubes que des trachées dans les
jeunes pousses, et que par conséquent ces vaisseaux deviennent indispensables pour la marche de la sève.

„ La largeur et la forme du tube des trachées facilitent
„ singulièrement la marche de la sève. Delà les développe-
„ mens rapides des parties où les trachées s'organisent". Il
est de fait, comme nous l'avons déjà dit, que les trachées
se trouvent dans les parties jeunes et qui prennent une
croissance très-rapide. Les tubes séveux des tiges tendres
qui sortent de la graine, et des rameaux qui percent le bou-
ton, ne sont guère que des vaisseaux spiraux. Et l'on re-
marquera que les couches annuelles des bois moux contiennent des fausses-trachées ou des vaisseaux poreux, et
les couches annuelles des bois durs, seulement des vaisseaux
poreux ; comme si les ouvertures latérales destinées à laisser
échapper la sève, devaient être d'autant plus petites que les
parties ont une croissance plus lente.

On a observé que le calibre des trachées est ordinairement beaucoup plus petit que celui des vaisseaux poreux et des fausses-trachées. Mr. Link a senti que ce fait serviroit d'argument contre la transformation imaginée par Hedwig, et il a cru répondre en disant, que deux trachées qui se toucheroient immédiatement dans leur longueur, pourroient s'unir et ne former qu'un seul tube, mais ceci ne s'est jamais vu, et l'on ne trouve rien qui autorise cette conjecture.

(y) Les tubes mixtes sont une belle confirmation de la théorie de l'organisation végétale. Avant qu'ils fussent connus on pouvoit arriver par le raisonnement, à l'idée que tous les vaisseaux ne sont que des modifications les uns des autres; mais cette idée n'eut été considérée que comme une hypothèse ingénieuse; tandis qu'aujourd'hui, elle devient la base fondamentale de la théorie. Ce n'est point une vaine combinaison de l'esprit, c'est un fait; et il est constaté par de nombreuses observations. Mrs. Bernhardi et Tréviranus l'ont remarqué aussi bien que moi. Mr. Rudolphi a été moins heureux; il n'a pu découvrir de tubes mixtes, d'où il incline à croire qu'ils n'existent pas. C'est un tort de ce savant de vouloir poser les limites de la Nature là où s'arrêtent ses observations. Défenseur de la doctrine d'Hedwig sur la transformation des trachées, il ne peut ignorer que ce célèbre physiologiste n'avoit imaginé son système que parcequ'un même tube lui avoit présenté dans différens points de sa longueur, une lame en spirale, des fentes et des pores, c'est-à-dire, un tube mixte? La connoissance qu'on a acquise en dernier lieu des fausses-trachées et des vaisseaux poreux, ne permet pas qu'on se trompe sur ce passage d'Hedwig, quelque obscur qu'il puisse paroître. (*Voyez la note* y.)

D 4

(2) Ainsi que je l'ai déjà dit, Mr. Sprengel se trompe sur mes opinions, lorsqu'il avance que je crois à la transformation des tubes poreux en trachées. La belle réputation que ce savant s'est acquise par l'étendue de ses connaissances et la sagacité de son esprit, a donné un tel poids à sa critique, qu'une illustre Société savante a cru que l'on pouvait y chercher les véritables principes de ma théorie, sans qu'il fût nécessaire de remonter à mes propres ouvrages. Mr. Bernhardi plus circonspect, en attaquant les opinions qui me sont attribuées, convient qu'il n'en a trouvé aucune trace dans la partie de mes écrits qui lui est connue. Mr. Link fait plus: il décide que l'on me prête un système contraire à ce que j'ai avancé. Mais Mr. Rudolphi assure positivement, que je pense que les tubes poreux deviennent des trachées; et comme il n'est rien de cela dans mon Traité, Mr. Rudolphi cite en preuve les figures 11, 12 et 13, de mon tableau d'anatomie, où l'on voit la représentation des tubes mixtes. Ce savant aurait dû considérer qu'un dessin ne pouvant jamais offrir qu'un état actuel et déterminé, on n'en doit tirer nulle induction pour le passé ou pour l'avenir, à moins qu'on n'y soit porté par quelques considérations accessoires. Quant à Mr. Tréviranus, il ne doute pas que je ne crois à la transformation au sujet de laquelle Mr. Sprengel m'attaque, mais comme il y croit lui-même, loin de me critiquer il m'honore de son approbation. Ainsi, (chose bizarre!) je me vois approuvé et censuré à la fois, pour une opinion que je rejette et que l'on m'impute sans aucun fondement.

On peut juger par le passage suivant écrit en 1804, que je n'admets point de transformation réelle d'une espèce de vaisseaux en une autre. „ Je dois avouer cependant, „ qu'un observateur célèbre a écrit sur ce sujet, et a établi

„ un système qui ne s'accorde point avec les observations
„ que je viens de rapporter. L'opinion de ce savant est
„ d'un trop grand poids pour qu'il me soit permis de la
„ rejeter sans la combattre. Hedwig (c'est lui dont je par-
„ le) croit que tous les vaisseaux dont la membrane n'est
„ pas parfaitement entière, ont été primitivement des tra-
„ chées; dans cette hypothèse les fausses-trachées, les tu-
„ bes poreux, les tubes mixtes, et même les vaisseaux en
„ chapelet, ne seraient que des trachées dont la lame se
„ serait soudée dans différens points de sa longueur. Je
„ réponds, que les *trachées formées au centre du végétal*
„ *dans les premiers tems de son développement, se retrou-*
„ *vent encore au centre, en état de trachées, dans l'âge*
„ *le plus avancé, et que les tubes poreux, les fausses-*
„ *trachées, etc. se montrent dès leur naissance, tels qu'ils*
„ *paraissent dans les bois les plus anciens"*.

„ J'ajoute que si l'opinion d'Hedwig était fondée, les
„ trachées se trouveraient dans les couches les plus exté-
„ rieures du bois, puisque ces couches sont les plus ré-
„ centes; et que les tubes poreux ou fendus, seraient im-
„ médiatement à la superficie de la moëlle, puisque cette
„ couche centrale est la plus ancienne; mais l'observation
„ démontre que ces derniers vaisseaux sont à la circonférence,
„ et que les trachées occupent le centre". (*Voyez mon*
second Mémoire sur l'organisation végétale, imprimé dans
le Journal de Physique, T. V. p. 291, cahier de Germinal,
an XII. 1804.)

(*aa*) Passage extrait de mon Mémoire sur les fluides
contenus dans les végétaux; (*Annales du Muséum d'histoire*
naturelle, T. VII. p. 274.)

„ Les sucs propres sont colorés; ils ont une saveur et sou-

,, vent une odeur très-marquées. Le cambium n'a ni cou-
,, leur, ni saveur, ni odeur bien sensibles''.

,, Les sucs propres sont contenus dans des vaisseaux
,, particuliers, sur les membranes desquels ils ne parussent
,, opérer aucun changement. Le cambium transsude plutôt
,, qu'il ne coule dans certaines parties du tissu, et y déve-
,, loppe de nouvelles membranes''.

,, A quelque époque que ce soit, on trouve les sucs
,, propres dans le végétal; on n'y observe le cambium qu'au
,, tems de la sève, et surtout au printems et dans l'au-
,, tomne''.

,, Si l'on coupe l'écorce d'un végétal rempli de sucs pro-
,, pres, le suc s'échappe à l'instant des cavités qui le contien-
,, nent, se répand sur la plaie et se dessèche. Si l'on cou-
,, pe l'écorce d'un végétal à l'époque où se produit le cam-
,, bium, cette humeur développe insensiblement sur les bords
,, de la plaie un bourrelet de liber, qui finit par recouvrir le
,, bois''. (*)

,, Le cambium et les sucs propres existent en même
,, tems, mais bien distincts dans le même arbre; ainsi, à
,, l'époque où la résine coule avec le plus d'abondance dans
,, les gros vaisseaux du pin et du sapin, l'humeur mucilagi-
,, neuse suinte dessous leur écorce''.

,, On ne doit donc pas confondre les sucs propres avec
,, le cambium''.

(*) Remarquons en passant, ces expressions de Mr. Bernhardi : ,, L'augmentation d'épaisseur au-dessus de la plaie. (*Il*
s'agit d'un bourrelet formé après l'enlèvement d'un anneau
d'écorce.) ,, s'était formée par le liber, qui déjà se disposait
,, à se transformer en bois. . . .'' *p.* 64.   Mr. Bernhardi partage donc le sentiment de Mr. Treviranus et le mien, touchant la métamorphose du liber.

„ Les parties vertes sont probablement les laboratoires
„ où se composent les sucs propres. (*) On croit géné-
„ ralement qu'ils coulent du sommet du végétal vers sa
„ base; (†) mais quelques observations me font soupçon-
„ ner qu'ils n'ont pas de mouvement particulier. Ils sont
„ plus abondans à l'époque de la séve qu'à toute autre épo-
„ que. Ils se forment en moins grande quantité dans cer-
„ tains arbres, transportés des pays chauds dans nos climats
„ tempérés; la lumière paraît nécessaire à leur composition;
„ ils sont utiles à la santé des végétaux, puisque les arbres
„ dont on les extrait ont une végétation moins vigoureuse.
„ En réfléchissant sur toutes les circonstances qui accom-
„ pagnent leur formation, je serais porté à croire, qu'ils ont
„ beaucoup d'analogie avec la matière colorée contenue

(*) „ Il se peut qu'il se forme (*le suc propre*) principale-
„ ment dans les parties jeunes". (*Bernhardi*, p. 62.) *Parties
jeunes* et *parties vertes* sont ici des expressions synonimes.

(†) On a pensé que les sucs propres coulaient des feuilles
vers les racines, parcequ'il se forme des bourrelets au-dessus
des ligatures: cependant ce fait n'est rien moins que con-
cluant, puisque ce ne sont point les sucs propres, mais que
c'est le cambium qui produit les bourrelets.

„ Presque tous les physiologistes attribuent aux sucs propres
„ un mouvement descendant; ils n'ont pas tout-à-fait tort;
„ mais il faut entendre cela avec quelques restrictions. . . ."
(*Bernhardi*, p. 61.) „ Le mouvement des sucs propres est
„ presque nul dans les plantes qui ne sont point blessées . . . .
„ Il est prouvé qu'ils ne peuvent descendre avec rapidi-
„ té, . . ." (*Le même*, p. 62.) „ Ces fluides montent et des-
„ cendent également dans l'écorce, selon la diversité des cir-
„ constances". (*Le même*, p. 64.) Il est évident que Mr. Bernhardi pense avec moi, que les sucs propres n'ont pas de
mouvemens déterminés.

„ dans le tissu cellulaire des feuilles et de l'écorce, et qu'ils
„ sont une sécrétion de la sève". (*)

(*bb*) Je me range du sentiment de Malpighi; il croit
que chaque plante a un suc qui lui est propre et qui diffère
de la sève: rien de plus probable.   Mais je n'en conclurai
pas que toutes les plantes aient des vaisseaux propres; car
les sucs peuvent être déposés dans les poches du tissu cellulaire, sans avoir de réservoirs communs.   Néanmoins, dans les
especes où ils se produisent en grande abondance, ils se
rassemblent dans des cavités particulières, comme l'ont très-
bien remarqué Malpighi et Grew.   Ce dernier en parle sa-
vamment en ces termes.   „ La structure des vaisseaux qui
„ contiennent les sucs laiteux ou gommeux est plus appa-
„ rente parcequ'ils ont un plus grand calibre.   Considérés
„ aux meilleurs microscopes dont je me sois servi, ils pa-
„ raissent produits principalement par le resserrement des
„ vessies de l'écorce; c'est-à-dire, qu'il y a de nombreux
„ canaux qui ne sont pas formés ou limités par des parois
„ qui leur soient propres, comme un tuyau de plume placé
„ dans du liége, ou comme les trachées dans le bois,
„ mais seulement par les vessies du parenchyme, lesquelles
„ sont tellement placées et rassemblées, qu'elles laissent en-
„ tr'elles de certains espaces cylindriques qui se prolongent
„ dans la longueur de l'écorce".   (*Grew, Anatomy of plants,
Book* 3, *Chap.* 2, *p.* 112, § 35.)

(*) „ Peut-être qu'ils se séparent par manière de sécrétion,
„ de la sève contenue dans le tissu cellulaire de l'écorce et
„ de la moelle, et qu'ils se déposent dans les vaisseaux pro-
„ pres comme dans des réservoirs". (*Bernhardi, p.* 62.)

Grew dit plus bas, que ces réservoirs diffèrent des *creux tubulaires* et autres *ouvertures de la moëlle*, (*lacunes*) en ce que ces dernières n'existent jamais originairement. Grew croit donc que les vaisseaux propres sont de formation primitive; mais si cette opinion est juste, pour ce qui est des vaisseaux propres composés de petits tubes réunis, espèce de vaisseaux que le célèbre anatomiste anglais ne connaissait pas, elle est fausse relativement aux grandes cavités tubulaires qui avaient attiré son attention; car ces réservoirs s'ouvrent en quelque sorte, sous l'œil de l'observateur, et ne sont pour la plupart que des lacunes du tissu cellulaire. (*Voyez dans cet ouvrage, les Observations sur le liber et les vaisseaux propres.*)

Mr. Bernhardi s'étonne avec raison qu'Hedwig, Moldenhauer et Mr. Sprengel n'aient pas observé ces vaisseaux, ou même, qu'ils en aient nié l'existence.

On peut dire que le travail de Mr. Bernhardi sur les vaisseaux propres, est un des mieux faits qui aient encore paru dans l'anatomie végétale. Ce savant (*Bernhardi, pag.* 53. *et suiv.*) distingue ces vaisseaux par les caractères suivans: 1°. Jamais on ne les trouve réunis en faisceaux; mais toujours ils sont isolés. 2°. Ils existent dans l'écorce et dans la moëlle. 3°. Ils sont remplis de fluides qui coulent abondamment à la moindre blessure.

Mr. Bernhardi observe que dans les plantes où ces vaisseaux ont une certaine grosseur, ils sont ordinairement rangés en cercle; que cependant, on les trouve aussi semés irrégulièrement; que certaines plantes n'en offrent point dans la moëlle, mais que lorsque cette partie en contient, on en trouve toujours un plus grand nombre dans l'écorce; que dans les plantes où l'orifice de ces vaisseaux est assez grande, on apperçoit distinctement que leur paroi est formée par un tissu cellulaire serré ; et il ajoute que l'on pourrait les considérer comme des *cavités* ou des *conduits du tissu cellulaire*, si l'on gagnait, dit il, quelque chose à se les représenter de cette façon. A travers le voile dont Mr. Bernhardi s'est plu à couvrir cette dernière pensée, on apperçoit que son opinion rentre dans celle de Grew.

Je ferai deux remarques sur ce qu'on vient de lire: la première, que les vaisseaux propres, dans les apocynées et dans quelques autres plantes, sont de petits tubes réunis en faisceaux et enchâssés dans le tissu cellulaire; la seconde, qu'il faut distinguer parmi les gros vaisseaux isolés, 1°, ceux dont les parois offrent un tissu plus fin, comme sont les vaisseaux courts et tortueux, ou plutôt les lacunes du pin du Lord; 2°, ceux de forme cylindrique et qui ne sont que de longues cellules, comme on les observe communément dans la moëlle; 3°, ceux qui sont produits dans l'écorce par des déchiremens brusques et irréguliers du tissu cellulaire, comme sont les lacunes de la plupart des euphorbes.

Je vois par les extraits que j'ai sous les yeux, que Mr. Tréviranus, préoccupé d'idées systématiques, n'a pas apprécié tout le mérite du travail de Mr. Bernhardi, et s'est figuré que les vaisseaux propres n'étaient autres que des *meatus intercellulares*. (*Tréviranus, pag. 75 et suiv.*)

„ Ces réservoirs, dit Mr. Link, page 93, ne méritent
„ point le nom de vaisseaux . . . . . mais quoique le nom
„ *d'interstices du tissu cellulaire*, que Tréviranus leur donne,
„ est bien préférable, il ne me paraît pourtant pas tout-à-
„ fait convenable; car il ne se trouve pas dans le tissu cel-
„ lulaire, des interstices qui, comme le prétend Tréviranus,
„ seraient les vides que laisseraient entr'elles de petites ves-
„ sies placées les unes à côté des autres, puisque chaque

„ paroi est commune à deux cellules à la fois. Ce ne sont
„ pas non plus des conduits cellulaires, (*meatus cellulares.*)
„ car ceux-ci se distribuent partout à l'entour des cellules,
„ tandis que les réservoirs ne se trouvent qu'en certains en-
„ droits, souvent assez régulièrement placés, et sont pour
„ la plupart bien plus grands. On les désigne mieux en
„ les représentant comme des *excavations* du tissu cellu-
„ laire, dans lesquelles se rassemblent les sucs propres".

Les conduits cellulaires n'existent pas plus que les interstices; ceci est prouvé; (*Voyez la note k.*) mais ce n'est
point ce dont il s'agit. Mr. Link juge sainement de la véritable nature de la plupart des vides qu'on nomme vaisseaux
propres, lorsqu'il les considère comme de simples *excavations*, et si je ne m'abuse, il se rapproche plus qu'il ne le
pense, de l'opinion de Mr. Bernhardi qui, lui-même, marche sur les traces de Grew.

L'ouvrage de Mr. Rudolphi ne jette aucune lumière sur
ces questions. L'auteur passe successivement d'une opinion
à une autre. D'abord, il soutient que les anciens et les
modernes se sont trompés, en plaçant les sucs propres dans
l'écorce, et il veut qu'ils soient dans les trachées; ensuite,
il les porte dans le liber; puis, il convient qu'ils sont ordinairement dans l'écorce et jamais dans les trachées; enfin, et avec une modestie bien louable, il confesse, qu'il ne
connaissait point cette matière en commençant son livre,
et qu'au moment où il le termine, ses idées ne sont pas encore bien assises. Rien ne doit inspirer plus de circonspection que cet aveu d'un savant, qui depuis treize ans, s'occupe sans relâche, de l'étude de l'organisation végétale.

Il reste encore beaucoup de doutes à lever sur la nature et
l'usage des vaisseaux propres. Je renvoie le lecteur aux
Observations que j'ai consignées dans cet ouvrage.

(cc) J'ignorais, lorsque j'écrivis le passage auquel cette note se rapporte, que Mr. Link avait proposé de nommer les vaisseaux propres, les *réservoirs des sucs propres*, et qu'il ne les considérait que comme de simples cavités dans le tissu cellulaire. (*Link*, *pages 91 et 92.*) J'adopte le nom proposé par Mr. Link. Quant à la définition, elle n'est exacte que relativement aux cavités que j'ai nommées *vaisseaux propres solitaires.*

Ceci me conduit à traiter une question qui n'a pas encore été examinée sous son véritable jour. *Les plantes ont-elles des vaisseaux semblables à ceux des animaux?* C'est le doute que je propose. Observez que ce n'est plus cette ancienne question, qui avait pour objet de décider si les plantes ne sont formées que de fibres, entre lesquelles s'élèvent les fluides, ou si elles ont des cavités tubulaires et membraneuses, dont l'usage est de conduire les sucs. Depuis longtems ceci est jugé; on ne doute plus de l'existence des tubes, et Mr. Médicus seul ose encore combattre sur les ruines d'un système, qui croule de toute part et que certainement il ne relèvera jamais. La question dont il s'agit est d'une toute autre nature, et pour la résoudre il faut s'expliquer sur ce qu'on doit entendre sous le nom de *vaisseaux*. Ce sont des tubes plus ou moins prolongés, dont la paroi se distingue, par sa substance, du reste du tissu. Ils conduisent certains fluides dans tout le corps organisé, par des routes fixes et invariables, et pour des fonctions bien déterminées. Aussi, dans les êtres d'une même espèce, trouve-t-on constamment les vaisseaux semblables par le nombre, la grandeur et la disposition, ensorte que les vaisseaux d'un individu quelconque ne diffèrent pas d'une manière sensible, de ceux de tous les autres individus de la même espèce. Il y a plus, comme cet appareil vasculaire est destiné à des fonctions très-importantes , qui ne souffrent point de variations dans les espèces voisines, il est le même pour des genres entiers, et diffère à peine pour une classe donnée. Ainsi, dans les quadrupèdes et les oiseaux sans exception, un gros vaisseau conduit le sang au cœur, un autre le porte dans les poumons, un troisième le ramène au cœur ; un quatrième le reçoit pour le distribuer dans toutes les parties du corps, par une multitude de rameaux dont le nombre et la direction sont invariables, ou du moins, ne présentent que de légères et très-rares aberrations.

Maintenant que nous savons ce que nous devons entendre par ce mot, vaisseaux, voyons si les plantes en sont pourvues. Je n'examine pas si elles ont un cœur, des veines garnies de valvules, et des artères qui se contractent; ces bizarres imaginations sont les rêveries de quelques physiciens plus enclins à faire des systèmes que jaloux de trouver la vérité. Je m'en tiens à la question générale, et j'apperçois d'abord, que tous les tubes auxquels on donne le nom de vaisseaux, ne sont réellement et visiblement que des cavités dans le tissu cellulaire; cavités coupées même quelquefois de distance en distance, par des diaphragmes, ce qui nous ramène à les considérer comme de simples cellules plus alongées que les autres. Je cherche en vain la paroi qui forme ces tubes; je veux les isoler du reste du tissu, et je vois qu'ils y tiennent de tout côté, tellement que pour les séparer il faut que j'emporte avec eux une portion des cellules contiguës. Si j'interroge les observateurs, ils me répondent que jamais ils n'ont vu de tubes membraneux détachés de la plante. A la vérité, les trachées n'y adhèrent point; mais puis-je donner le nom de vaisseau à un simple filet roulé en spirale? Et d'ailleurs, en suivant les trachées dans leur route, je reconnais bientôt qu'elles ne sont pas toujours distinctes du tissu; qu'elles ne conservent souvent que dans un très-court espace, cette forme de fil spiral, et que, cessant de se dérouler, elles ne sont plus que des fausses-trachées ou des tubes poreux soumis à la loi commune. Alors, je sens qu'il y auroit une sorte d'inconséquence à donner le nom de vaisseaux à ces petites portions de fil roulé, par la seule raison qu'elles n'adhèrent pas aux parties environnantes.

Examinant ensuite le nombre, la disposition et la grandeur des tubes, je trouve que les plantes de chaque espèce ont entr'elles de certaines ressemblances générales, mais que tous les détails sont différens; et ces nuances sont si multipliées que j'incline à conclure, avant même que l'expérience ne le confirme, qu'aucun des tubes que j'ai sous les yeux, n'a une telle importance individuelle que le végétal ne puisse fort bien s'en passer. Ces modifications internes me montrent l'origine des variétés extérieures: je ne suis plus surpris de cette fécondité de formes que la Nature étale dans une seule espèce, quand je reconnois qu'elle s'y prépare de longue main, dans la structure qu'elle donne à chaque individu; et mes pensées, de même que lorsque je vois à découvert les ressorts d'une machine dont le jeu m'avoit d'abord ravi d'admiration, s'élèvent par un passage soudain, de l'effet jusqu'à la cause. Mais ce privilège que la Nature s'est réservé, de modifier d'une façon si particulière, chaque individu dans le règne végétal, m'avertit encore que les plantes n'ont point de vaisseaux que l'on puisse raisonnablement comparer à ceux des animaux.

Si je passe aux fonctions, je découvre qu'elles diffèrent suivant les saisons; qu'à une époque certains tubes ne contiennent que de l'air; que dans un autre tems, ils sont remplis de sève; que les sucs propres, quand ils sont très-abondans, pénètrent dans les tubes séveux; que l'on peut retrancher des faisceaux entiers de tubes sans que la plante souffre, parce que les fluides se portent indifféremment d'une côté ou d'un autre. Ces considérations, et beaucoup d'autres non moins déterminantes, me conduisent à penser que les canaux des fluides ne sont que des cavités du tissu cellulaire, et que ce tissu constitue la masse entière de la plante. (*Voyez la note k.*)

Je sais que depuis plus d'un siècle, d'habiles gens n'ont pas même mis en doute que les plantes n'eussent de véritables vaisseaux ; mais que de choses de grands hommes ont soutenu dont il a fallu revenir! Que sont les autorités quand les faits parlent? Il faut secouer les préjugés de l'école si l'on veut étendre le domaine des sciences.

(*dd*) Je donne, page 80 et suivantes, une analyse très-succincte de la théorie développée dans mon Mémoire sur les fluides contenus dans les végétaux. (*Annales du Muséum, T. 7, p. 274.*) Mon dessein étant uniquement de répondre à quelques objections qui m'ont été faites sur ma manière d'envisager l'organisation végétale, j'évite de me jeter dans des détails trop étendus sur la physiologie, et je renvois mes lecteurs au Mémoire que je viens de citer.

(*ee*) „ Examinons *par quel organe se fait la succion.*

„ Serait-ce par les feuilles? . . . . . La succion précède „ leur développement".

„ Serait-ce par les boutons? . . . . Le fluide pénètre „ dans des tiges privées de boutons".

„ Serait-ce par les racines? . . . . Une tige séparée de sa „ racine aspire l'humidité du sol dans lequel on la plonge".

„ Serait-ce enfin par les vaisseaux de l'écorce, c'est-à-di-

„ re, par le liber? . . . . On n'en sauroit douter, puis-
„ que la séve monte dans une plante privée de feuilles,
„ de boutons, de racines, mais non dans une branche ab-
„ solument privée d'écorce, comme je m'en suis assuré, et
„ que mon expérience sur les boutures prouve que la li-
„ queur nourricière est aspirée par le liber, et peut passer
„ par cet organe pour entrer dans les vaisseaux ligneux".

„ Je n'ignore pas que les boutons, les feuilles et les ex-
„ trémités des racines ont une grande force de succion;
„ mais comme ces organes sont eux-mêmes une expansion
„ du liber, ma théorie, loin d'être ébranlée, s'affermit".

„ Le liber est la seule partie dans laquelle on remarque
„ une végétation active: c'est une plante herbacée qui se
„ développe chaque année à la superficie du corps ligneux
„ dont les vaisseaux sont endurcis et la croissance est ter-
„ minée; Il ne faut donc pas s'étonner si le liber jouit seul
„ de la force nécessaire pour pomper les fluides".

„ Cette force de succion détermine les vapeurs aqueuses
„ de la terre et de l'air à s'introduire dans les vaisseaux
„ dont la forme et la capacité sont les plus favorables à leur
„ ascension". (*Mirbel, Mémoire sur les fluides contenus
dans les végétaux; Ann. du Mus. T. 7, pag.* 16.)

(*ff*) J'entends par les *premières voies du végétal*, les
parties par lesquelles la succion a lieu immédiatement, telles
que les feuilles, les jeunes écorces et les jeunes racines.

(*gg*) Si je cherche la cause de l'erreur d'Hedwig lorsqu'il avance que les tubes du bois sont des trachées dont
le fil spiral s'est soudé en quelques endroits par l'effet de la
nutrition, je trouve que ce naturaliste a été conduit à cette
conclusion par le raisonnement qui suit:

Les trachées cessent de se dérouler après un tems plus ou moins long, parce qu'il se forme dans leur tube, un enduit sur lequel leur lame se soude; mais voici des tubes qui ont extérieurement l'apparence de trachées et qui ne se déroulent pas; n'est-il pas de toute évidence que ces tubes sont d'anciennes trachées soudées?

Cela doit paraître ainsi lorsqu'on s'en tient au premier coup d'œil, mais si l'on compare avec soin les fausses-trachées aux trachées (et c'est ce qu' Hedwig n'a pas fait,) on voit que ces tubes qui, d'abord semblaient être absolument de même nature, diffèrent cependant, par des caractères importans quoique difficiles à saisir.

Les trachées se déroulent toujours dans l'origine. Les fausses-trachées ne se déroulent jamais, à quelque âge qu'on les prenne.

Dans les trachées, l'enduit que reçoivent les tubes ferme absolument, les ouvertures que laissaient entr'elles les circonvolutions de la lame; mais comme cet enduit se produit dans l'intérieur, la lame n'en forme pas moins un relief continu, à l'extérieur. Dans les fausses-trachées, ce n'est point cet enduit qui unit les différentes parties du tube, c'est la membrane qui est entière dans quelques points; aussi le relief des parties du tube, placées entre les fentes, s'arrête là où les fentes cessent.

La découpure de la lame de la trachée, décrit un hélice, d'où il résulte que le tube entier peut se dérouler comme un fil. Les fentes des fausses-trachées sont ordinairement horizontales, ce qui fait que lorsqu'elles sont prolongées autant que possible, elles coupent le tube, non pas en hélice, mais en anneaux distincts. Ces anneaux constituent les vaisseaux annulaires de Mr. Bernhardi.

Maintenant, l'hypothèse d'Hedwig ne peut plus se sou-

tenir, et l'on ne saurait méconnaître l'erreur, alors même
que l'on conçoit combien il était difficile de l'éviter.

(*hh*) La division anatomique des végétaux, en trois classes, ne les comprend pas tous. Il y a des espèces que l'on
ne connaît pas encore suffisamment pour pouvoir les classer.
Tels sont les conferves, les byssus, et un grand nombre de
lichens.

Quelques végétaux n'offrent qu'une masse homogène ayant
l'apparence d'une gelée. Le nostoc est de ce nombre.

D'autres ont à l'extérieur, de même que ceux-ci, l'apparence d'une gelée; mais on distingue dans leur intérieur de
petites cavités cylindriques qui, probablement, font les fonctions de tubes nourriciers. Mon savant ami, Mr. Ramond,
m'a fait observé cette organisation dans le *conferva agagropilla* qu'il a trouvé dans les Pyrénées, et dont il a publié
une description très-détaillée et très-curieuse il y a quelques
années.

J'ai reconnu que beaucoup de fucus offraient des caractères anatomiques semblables à ceux du *conferva agagropilla*.
La partie solide de ces végétaux est ferme, élastique et homogène; transparente quand elle est coupée en petites lames;
et ces lames, sous les lentilles les plus fortes, ne semblent
pas être d'une autre nature que la membrane végétale.

Si l'on compare ces végétaux à ceux où il existe différentes espèces de tubes et un tissu cellulaire trèsapparent, on
ne verra pas d'abord ce que ces êtres peuvent avoir de
commun. Mais si l'on suit les gradations, on ne saura où
poser la limite qui les sépare. Il n'est pas rare de trouver
dans certaines plantes parfaites, la membrane végétale d'une
épaisseur notable. Elle est infiniment plus épaisse encore
dans beaucoup de fucus où, cependant, on ne peut nier

qu'elle ne forme un vrai tissu cellulaire. Mais dans quelques espèces du même genre, elle est si grosse qu'elle occupe un espace plus considérable que les vides, et le nom de tissu cellulaire ne convient plus à ce systême d'organisation. Dans le *conferva ægagropilla* les vides sont si petits qu'on peut à peine les appercevoir avec le microscope. Enfin, la substance qui forme le nostoc, n'offre aucune vacuosité interne. Néanmoins, tout porte à croire que si l'aspect a changé, la substance reste la même; ensorte que la masse gélatiforme du nostoc ne différerait pas essentiellement, quant à l'organisation intime, de la membrane végétale. Le tissu cellulaire ne serait donc autre chose que cette substance étendue en membrane et modelée en tubes et en cellules.

Je ne m'arrêterai pas sur ces considérations; je pense toutefois qu'elles méritent d'être approfondies, et qu'elles donnent matière à quelques apperçus intéressans sur la nature des membranes et sur l'organisation en général.

(*ii*) La distinction de glandes cellulaires et vesculaires repose sur quelques faits que j'ai cités dans mes observations sur un systême d'anatomie comparée des végétaux, fondé sur l'organisation de la fleur; observations communiquées à la classe des sciences Physiques et Mathématiques de l'Institut, le 30 Juin 1806. Quoique je sois bien persuadé de la vérité des faits que j'avance relativement aux glandes, comme ils ne sont pas très-nombreux, je ne serais pas surpris que de nouvelles observations ne modifiassent la division que j'établis ici; j'en préviens les anatomistes, et je crois que le sujet dont il s'agit est digne de leurs recherches.

Mr. Desfontaines vient de donner dans le 9e Tome des *Annales du Muséum*, un précis très-exact de mes observa-

tions sur l'organisation de la fleur. J'y renvois mes lecteurs, en attendant que je publie moi-même mon Mémoire
en entier.

———

N. B. C'est par erreur que l'on indique page 174, une
Note qui devrait suivre immédiatement celle-ci. Au lieu de
ce renvoi fautif, lisez: Voyez la Note p.

L'Éditeur n'habitant point la ville où cet ouvrage a été
imprimé, n'a pu en surveiller l'impression de manière à
empêcher qu'il ne s'y glissât beaucoup de fautes typographiques; mais aucune ne donne le change sur la pensée ni
même sur les expressions de l'auteur; ainsi il est
inutile de joindre ici un Errata.

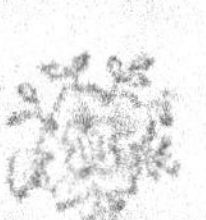

TABLE DES MATIÈRES.

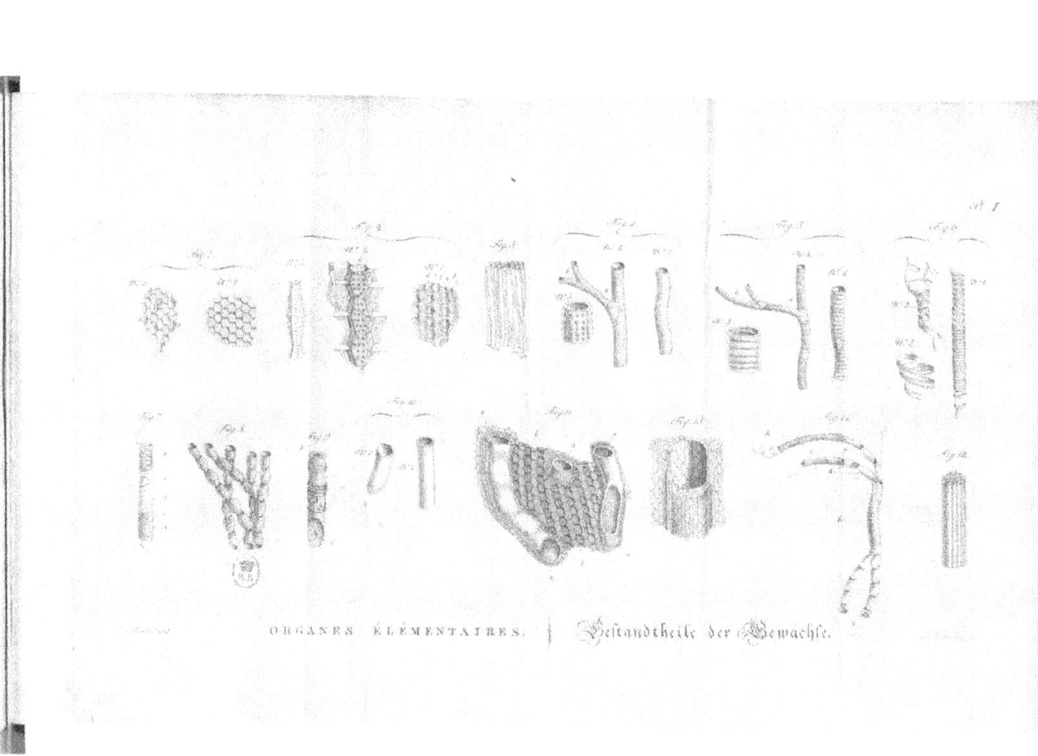

ORGANES ÉLÉMENTAIRES. | Beſtandtheile der Gewächſe.